编委会

宁夏回族自治区草原工作站草原资源监测项目图书

宁夏草原资源

NINGXIA CAOYUAN ZIYUAN

黄文广　王　蕾　主编

黄河出版传媒集团
阳光出版社

图书在版编目（CIP）数据

宁夏草原资源 / 黄文广，王蕾主编. -- 银川：阳光出版社,2021.6
ISBN 978-7-5525-5984-2

Ⅰ.①宁… Ⅱ.①黄…②王… Ⅲ.①草原资源－宁夏 Ⅳ.①F323.212

中国版本图书馆 CIP 数据核字(2021)第 120074 号

宁夏草原资源	黄文广　王　蕾　主编

责任编辑　申　佳
封面设计　赵　倩
责任印制　岳建宁

 黄河出版传媒集团 阳光出版社 出版发行

出 版 人　薛文斌
地　　址　宁夏银川市北京东路 139 号出版大厦（750001）
网　　址　http://www.ygchbs.com
网上书店　http://shop129132959.taobao.com
电子信箱　yangguangchubanshe@163.com
邮购电话　0951-5047283
经　　销　全国新华书店
印刷装订　宁夏凤鸣彩印广告有限公司
印刷委托书号　（宁)0021213

开　　本　720 mm×980 mm　1/16
印　　张　25.5
字　　数　350 千字
版　　次　2021 年 8 月第 1 版
印　　次　2021 年 8 月第 1 次印刷
书　　号　ISBN 978-7-5525-5984-2
定　　价　168.00 元

前　言

　　宁夏回族自治区位于中华人民共和国大陆的西北腹地，居黄河中游上段，在东经104°17′~107°38′50″、北纬 35°14′30″~39°23′。南部和东南部接甘肃省，东部和东北部连陕西省及鄂尔多斯高原、毛乌素沙漠，北部和西部与内蒙古乌兰布和沙漠、腾格里沙漠相接。

　　草原是我区国土的主体和重要的生态屏障，具有防风固沙、保持水土、涵养水源、维护生物多样性等重要生态功能，对于维护生态安全具有重要作用，天然草原生态状况的好坏，直接影响着全区的生态环境。20 世纪 80 年代，宁夏曾进行过草地资源普查工作，但 30 多年过去了，当时所获取的各类信息和数据，已不能真实地反映当前草原生态系统动态变化的实际情况，出现草原资源家底不清、草原信息过时等现象，严重影响了草原生态保护与建设工程。开展草原资源清查，及时了解掌握草原资源、生产、生态、灾害等现状和变化情况，是进行草原保护建设、促进合理利用、加强草原科学管理的前提和基础，对于科学保护和建设草原、评价草原生态文明建设成效具有极其重要的意义。

　　本次调查自 2016 年开始，利用 3 年时间完成了野外实地调查，经过全区草原技术推广部门积极努力，于 2018 年年底完成了外业调查和内业资料整理工作。整个调查工作是根据宁夏草地资源调查技术方案、实施方案、草地资源调查技术规程和"中国草地类型分类原则、标准""中国草地类型分类系统""草地分类"的要求和标准实施的，这是宁夏第二次以县为单元的天然草原调查工作。

　　通过本次调查，掌握了大量的第一手资料，初步摸清了全区草地资源状况，主要包括草地类型、面积、分布、群落特征、生产能力、草地等级;调查全区草地生态状况,包括退化、沙化、盐渍化空间分布及面积;调查草地综合植被覆盖度状况,包括盖度等级、空间分布及面积;调查全区草地利用现状,包括利用方式、利用强度以及草地保护、建设情况等;完善草地数据库系统,搭建不同尺度的数据库管理共享平台;提高草地精细化管理水平,为落实强牧惠牧政策、严格依法治草、推进草地保护制度建设和深化草地生态文明体制改革提供保障。

《宁夏草原资源》一书,共分 8 章,约 35 万字。主要包括"草原资源的基本理论"和"宁夏草原资源"2 部分内容。本书的出版得到宁夏草原监测、宁夏草地资源评价及管理技术研究与示范项目资助。此次草原资源调查,时间紧,任务重,专业水平有限,错误在所难免,敬请指正。

目 录
CONTENTS

第一篇
草原资源的基本理论

第一章　草原资源概述

一、草原

《中华人民共和国草原法》中"草原是指天然草原和人工草地"。天然草原是指一种土地类型，它是草本和木本饲用植物与其所着生的土地构成的具有多种功能的自然综合体。人工草地是指选择适宜的草种，通过人工措施而建植或改良的草地。

《草地分类》(NY/T 2997-2016)规定：地被植物以草本或半灌木为主，或兼有灌木和稀疏乔木，植被覆盖度大于 5%、乔木郁闭度小于 0.1、灌木覆盖度小于 40%的土地，以及其他用于放牧和割草的土地。《土地利用现状分类》GB/T 21010-2017)规定：草地指以生长草本植物为主的土地，天然牧草地(指以天然草本植物为主，用于放牧或割草的草地，包括实施禁牧措施的草地，不包括沼泽草地)、沼泽草地(指以天然草本植物为主的沼泽化的低地草甸、高寒草甸)、人工牧草地(指人工种植牧草的草地)、其他草地(指树木郁闭度小于 0.1，表层为土质，不用于放牧的草地)。

草地、草原、草场的概念和含义，在国内各地和学术界有不同的认识和定义。草地与草原的概念是从不同学科给予的不同定性，归结为它是一类特定的绿色地被、土地类型、环境景观、自然资源。植物地理学和地植物学家把"草原"看作是一种特殊的自然地理景观，是在干旱的气候条件下产生的，是陆地植被的一种植被型，其含义是"以多年生微温旱生草本植物为组成的植物群落"。从畜牧业角度谈，"草原是大面积的天然植物群落所着生的陆地部分，这些地区所产生的饲用植物,可以直接用来放牧或刈割后饲养牲畜"(任继周,1961)。这一概念不仅继承了我国传统的草原一词的含义,而且也充分体现了草原是以牧草和各类家畜为主题所构成的一种特殊的生产资料,是发展畜牧业的物质基础。王栋教授(1955)曾给草原定义:"凡因风土等自然条件较为恶劣或其他缘故,在自然情况下,不宜于耕作农作物,不利于生长树木,或树木稀疏而以生长草类为主,只适于经营畜牧业的广大地区。"

我国草原学家贾慎修(1982)认为:"草地是草和其着生的土地构成的综合自然体,土地是环境,草是构成草地的主体,也是人类资源利用的对象。"王栋教授(1955)定义为:"凡生长或耕种牧草的土地,无论所生长的牧草株本之高低,亦无论所生长牧草为单纯种或多种牧草,皆谓之草地。"草地概括而言是具有一定面积和牧用价值的植被及其生长地的总体,是畜牧业生产资料,并具有多种用途的植物资源,同时也是生态保护和人类生存的重要环境条件。草地以其成因的不同,有天然草地、半人工草地(人工改良的天然草地)和人工草地三大类。根据以上专家对草原、草地的定义可见,草原和草地的内涵是基本相同的,只是各地的叫法不同而已。在我国北方,根据传统习惯仍然用草原或草场来指草地,农区多用草山、草坡等。

二、草原资源

天然草原是自然界中存在的、非人类创造的自然体,它蕴藏着能满足人类生活和生产需要的能量与物质,是一类自然资源。只有当人类去开发利用,能产生产品和效益,使草地蕴藏的生产价值得以体现,才能成为现实的草原资源。因此概括而言,草地与草原资源的根本区别在于,草地是一种自然体,是自然界存在的各种类型中的一种,分布于各地的草地的泛称,它蕴藏着生产能力;草原资源是经过人类利用、经营的草地,是生产资料和环境资源,是有数、质量和分布地域的草地经营实体,使草地蕴藏的生产能力变为现实生产力。由于受开发利用条件与程度的制约和影响,在具体地段、具体时间内所能利用表达的生产力,与草地蕴藏的生产力还不尽相同,既可能尚未充分发挥,也可能用之过度。同时,草原资源的内涵,随着生产的发展,应该扩展为一切天然草原。

　　草原是一种自然资源,是自然界中存在的、非人类创造的自然体,它蕴藏着能满足人类生活和生产需要的能量与物质。1972 年联合国环境规划署(UNEP)定义:"所谓自然资源,是指在一定时间条件下,能够产生经济价值以提高人类当前和未来福利的自然环境因素的总称。"因此草原资源可以定义为具有数量、质量、空间结构特征,有一定面积分布,也有生产能力和多种功能。

　　草原资源质量指草原牧草品质的优劣,草原适用方式、适用季节、适养家畜的范围,草原自然灾害的状况。草原资源的空间分布是指各种类型草原在由纬度、经度和海拔高度组成的三维空间中的分布格局及组成结构。草原的生态功能主要是指防风、固沙、净化空气、涵养水源、防止水土流失、保护生态环境等多种作用。草原还养育着野生动物,可供人们旅游观赏,是人类重要的游憩地。在发达国家,草原资源的畜牧业商业价值的重要性在下降,其他如观赏、旅游、生态等商业用途或非商业性的财政回报上升。因此,草原资源评价内容,也不仅仅限于草原的生产力价值,而是综合评定草原的多方面价值和功能。

三、草原资源的自然属性

(一)草原资源数量的巨大性

　　草原资源数量的巨大性即指草原的面积大;草原分布最广,类型繁多;草原的植物量很大,全世界的植物生物量为 $1.17 \times 10^{12} \sim 1.27 \times 10^{12}$ t/a,其中 36%~74% 为森林植物量,36%~64% 为草原植物量,多年的研究表明二者的质量近乎相等。

(二)草原资源质量的差异性

　　地球上不同的气候带形成许多地域性的草原。例如在世界范围内,热带草原以稀树草原为主,亚热带草原以荒漠为主,温带草原以草原和草甸为主,寒带草原以冻原为主,高寒带草原以高寒草甸为主。草原的自然差异要求人们因地制宜地合理利用不同类型的草原资源,确定草原利用的合理结构与方式,以获取草原利用的最佳效益。

(三)草原资源位置的空间有序性

由于地球表面生态环境空间位置的有序固定性和时间变化的周期性,使草原资源及其类型在地球表面的分布也是有序固定的,这在一定程度上决定了草原资源的区位差异及使用上的经济价值差异。

(四)草原资源发展的阶段性和动态性

作为活的、不断发展变化的草原资源,在一定的时间范围内,必然处于一定的发展阶段。当草原资源的能量和物质输入与产品输出大体相同时,草原资源处于平衡的稳定阶段;当草原的利用不足,能量与物质的输入大于输出时,草原资源就处于正向发展的聚集与富化状态;当能量与物质的输入小于输出时,草原资源就处于逆向发展的消耗与贫化状态,当草原资源贫化到丧失自我恢复能力时,就会发生质变,使草原资源彻底破坏,不复存在。

第二章　草原分类及草原类型

草原、荒漠灌丛草原、热带稀树草原、森林草原和冻原是世界上的基本草原类型。每一类草原都是由特定的植物群落构成的生物区，由于气候、土壤和人为活动的差异，这些草原类型各具特色。因此人类在利用管理草原资源时要根据草原类型的特点和基本状况，因地制宜，不能违背自然规律。但是人类对草原的利用、培育及产业化都极大地改变了所有草原类型的天然状态，因此首先要认识不同草原的差异，即对草原进行分类和区划，从而合理规范人类活动，使草原资源更适合人类的利用。

第一节　草原分类及类型

草原分类是人类为了更加深入地认识草原的发生、发展、演替规律，更好地指导人类的草原经营活动和草原资源管理工作。它不仅是人类认识和研究草原资源自然特性和经济特性的重要技术手段，也是人类科学开发、充分利用、有效保护和建设草原的理论依据。草原分类包括草原分类单位及其指标的确定和同一分类单位中不同草原类型的划分。

由于草原分类的对象是客观存在的实体，而且草原分类的目的是为人类利用草原服务的，因此草原分类由于分类角度和目的的差异而有不同的种类。但是草原分类的系统和标准却是人类根据各自的认识和需要主观拟订的，因此，草原分类依据分类目的的不同有不同的分类方法是必然的。

一、草原分类的原则及标准

贾慎修教授在 1982 年提出草原分类的原则应符合以下基本要求：一是首先确定草原植被发展的过程和阶段,应该研究草原与气候、土壤、地形等生境因素的规律性联系；二是表现草原每一发展阶段所具有的基本矛盾和主要特征；三是反映草原的生产特性和经济价值在草原形成过程中的变化；四是社会生产活动和农业技术措施对创造草原经济价值的作用。综合考虑,因此需要遵循一定的原则。

(1)气候因素,特别是草地水、热状况决定着草地的形成和发展。在一定的气候带内,必然发育着一定的草地类型。所以,气候因素是草地形成和变异的决定性因素,应是草地分类的主要依据之一。

(2)地形因素在改变了水、热条件再分配的情况下,能造就发育出与所处气候带的地带性草地不同的草地类型。非地带性草地,即低湿地草甸和沼泽,就是在负地形或积水地形条件下发育而成的。此外地形因素特别是海拔高度、坡向,也是制约山地垂直带草地发生的主要因素。因此,地形因素是非地带性草地的主要分类依据。

(3)草地植被是人类直接利用的对象,又是草地发生、演替过程中最敏感、变化最迅速的因素。因此,草地植被应是贯穿草地分类不同层次的主要依据之一。

(4)草地分类要特别体现草地的经济价值与经营、利用特点。因此,草地分类应将草地饲用植物及其组合视作主要分类对象进行分类。草地类型应有一定的足以利用面积。

(5)草地类型应具有相对的稳定性。草地分类应以基本稳定的、具有顶极群落的草地作为分类对象,不稳定的以一年生牧草为优势种的草地不宜作为分类对象。

(6)草地类型分类应有利于草地制图。划分的草地类型应能准确地绘制于地形图上,以便准确地量算其面积,计算草地生产力。

　　草原分类的标准应当总体地考虑草原的重要特征和特性,使每一分类单位能表现出相应类型的自然特征和经济特征。草原分类是由高级、中级到低级的分类单位组成的分类系统。类,是草原分类的高级单位,是成因一致的宏观分类级,类之间的草原自然与经济特性具有质的差别。组,是中级分类单位,是在草原类的范围内生态经济特性基本一致,利用上往往可以作为独立单元的经营分类级。组之间在生境与经济价值上具有明显差异。型,是低级分类单位,是在草原组的范围内,生境更趋一致,植物种类组成、草原质量与产量更为接近的生产力分类级。型之间在草原属性上主要是量的差异,是草原分类的基本单位。

　　我国现行的草原分类系统按照上述分类原则,分类(亚类)、组、型3级。各分类级的划分标准如下。

　　1. 第一级:类

　　具有相同水热气候带特征和植被特征,具有独特地带性的草原,或具有广域性分布的隐域性特征的草原,各类之间的自然特征和经济利用特性有质的差异。

　　草地热量条件用热量带划分,见表1-2-1。分布于热带、亚热带、暖温带、温带、高山(高原)亚寒带和高山(高原)寒带的草地,分别用热性、暖性、温性、高寒4种热量级限定其草地类型的命名。

表 1-2-1　草地热量带划分标准

指标 气候带	主要指标 最暖月平均气温/℃	辅助指标 ≥0℃天数/天	≥0℃积温/℃	草地类型属型
热带	>28	365	>8 000	热性
亚热带	26~28	320~365	4 800~8 000	热性
暖温带	22~26	240~320	3 900~4 800	暖性
温带	10~22	180~240	1 500~3 900	温性
高山(高原)亚寒带	6~10	120~180	1 000~1 500	高寒
高山(高原)寒带	<6	<120	<1 000	高寒

草地植被的水分生态类型用伊万诺夫润湿度划分。它们与草地类型的对应关系见下表 1-2-2。

表 1-2-2　草地植被水分生态类型与草地植被类型

伊万诺夫润湿度	草地植被水分生态类型	草地植被类型
<0.13	极干旱	荒漠
0.13~0.20	强干旱	草原化荒漠
0.20~0.30	干旱	荒漠草原
0.30~0.60	半干旱	草原
0.60~1.00	半湿润	草甸草原
>1.00	湿润	草甸、草丛、灌草丛

伊万诺夫润湿度的计算公式为：

$$K=\frac{R}{E_0}=\frac{R}{0.001\,8(25+t)^2(100-f)}$$

式中，K 为某月润湿度（年润湿度=年降水量/年蒸发力）；R 为该月降水量；E_0 为该月蒸发力；t 为该月平均气温；f 为月平均相对湿度。

全国草地的植被类型包括草甸、草原、荒漠、沼泽和森林破坏后次生的灌草丛 5 种植被类型。为了突出不同的草地植被在草地畜牧业的不同重要程度，依据草地所处的气候带和植被结构，将草甸划分为高寒草甸、温性山地草甸和隐域性低地草甸 3 个草地类。将草原植被先按热量带划分为温性草原和高寒草原，再进一步按植被性质划分为温性草甸草原类、温性草原类（典型）、温性荒漠草原类和高寒草甸草原类、高寒草原类（典型）、高寒荒漠草原类 6 个类。将荒漠划分为温性草原化荒漠类、温性荒漠类和高寒荒漠类 3 个类。灌草丛植被按热量带和植被稳定性划分，基本稳定的为草丛类，相对稳定的为灌草丛类。暖温带次生灌草丛分为暖性草丛类和暖性灌草丛类，热带、亚热带次生灌草丛分为热性草丛类、热性灌草丛类和干热稀树灌草丛类 3 个类。沼泽植被面积小，畜牧业利用价值相对较低，单独作为 1 个类，不再按热量带划分。

按上述标准将全国天然草地划分为 18 个类,如草甸草原类、高寒草原类、荒漠草原类等。

亚类不作为分类级,它是类的补充,是在类的范围内,大地形、土壤基质或高级植被类型差异明显的草地。不同的草地类划分亚类的依据可以有所不同,有的类也可以不划分亚类。

温性草甸草原类、温性草原类和温性荒漠草原类 3 个类各自均按地形划分为位于平原丘陵的、位于山地的、发育于沙地的 3 个不同的亚类。

温性荒漠类按其土质、沙砾质和盐土质 3 种土壤基质划分为荒漠亚类、沙漠亚类、盐漠亚类 3 个亚类。

低地草甸类按其地形和植被的差异划分为位于湖滨、河漫滩的低湿地草甸亚类,位于内陆盐碱地的低地盐化草甸亚类,位于沿海滩涂的滩涂盐生草甸亚类和植被沼泽化的低地沼泽化草甸亚类共 4 个亚类。

山地草甸类按其地形划分为位于中低山的山地草甸亚类和位于亚高山的亚高山草甸亚类 2 个亚类。

高寒草甸类按土壤和植被差异划分为位于高原或高山的典型高寒草甸亚类、发育于盐土的高寒盐化草甸亚类和植被沼泽化的高寒沼泽化草甸亚类 3 个亚类。

高寒草甸草原类、高寒草原类和高寒荒漠草原类 3 个类,虽然从地形上可以划分为分布于高山的和分布于高原的,但其植被组成差异不大,经济价值和畜牧业利用重要程度较低,故不再划分亚类。

温性草原化荒漠类,处于温性荒漠草原向温性荒漠过渡的过渡带,分布面积不大,不划分亚类。

高寒荒漠类,植被组成简单,分布地区较局限,利用价值很低,没有必要划分亚类。

暖性草丛类、暖性灌草丛类、热性草丛类和热性灌草丛类,绝大多数位于丘陵、山地,分布地形差异不大。从植被组成而言,虽然有具有疏林景观和不具有疏林景观的差异,但草本层饲用优势种的组成差异不大,故不划分亚类。

干热稀树灌草丛类分布范围小,其地形、土壤、植被组成差异小、面积小、畜牧业利用重要程度低,不划分亚类。

沼泽类分布面积小,畜牧业利用价值低,也不划分亚类。

2. 第二级:组

在草原类和亚类范围内,组成建群层片的优势种或共优种植物所属经济类群相同的草原。组是草原分类的中级分类单位。组是型的联合,各组之间具有量的差异。如温性灌草丛有白羊草、黄背茅等型组成中禾草组。

草地组主要按草地优势种或共优种所属的经济类群进行划分和命名。草地植物的经济类群是根据植物生活型和草地植物的畜牧业利用经济属性进行聚类。草地组是区别于草地分类与植被分类的重要分类级。

草地植物的生活型大体可分为乔木、灌木、半灌木、多年生草本、一二年生草本植物。

对草地上最主要的多年生草本和半灌木做进一步的区分,将多年生草本划分为高禾草、中禾草、矮禾草、豆科草本、大莎草、小莎草、杂类草共 7 个经济类群组。将半灌木区分为蒿类半灌木和半灌木 2 组,再加上灌木组、小乔木组,共划 11 个组。组的划分标准和经济意义如下:

(1)高禾草组。以草层高>80 cm、茎秆高大粗硬的禾草为优势种组成的草地。多利用其叶片。

(2)中禾草组。以草层高 30~80 cm 的禾本科牧草为优势种组成的草地,可供割晒干草。

(3)矮禾草组。以草层高<30 cm 的禾本科牧草为优势种组成的草地,属放牧型草地。

(4)豆科草本组。以豆科草本植物为优势种组成的草地。豆科牧草富含蛋白质,其粗蛋白质含量一般高于其他科牧草,对家畜生长发育具有重要意义。

(5)大莎草组。以高大的莎草科牧草为优势种组成的草地,牧草冷季保存率高,植株较高大,可供割草,是高寒地区最重要的冷季放牧草地。

（6）小莎草组。以矮小的莎草科牧草（主要是嵩草属或苔草属牧草）为优势种组成的草地,草质柔软,叶量大,营养价值高,利用率高,是高寒地区最重要的暖季放牧草地。

（7）杂类草组。除禾本科、豆科、莎草科以外的以双子叶阔叶牧草为优势种组成的草地。杂类草的经济利用价值随种类不同而异。大多数以杂类草为优势种的草地,牧草适口性较差,枯黄后叶易失落,冷季保存率低,畜牧业利用经济价值较低。

（8）嵩类半灌木组。以嵩类半灌木为优势种组成的草地。嵩类半灌木春夏多有异味,牲畜很少采食,秋后异味消失,籽实富含蛋白质,是绵羊、山羊秋季抓膘的重要草地。分布海拔相对较低,亦是冷季的重要放牧草地。较其他半灌木草地经济价值高。

（9）半灌木组。除嵩类半灌木以外的其他半灌木为优势种组成的草地。半灌木层片构成优势的草地大多在温性草原化荒漠类、温性荒漠类和高寒荒漠类中出现,畜牧业利用经济价值不高。

（10）灌木组。以灌木为优势种组成的荒漠草地,只能利用其叶片和嫩枝条。

（11）小乔木组。以梭梭为优势种组成的荒漠草地,只能利用其叶片和嫩枝条。

3. 第三级:型

具有相同层片结构以及各层片或主要层片的优势植物种相似,群落组成和生境条件相似,反映出具有一致性的饲用意义和经济价值。型是草原分类的低级单位,也是绘制大、中比例尺草原类型图的主要依据和基本上图单位,如羊草型,羊草、贝加尔针茅型,羊草、糙隐子草、寸草苔型等。

主要层片指主要饲用植物层片,特别是多年生牧草层片。疏林草原、疏林草甸和疏林草丛中的乔木,虽具有景观或建群意义,但大多数不可食,故乔木不作为型的主要分类对象。

基本分类单位的分类级别,与调查区域范围的大小密切相关。调查区域小,基本分类单位的分类级应低。若在范围小的调查区内,采用高分类级为基本分类单位,必将使调查区域内的类型划分过分简单,失去实用性。调查区域大,基本分类单位的分类级应高。若在大范围的调查区域内采用低分类级为基本分类单位,则会使调查区域内的类型划分过于琐碎、繁杂,失去概括性。

在一定的调查区域内,基本分类单位的分类级的高低取决于对基本分类单位应占有的最小面积的规定,与调查精度、草地类型图比例尺大小和最小图斑面积的规定密切相关。这里要特别说明,由于全国草地资源统一调查开始时,在县级类型分类系统中将"型"视为类、组、型3级分类单位的基本分类单位,没有在"型"以下再设分类级,以至于到地区级范围内和省级范围内的类型分类系统,都将"型"视为基本分类单位,从而造成用"型"命名了不同分类级的基本分类单位。

型的命名:草地型的名称是以主要层片的优势种命名的。若优势层片和次优势层片各有一个优势种时,则型名就是2个优势种名的联合,优势种名在前,次优势种名在后,中间用"、"号分开,例如冰草、冷蒿型;若次优势层片不明显或没有时,则型名就以优势层片优势种名作为型的命名,例如白草型。

二、我国的主要草原类

按照全国草原资源普查采用的中国草原类型分类系统,全国草原共划分为18类。

(一)温性草甸草原类

温性草甸草原类是在温带半湿润、半干旱的气候条件下形成的。因此主要分布在半湿润、半干旱地区。分布区域的地理位置、海拔高度、地形条件及水热因子组合的不同,表现出不同的区域分布特征。在东北的松嫩草原上,草甸草原集中分布于中部和南部的漫岗地、缓坡地和低平地上, 海拔140~

200 m。在大兴安岭西麓，由于受山地气候的影响，相对比较湿润，在广阔的丘陵区海拔600~800 m地区，发育着面积较大的平原丘陵草甸草原。山地草甸草原主要分布于大兴安岭南段，海拔多在1 000~1 600 m。草甸草原区年降水量350~550 mm，≥10℃积温在1 800~2 200℃，湿润系数为0.6~1.0，土壤主要为黑钙土、暗栗钙土及草甸土等，土质比较肥沃。建群种为中旱生或广旱生的多年生禾本科和部分杂类草植物，经常混生大量中生或旱中生植物，主要是杂类草，还有疏丛与根茎禾草、苔草，典型旱生丛生禾草仍起一定作用，但一般不占优势。

温性草甸草原类下分平原丘陵草甸草原亚类、山地草甸草原亚类、沙地草甸草原亚类。

（二）温性草原类

温性草原类是在温带半干旱气候条件下发育形成的，以典型旱生的多年生丛生禾草占绝对优势地位的一类草原。在我国分布的地理范围大约在北纬32°~45°，东经104°~115°的半干旱气候区内，大气湿润度0.3~0.6，基本呈东北—西南向的带状分布。所处地区年降水量250~350 mm，≥10℃年积温2 200~3 600℃，湿润系数为0.3~0.6，干燥度达1.5~2.5。降雨多集中在夏季，春旱比较严重。优势土壤类型为栗钙土，随着土壤水肥和草被发育不同，也有暗栗钙土或淡栗钙土。

温性草原的建群种以旱生丛生禾草为主，并伴生有一定数量的中旱生、旱生杂类草，也有以旱生半灌木、小半灌木为建群种的草原型。它们通常由丛生禾草演变而来，也有的是次生演替系列中丛生禾草的前期阶段。

温性草原类下分平原、丘陵草原亚类，山地草原亚类，沙地草原亚类。

（三）温性荒漠草原类

温性荒漠草原类是发育于温带干旱地区，由多年生旱生丛生小禾草为主，并有一定数量旱生、强旱生小半灌木、灌木参与组成的草原类型。分布于温性典型草原往西的狭长区域内，东西跨经度39°（东经75°~114°），长约4 920 km，南北跨度 10°（北纬 37°~47°）。温性荒漠草原是中温型草原中最干旱的一类。气候处于半干旱与干旱区的边缘地带。≥10℃年积温 2 200~3 000℃，年降水量 150~250 mm，湿润系数为 0.15~0.3，干燥度达 2.5~4。草原植物组成以旱生的荒漠草原种小丛禾草为主，或者与旱生灌木半灌木共同组成，后者的参与度可达 30%~50%。少部分也可以由荒漠草原种半灌木为建群种组成。植被组成既具有荒漠草原的特有性，又具有草原与荒漠成分的结合性，反映介于草原与荒漠之间的过渡性。土壤为淡栗钙土、棕钙土与灰钙土。土壤较干燥，肥力较低。

荒漠草原中常混生灌木，由于水分条件较差，生长不如草原带，更不如草甸草原带茂盛。主要灌木种类为锦鸡儿属植物。草群干物质含量和蛋白质含量都高于草原和草甸草原。

温性荒漠草原类下分平原、丘陵荒漠草原亚类，山地荒漠草原亚类，沙地荒漠草原亚类。

（四）高寒草甸草原类

高寒草甸草原类是高山（高原）亚寒带、寒带、半湿润、半干旱地区的地带性草原，由耐寒的旱中生或中旱生草本植物为优势种组成的草原类型。高寒草甸草原类主要分布在我国的西藏自治区、青海省和甘肃省境内。常占据海拔 4 000~4 500 m 的高原面、宽谷、河流高阶地及山体中上部等地形部位。分布地区气候寒冷，较干旱，属高寒半湿润半干旱气候。日均温 ≥10℃的天数多数不足 50 d，≥10℃年积温 800~1 000℃，年均温多在 −4.0℃~0℃。年降水量 300~400 mm，牧草生长期 90~120 d。土壤为冷钙土（亚高山草原土），具薄而松的草毡层和淡色腐殖质层，有机质含量 3% 左右，具有发育不明显的淀积较深的碳酸钙淀积层。土壤质地以砾石质和沙砾质为主，黏粒少。

高寒草甸草原的植被组成是在寒旱生丛生禾草中有中旱生的杂类草层片出现，草质较粗糙，在我国草原类中所占比重不大，分布不广。

（五）高寒草原类

高寒草原类是在高山和青藏高原寒冷干旱的气候条件下，由抗旱耐寒的多年生草本植物或小半灌木为主所组成的高寒草原类型。在我国高寒草原集中分布在青藏高原的中西部，即羌塘高原、青南高原西部、藏南高原，此外，在西部温带干旱区各大山地的垂直带上也有分布。在青藏高原北部和北疆，本类草原多分布于海拔 3 000~4 500 m，在阿尔泰山最低分布下限约 2 400 m，在西藏中西部分布海拔 4 300~5 000 m，上限可达 5 300 m，具有明显高原地带性分布特征。

高寒草原是高寒区草原类组中典型、数量最大、分布最广的草原类。分布区年均温 0~-4.4℃，≥10℃年积温 800~1 100℃，生长期 90~120 d，年降水量 100~300 mm，其中 80%~90%在 6~9 月，水热同期为牧草生育创造了有利条件。植物组成以寒旱生丛生禾草为主，草群稀疏、低矮。

（六）高寒荒漠草原类

高寒荒漠草原类是在高原（高山）亚寒带、寒带寒冷干旱的气候条件下，由强旱生多年生草本植物和小半灌木组成的，是高寒草原与高寒荒漠的过渡类型。在青藏高原呈条带状分布于南羌塘高寒草原和藏西北荒漠之间的区域，在新疆主要分布在昆仑山内部山原东南部与西藏毗连的地带，玉龙喀什河和克里雅河源头地区。该类草原年均温 0~4℃，≥10℃年积温 500℃左右，≥0℃年积温 1 000~1 500℃，年降水量多在 200 mm 以下，降水集中，6~7 月降水量占全年降水量的 85%~95%，年蒸发量最高达 2 000 mm，为降水量的 10 倍以上。土壤为寒钙土，质地粗疏，多为沙砾质、粗砾质或砂壤质。

高寒荒漠草原的植被组成，是在高寒草原丛生禾草、根茎苔草中加入了荒漠半灌木。受寒冷干旱的气候条件制约，该类草原植物低矮，植被稀疏，草原植物组成极为简单，一般 1 m² 内有植物 5~10 种，分布区生境严酷，地处边远。

（七）温性草原化荒漠类

温性草原化荒漠类草原是在温带干旱气候条件下，由旱生、超旱生的小灌木、小半灌木或灌木为优势种,并混生有一定数量的强旱生多年生草本植物和一年生草本植物而形成的一类过渡性的草原类型。年降水量稍多于荒漠,达120~200 mm,≥10℃年积温 2 500~3 400℃,气温年较差、日较差均较大。湿润系数<0.2,干燥度达 5~6。在内蒙古西部、甘肃、宁夏北部和新疆阿尔泰山前地带有窄带状分布。有些草原化荒漠的分布是由于地表径流水的补给,在荒漠中片状分布。草原化荒漠同样也可以在山地荒漠中出现。着生地为沙砾质或土质灰棕漠土、灰漠土、淡棕钙土、淡灰钙土。

温性草原化荒漠的建群种是强旱生的荒漠半灌木、灌木种。半灌木成分多为盐柴类半灌木,蒿类半灌木少见。灌木中锦鸡儿属植物最为普遍。草原化荒漠类草群中灌木层高度可达 70 cm,半灌木与草本层高度在 20 cm 以下。

(八)温性荒漠类

温性荒漠类草原是在温带极端干旱与严重缺水的生境条件下,由耐旱性甚强的超旱生半灌木、灌木和小乔木为主组成的一种草原类型。集中分布在我国西北部干旱地区。

温性荒漠类草原是草原中最干旱的部分,年降水量 100~250 mm,内蒙古阿拉善盟的西部地区年降水量只有 60 mm,新疆阿尔金山脚下的若羌县为 16.7 mm,位于吐鲁番盆地的托克逊县仅 3.9 mm。≥10℃年积温 3 100~3 700℃,蒸发量是降水量几十倍或更多,湿润系数<0.1,干燥度达 4~16 或更大,植物生长需要的水分来源基本上由地下水和大气中凝结的水汽来供应,土壤发育差,土层薄,质地粗,土壤中有机质含量很低,优势土壤类型为灰棕色荒漠土与棕色荒漠土,还有灰钙土、荒漠灰钙土。

温性荒漠是我国草原重要组成部分。温性荒漠由于土壤基质不同,影响水分、盐分状况变化,因此可将温性荒漠相应地划分为土砾质荒漠、沙质荒漠、盐土质荒漠 3 个亚类。通常草质低劣,只有嫩枝可供牲畜采食,适宜放牧骆驼。

温性荒漠类下分土砾质荒漠亚类、沙质荒漠亚类、盐土质荒漠亚类。

(九)高寒荒漠类

高寒荒漠类草原是在寒冷和极端干旱的高原或高山亚寒带气候条件下,由超旱生垫状半灌木、垫状或莲座状草本植物为主发育形成的草原类型,是世界上分布海拔最高,最干旱,草群极为稀疏、低矮的草原类型。

高寒荒漠多发生在高海拔(4 000 m 以上)的内陆高山和高原。气温极低,≥0℃年积温 1 000℃或稍多,冷季长,生长季极短,降水稀少,年降水量在100 mm 以下,日照强,风大,植物处于物理和生理干旱作用下发育而成的特殊的荒漠类型。此类草原由于地处偏远、环境恶劣,多为野生动物栖息地。

(十)暖性草丛类

暖性草丛类草原是在暖温带落叶阔叶林区域(或山地暖温带)、湿润、半湿润的气候条件下,由于森林植被连续受到破坏,原来的植被在短时间内不能自然恢复,而以多年生草本植物为主形成的一种植被基本稳定的次生草原类型。

这里气候温暖湿润,≥10℃年积温在 3 400~4 500℃,年降水量 540~800 mm,湿润系数为 0.4~0.6,干燥度<1,但由于森林或灌丛被破坏,水分易于流失,土壤仍显干旱。另外,暖性草丛草原也可以出现在亚热带地区山地的中山带以上。

暖性草丛的建群种多为旱中生和中生的多年生禾本科植物,混生有杂类草或蒿类植物,经常有少量乔、灌木散生其中,它们是森林灌丛被破坏后的个别残留,暖性草丛草原是我国华北各省暖温带很重要的草原。

(十一)暖性灌草丛类

暖性灌草丛类草原是暖温带森林灌丛植被破坏后,形成的相对稳定的次生植被,草原中灌木郁闭度达到 0.1~0.4,保留独立层片。暖性灌草丛类水热条件比暖性草丛类好,对森林和灌木的人为破坏比暖性草丛类轻,土层厚,富含一定量的有机质。多数封育 3~5 年后有可能恢复为灌木林,如果继续破坏,则成为暖性草丛,因此,其稳定性不如暖性草丛。

暖性灌草丛类草原广泛生长发育在我国暖温带地区东南部湿润或半湿润地带和亚热带山地海拔 1 000~2 500 m 的山地垂直带, 属大陆性季风型暖温带半湿润气候和亚热带中高山暖温带湿润气候。热量充足,温差较大,降水较集中。年平均温度在 8~13℃,≥10℃年积温 3 200~4 500℃。四季分明,冬季寒冷,夏季炎热,年平均降水量在 540~800 mm。该类草原的土壤以褐土、棕壤为主。

植被成分仍以多年生禾草为主,有相当多的灌木,乔木通常稀疏分散存在,少数乔木较多;郁闭度达到 0.1~0.3,成为疏林灌草丛类型。草原组成植物种类比草丛相对要多些。

(十二)热性草丛类

热性草丛类是在我国亚热带和热带地区湿润的气候条件下,在森林植被连续受到破坏,连年不断的烧荒、过度放牧和水土侵蚀的情况下,或者耕地多年撂荒后,而次生形成的以多年生草本植物为主体,间混生有少量的乔木或灌木(郁闭度均在 0.1 以下),是植被基本稳定的草原类型。由于是在人类因素干扰下形成的,当停止人为因素的干扰和破坏时,在较长时间内,部分该类草原可能恢复到原来的森林植被。人类活动的方式和强度是该类草原是否稳定的决定因素。

由于地处热带和亚热带,热量资源丰富,气温较高,年平均气温 14~22℃,≥10℃年积温 4 500~6 500℃(最高可达 9 000℃),年降水量 1 000~1 500 mm(甚至 2 000 mm)。干燥度<1,以 0.5~1 为主,相对湿度 70%~80%。土壤主要为黄壤、黄棕壤、山地红壤、砖红壤等,强酸性反应。

(十三)热性灌草丛类

热性灌草丛类草原,是热带和亚热带地区湿润气候条件下,由于原来的森林植被受到反复的砍伐或烧荒破坏后,形成的一种以多年生草本植物为主体,散生有少量乔木和灌木(郁闭度在 0.4 以下),植被相对稳定的次生草原类型。

热性灌草丛与热性草丛的成因基本相同,都是在人为因素的干扰下形成的次生性类型,不如原生草原类型稳定,草原群落处于相对稳定的状态,其中热性灌草丛类比热性草丛类的稳定性差一些。

热性灌草丛草原在种类组成上较热性草丛类草原丰富、复杂。草丛中既有原始森林破坏后残留的高大乔木和人工种植的次生树种，其郁闭度多在 0.1~0.3，又有一定数量的灌木，郁闭度在 0.4 以下，常常与高大禾草处在草群的上层。草本植物是构成灌草丛草原的主体，高禾草平均高度 80~250 cm，最高可达 400 cm，中禾草平均高度 30~80 cm，矮禾草一般在 30 cm 以下。草群生长茂盛，总覆盖度往往达到 100%，草本层覆盖度多为 70%~90%。

（十四）干热稀树灌草丛类

干热稀树灌草丛类草原，是在我国热带地区和具有热带干热气候的亚热带河谷底部极端干热的气候条件下，由森林植被破坏后而次生形成的草原类型。它的群落结构近似热性疏林灌草丛，群落外貌又近似稀树草原，但从草原成因看，又不同于热性灌草丛和稀树草原。

干热稀树灌草丛是处在特殊干热生境中，年降水量大多集中于雨季，再加上土层浅薄，保水能力很差，旱季严重缺水，而且持续期较长。如我国云南的元江、澜沧江、怒江，四川的金沙江、雅砻江等纵深切割的峡谷，接受的太阳辐射热量不易扩散，从热带吹来的季风被邻近的山脉阻挡，形成焚风(干热风)，导致增温降湿，形成干热河谷的特殊生境。年降雨量约 600 mm，且集中在雨季，每年的旱季较长，蒸发量是降雨量的 2~4 倍。土壤为燥红壤，土层较薄，水土冲刷严重，干燥，肥力不高。

草原的种类组成多为喜阳耐旱的热带成分，旱季草本植物部分枯黄。孤立散生的乔木多为薄叶型，呈小乔木状或大灌木状，都是旱生阳性树种。草层高度 60~80 cm，覆盖度为 70%~90%。乔木树种一般高 3~7 m，形成半球形树冠。

（十五）低地草甸类

低地草甸类草原是在土壤湿润或地下水丰富的生境条件下，由中生、湿中生多年生草本植物为主形成的一种隐域性草原类型。由于受土壤水分条件的影响，低地草甸的形成和发育一般不成地带性分布，凡能形成地表径流汇集的低洼地、水泛地、河漫滩、湖泊周围、滨海滩涂等地均有低地草甸的分布。即使在气候干旱、大气水分不足的荒漠地区，在水分条件较好或地下水位较高的地方，亦有低地草甸类草原的出现。

低地草甸根据着生地形和水盐状况,划分为低湿地草甸、盐化低地草甸、滩涂盐生草甸、沼泽化低地草甸4个亚类。

(十六)山地草甸类

山地草甸类草原是在山地温带气候带,大气温度和降水充沛的生境条件下,在山地垂直带上,由丰富的中生草本植物为主发育形成的一种草原类型。

山地草甸类草原形成的气候因素多系温和湿润,降水甚为充足,特别是生长季节。≥10℃的积温在1 600~2 200℃,常年在暖季期间的降水多达400~700 mm。土壤多为山地草甸土、山地黑钙土及山地黑土,土壤质地多为中壤质,土层一般发育较为良好,层次显著,疏松湿润,富含有机质,肥力较高。

山地草甸类下分中、低山山地草甸亚类,亚高山山地草甸亚类。

(十七)高寒草甸类

高寒草甸类草原是在高原或高山亚寒带和寒带寒冷而又湿润的气候条件下,由耐寒(喜寒、抗寒)性多年生、中生草本植物为主或有中生高寒灌丛参与形成的一类以矮生草本占优势的草原类型。

由寒中生草原组成的草原,年均温度一般在0℃以下,年降雨量350~550 mm,土壤为高山草甸土。主要分布在青藏高原东部和高原东南缘、帕米尔高原、祁连山、阿尔泰山、天山、昆仑山等西部大山的高山带。分布海拔一般在3 000 m以上。这类草原分布广、面积大,占全国草原总面积的17.78%,是我国主要的草原组成成分。

主要由苔草属、嵩草属和一些小丛禾草、小杂类草植物组成,具有草层低矮,结构简单,生长密集,覆盖度大,生长季节短和生产产量低的特点。

高寒草甸类下分典型高寒草甸亚类、盐化高寒草甸亚类、沼泽化高寒草甸亚类。

(十八)沼泽类

沼泽类草原是在地表终年积水或季节性积水的条件下,由多年生湿生植物为主形成的一种隐域性的草原类型。它分布的主要生境有 2 种：一种是平原中局部低洼地、潜水溢出带、泉水汇集处、河湖边缘；另一种是在高原和各大山地上部的宽谷底部、冰蚀台地。

沼泽类草原的分布十分广泛，不受地带性气候的限制。受生境的影响，草原植物组成比较简单，主要由高大的禾草、莎草及杂类草组成，以湿生植物占优势，亦有沼生植物和浮水、挺水植物。草群生长茂密，覆盖度高，多在 80%~100%，禾草为主的草群高度多在 100 cm 以上。

三、我国草地分类系统

表 1-2-3　中国草地类型分类系统

一、温性草甸草原类		
（一）平原丘陵草甸草原亚类		
B 中禾草组	1. 羊草（*Leymus chinensis*）型	
	2. 羊草（*Leymus chinensis*）、贝加尔针茅（*Stipa baicalensis*）型	
	3. 羊草（*Leymus chinensis*）、杂类草（*Herbarum variarum*）型	
	4. 具西伯利亚杏的羊草（*Leymus chinensis*）、贝加尔针茅（*Stipa baicalensis*）型	
	5. 贝加尔针茅（*Stipa baicalensis*）、羊草（*Leymus chinensis*）型	
	6. 贝加尔针茅（*Stipa baicalensis*）、杂类草（*Herbarum variarum*）型	
	7. 具西伯利亚杏的贝加尔针茅（*Stipa baicalensis*）型	
	8. 多叶隐子草（*Cleistogenes polyphylla*）、杂类草（*Herbarum variarum*）型	
	9. 多叶隐子草（*Cleistogenes polyphylla*）、冷蒿（*Artemisia frigida*）型	
	10. 多叶隐子草（*Cleistogenes polyphylla*）、细叶胡枝子（*Lespedeza hedysaroides*）型	
	11. 具西伯利亚杏的多叶隐子草（*Cleistogenes polyphylla*）型	
G 杂类草组	12. 线叶菊（*Filifolium sibiricum*）、羊草（*Leymus chinensis*）型	
	13. 裂叶蒿（*Artemisia laciniata*）、地榆（*Sanguisorba officinalis*）型	

续表

(二)山地草甸草原亚类		
B 中禾草组	14. 贝加尔针茅(*Stipa baicalensis*)型	
	15. 贝加尔针茅(*Stipa baicalensis*)、线叶菊(*Filifolium sibiricum*)型	
	16. 具灌木的贝加尔针茅(*Stipa baicalensis*)、隐子草(*Cleistogenes* spp.)型	
	17. 白羊草(*Bothriochloa ischaemum*)、针茅(*Stipa* spp.)型	
C 矮禾草组	18. 羊茅(*Festuca ovina*)型	
	19. 具蔷薇的羊茅(*Festuca ovina*)、杂类草(*Herbarum variarum*)型	
	20. 沟羊茅(*Festuca valesiaca* subsp. *sulcata*)、杂类草(*Herbarum variarum*)型	
	21. 阿拉套羊茅(*Festuca alatavica*)、草原苔草(*Carex liparocarpos*)型	
	22. 细叶早熟禾(*Poa angustifolia*)、针茅(*Stipa capillata*)型	
	23. 新疆早熟禾(*Poa versicolor* subsp. *relaxa*)、新疆亚菊(*Ajania fastigiata*)型	
	24. 硬质早熟禾(*Poa sphond ylodes*)、杂类草(*Herbarum variarum*)型	
F 小莎草组	25. 脚苔草(*Carex pediformis*)、杂类草(*Herbarum variarum*)型	
	26. 具灌木的脚苔草(*Carex pediformis*)、杂类草(*Herbarum variarum*)型	
	27. 披针叶苔草(*Carex lanceolata*)、杂类草(*Herbarum variarum*)型	
	28. 具灌木的披针叶苔草(*Carex lanceolata*)、杂类草(*Herbarum variarum*)型	
	29. 草原苔草(*Carex liparocarpos*)、杂类草(*Herbarum variarum*)型	
	30. 异穗苔草(*Carex heterostachya*)、铁杆蒿(*Artemisia gmelinii*)型	
G 杂类草组	31. 线叶菊(*Filifolium sibiricum*)、贝加尔针茅(*Stipa baicalensis*)型	
	32. 线叶菊(*Filifolium sibiricum*)、羊茅(*Festuca ovina*)型	
	33. 线叶菊(*Filifolium sibiricum*)、脚苔草(*Carex pediformis*)型	
	34. 线叶菊(*Filifolium sibiricum*)、杂类草(*Herbarum variarum*)型	
	35. 线叶菊(*Filifolium sibiricum*)、细叶胡枝子(*Lespedeza hedysaroides*)型	
	36. 具灌木的线叶菊(*Filifolium sibiricum*)、贝加尔针茅(*Stipa baicalensis*)型	
	37. 裂叶蒿(*Artemisialaciniata*)、披针叶苔草(*Carex lanceolata*)型	
	38. 银蒿(*Artemisia austriaca*)、白草(*Penmisetun flaccidum*)型	

续表

G 杂类草组	39. 天山鸢尾(*Iris loczyi*)、杂类草(*Herbarum variarum*)型
	40. 紫花鸢尾(*Iris ruthenica*)、铁杆蒿(*Artemisia gmelinii*)型
	41. 具金丝桃叶绣线菊的新疆亚菊(*Ajania fastigiata*)型
H 蒿类半灌木组	42. 牛尾蒿(*Artemisia subdigitata*)、铁杆蒿(*Artemisia gmelinii*)型
	43. 铁杆蒿(*Artemisia gmelinii*)、贝加尔针茅(*Stipa baicalensis*)型
	44. 铁杆蒿(*Artemisia gmelinii*)、草地早熟禾(*Poa pratensis*)型
	45. 铁杆蒿(*Artemisia gmelinii*)、杂类草(*Herbarum variarum*)型
	46. 具灌木的铁杆蒿(*Artemisia gmelinii*)、杂类草(*Herbarum variarum*)型
	47. 细裂叶莲蒿(*Artemisia santolinifolia*)、早熟禾(*Poa* spp.)型
	48. 具灌木的细裂叶莲蒿(*Artemisia santolinifolia*)型
I 半灌木组	49. 细叶胡枝子(*Lespedeza hedysaroides*)、中华隐子草(*Cleistogenes chinensis*)型
(三)沙地草甸草原亚类	
B 中禾草组	50. 具家榆的羊草(*Leymus chinensis*)、杂类草(*Herbarum variarum*)型
G 杂类草组	51. 菊叶委陵菜(*Potentilla tanacetifolia*)、杂类草(*Herbarum variarum*)型
H 蒿类半灌木组	52. 具灌木的差巴嘎蒿(*Artemuisia halodendrom*)、禾草(*Gramineae*)型
二、温性草原类	
(一)平原丘陵草原亚类	
B 中禾草组	1. 羊草(*Leymus chinensis*)、针茅(*Stipa* spp.)型
	2. 羊草(*Leymus chinensis*)、糙隐子草(*Cleistogenes squarrosa*)型
	3. 羊草(*Leymus chinensis*)、杂类草(*Herbarum variarum*)型
	4. 羊草(*Leymus chinensis*)、冷蒿(*Artemisia frigida*)型
	5. 具小叶锦鸡儿的羊草(*Leymus chinensis*)、杂类草(*Herbarum variarum*)型
	6. 大针茅(*Stipa grandis*)型
	7. 大针茅(*Stipa grandis*)、糙隐子草(*Cleistogenes squarrosa*)型
	8. 大针茅(*Stipa grandis*)、杂类草(*Herbarum variarum*)型
	9. 大针茅(*Stipa grandis*)、达乌里胡枝子(*Lespedeza davurica*)型

续表

B 中禾草组	10. 具小叶锦鸡儿的大针茅（*Stipa grandis*）、冰草（*Agropyron cristatum*）型
	11. 具西伯利亚杏的大针茅（*Stipa grandis*）、糙隐子草（*Cleistogenes squarrosa*）型
	12. 克氏针茅（*Stipa krylovii*）、糙隐子草（*Cleistogenes squarrosa*）型
	13. 克氏针茅（*Stipa krylovii*）、冷蒿（*Artemisia frigida*）型
	14. 具小叶锦鸡儿的克氏针茅（*Stipa krylovii*）型
	15. 长芒草（*Stipa bungeana*）、冰草（*Agropyron cristatum*）型
	16. 长芒草（*Stipa bungeana*）、糙隐子草（*Cleistogenes squarrosa*）型
	17. 长芒草（*Stipa bungeana*）、杂类草（*Herbarum variarum*）型
	18. 具锦鸡儿的长芒草（*Stipa bungeana*）型
	19. 中亚白草（*Pennisetum centrasiaticum*）型
C 矮禾草组	20. 冰草（*Agropyron cristatum*）、糙隐子草（*Cleistogenes squarrosa*）型
	21. 冰草（*Agropyron cristatum*）、杂类草（*Herbarum variarum*）型
	22. 冰草（*Agropyron cristatum*）、冷蒿（*Artemisia frigida*）型
	23. 具小叶锦鸡儿的冰草（*Agropyron cristatum*）、糙隐子草（*Cleistogenes squarrosa*）型
	24. 糙隐子草（*Cleistogenes squarrosa*）型
	25. 糙隐子草（*Cleistogenes squarrosa*）、杂类草（*Herbarum variarum*）型
	26. 糙隐子草（*Cleistogenes squarrosa*）、冷蒿（*Artemisia frigida*）型
	27. 糙隐子草（*Cleistogenes squarrosa*）、达乌里胡枝子（*Lespedeza davurica*）型
	28. 具锦鸡儿的糙隐子草（*Cleistogenes squarrosa*）型
	29. 茖草（*Koeleria cristata*）、糙隐子草（*Cleistogenes squarrosa*）型
G 杂类草组	30. 多根葱（*Allium polyrrhizum*）型
	31. 沙蒿（*Artemisia desertorum*）、长芒草（*Stipa bungeana*）型
	32. 猪毛蒿（*Artemisia scoparia*）、杂类草（*Herbarum variarum*）型
	33. 星毛委陵菜（*Potentilla acaulis*）、长芒草（*Stipa bungeana*）型
H 蒿类半灌木组	34. 蒿（*Artemisia* spp.）、杂类草（*Herbarum variarum*）型
	35. 茭蒿（*Artemisia giraldii*）、禾草（*Gramineae*）型

续表

H 蒿类半灌木组	36. 冷蒿(*Artemisia frigida*),克氏针茅(*Stipa krylovii*)型
	37. 冷蒿(*Artemisia frigida*)、长芒草(*Stipa bungeana*)型
	38. 冷蒿(*Artemisia frigida*)、冰草(*Agropyron cristatum*)型
	39. 冷蒿(*Artemisia frigida*)、杂类草(*Herbarum variarum*)型
	40. 具小叶锦鸡儿的冷蒿(*Artemisia frigida*)、克氏针茅(*Stipa krylovii*)型
I 半灌木组	41. 达乌里胡枝子(*Lespedeza davurica*)、杂类草(*Herbarum variarum*)型
	42. 具柠条锦鸡儿的牛枝子(*Lespedeza potaninii*)型
	43. 百里香(*Thymus serpyllum* var. *mongolicus*)、长芒草(*Stipa bungeana*)型
	44. 百里香(*Thymus serpyllum* var. *mongolicus*)、糙隐子草(*Cleistogenes squarrosa*)型
	45. 百里香(*Thymus serpyllum* var. *mongolicus*)、杂类草(*Herbarum variarum*)型
	46. 百里香(*Thymus serpyllum* var. *mongalicus*)、达乌里胡枝子(*Lespedeza davurica*)型
	47. 山竹岩黄芪(*Hedysarum fruticosum*)、杂类草(*Herbarum variarum*)型
(二)山地草原亚类	
A 高禾草组	48. 芨芨草(*Achnatherum splendens*)型
B 中禾草组	49. 大针茅(*Stipa grandis*)型
	50. 克氏针茅(*Stipa krylovii*)、羊茅(*Festuca ovina*)型
	51. 克氏针茅(*Stipa krylovii*)、早熟禾(*Poa* spp.)型
	52. 克氏针茅(*Stipa krylovii*)、青海苔草(*Carex ivanovae*)型
	53. 克氏针茅(*Stipa krylovii*)、甘青针茅(*Stipa przewalskyi*)型
	54. 具灌木的克氏针茅(*Stipa krylovii*)、杂类草(*Herbarum variarum*)型
	55. 长芒草(*Stipa bungeana*)、杂类草(*Herbarum variarum*)型
	56. 具砂生槐的长芒草(*Stipa bungeana*)型
	57. 具灌木的长芒草(*Stipa bungeana*)型
	58. 疏花针茅(*Stipa penicillata*)、冰草(*Agropyron cristatum*)型
	59. 具砂生槐的白草(*Pennisetum flaccidum*)型
	60. 白草(*Pennisetum flaccidum*)型

续表

B 中禾草组	61. 青海固沙草(*Orinus kokonorica*)、克氏针茅(*Stipa krylovii*)型
	62. 青海固沙草(*Orinus kokonorica*)、杂类草(*Herbarum variarum*)型
	63. 具锦鸡儿的青海固沙草(*Orinus kokonorica*)型
	64. 固沙草(*Orinus thoroldii*)、白草(*Pennisetum flaccidum*)型
	65. 阿拉善鹅观草(*Roegneria alashanica*)、冷蒿(*Artemisia frigida*)型
C 矮禾草组	66. 藏布三芒草(*Aristida tsangpoensis*)型
	67. 天山针茅(*Stipa tianschanica*)型
	68. 针茅(*Stipa capillata*)型
	69. 针茅(*Stipa capillata*)、新疆亚菊(*Ajania fastigiata*)型
	70. 具锦鸡儿的针茅(*Stipa capillata*)、杂类草(*Herbarum variarum*)型
	71. 具金丝桃叶绣线菊的针茅(*Stipa capillata*)、杂类草(*Herbarum variarum*)型
	72. 渐尖早熟禾(*Poa attenuata*)型
	73. 中华隐子草(*Cleistogenes chinensis*)、杂类草(*Herbarum variarum*)型
	74. 中华隐子草(*Cleistogenes chinensis*)、百里香(*Thymus spp.*)型
	75. 冰草(*Agropyron cristatum*)、杂类草(*Herbarum variarum*)型
	76. 冰草(*Agropyron cristatum*)、冷蒿(*Artemisia frigida*)型
	77. 具锦鸡儿的冰草(*Agropyron cristatum*)型
F 小莎草组	78. 草原苔草(*Carex liparocarpos*)、杂类草(*Herbarum variarum*)型
	79. 草原苔草(*Carex liparocarpos*)、冷蒿(*Artemisia frigida*)型
	80. 具灌木的草原苔草(*Carex liparocarpos*)型
G 杂类草组	81. 蒙古蒿(*Artemisia mongolica*)、甘青针茅(*Stipa przewalskyi*)型
	82. 栉叶蒿(*Neopallasia pectinata*)型
	83. 天山鸢尾(*Iris loczyi*)、禾草(*Gramineae*)型
H 蒿类半灌木组	84. 茭蒿(*Artemisia giraldii*)、杂类草(*Herbarum variarum*)型
	85. 茭蒿(*Artemisia giraldii*)、冷蒿(*Artemisia frigida*)型
	86. 铁杆蒿(*Artemisia gmelinii*)、长芒草(*Stipa bungeana*)型

续表

H 蒿类半灌木组	87. 铁杆蒿(*Artemisia gmelinii*)、冰草(*Agropyron cristatum*)型
	88. 铁杆蒿(*Artemisia gmelinii*)、杂类草(*Herbarum variarum*)型
	89. 铁杆蒿(*Artemisia gmelinii*)、冷蒿(*Artemisia frigida*)型
	90. 铁杆蒿(*Artemisia gmelinii*)、百里香(*Thymus serpyllum* var. *mongolicus*)型
	91. 铁杆蒿(*Artemisia gmelinii*)、达乌里胡枝子(*Lespedeza davuerica*)型
	92. 具灌木的铁杆蒿(*Artemisia gmelinii*)型
	93. 毛莲蒿(*Artemisia vestita*)型
	94. 岩蒿(山蒿)(*Artemisia brachyloba*)、杂类草(*Herbarum variarum*)型
	95. 藏白蒿(*Artemisia younghusbandii*)、白草(*Pennisetum flaccidum*)型
I 半灌木组	96. 达乌里胡枝子(*Lespedeza davurica*)、长芒草(*Stipa bungeana*)型
	97. 灰枝紫菀(*Aster poliothamnu*)、杂类草(*Herbarum variarum*)型
(三)沙地草原亚类	
B 中禾草组	98. 中亚白草(*Pennisetum centrasiaticum*)、杂类草(*Herbarum variarum*)型
	99. 中亚白草(*Pennisetum centrasiaticum*)、冷蒿(*Artemisia frigida*)型
	100. 具灌木的中亚白草(*Pennisetum centrasiaticum*)、杂类草(*Herbarum variarum*)型
	101. 具北沙柳的长芒草(*Stipa bungeana*)、杂类草(*Herbarum variarum*)型
C 矮禾草组	102. 沙生冰草(*Agropyron desertorum*)、糙隐子草(*Cleistogenes squarrosa*)型
	103. 具柠条锦鸡儿的冰草(*Agropyron cristatum*)型
	104. 具家榆的冰草(*Agropyron cristatum*)型
D.豆科草本组	105. 甘草(*Glycyrrhiza uralensis*)、杂类草(*Herbarum tariaraomn*)型
H 蒿类半灌木组	106. 具灌木的冷蒿(*Artemisia frigida*)型
	107. 具家榆的冷蒿(*Artemisia frigida*)型
	108. 褐沙蒿(*Artemisia intramongolica*)型
	109. 具锦鸡儿的褐沙蒿(*Artemisia intramongolica*)型
	110. 具家榆的褐沙蒿(*Artemisia intramongolica*)型
	111. 差巴嘎蒿(*Artemisia halodendron*)型

续表

H 蒿类半灌木组	112. 差巴嘎蒿（*Artemisia halodendron*）、冷蒿（*Artemisia frigida*）型
	113. 具灌木的差巴嘎蒿（*Artemisia halodendron*）型
	114. 具家榆的差巴嘎蒿（*Artemisia halodendron*）型
	115. 油蒿（*Artemisia ordosica*）、杂类草（*Herbarum variarum*）型
I 半灌木组	116. 达乌里胡枝子（*Lespedeza davurica*）、禾草（*Gramineae*）型
	117. 具灌木的达乌里胡枝子（*Lespedeza davurica*）、沙生冰草（*Agropyron desertorum*）型
	118. 具家榆的达乌里胡枝子（*Lespedeza davurica*）型
	119. 草麻黄（*Ephedra sinica*）、差巴嘎蒿（*Artemisia halodendron*）型
	120. 草麻黄（*Ephedra sinica*）、糙隐子草（*Cleistogenes squarrosa*）型
	121. 具灌木的草麻黄（*Ephedra sinica*）、糙隐子草（*Cleistogenes squarrosa*）型

三、温性荒漠草原类

（一）平原丘陵荒漠草原亚类

C 矮禾草组	1. 小针茅（*Stipa klemenzii*）、无芒隐子草（*Cleistogenes songorica*）型
	2. 小针茅（*Stipa klemenzii*）、冷蒿（*Artemisia frigida*）型
	3. 小针茅（*Stipa klemenzii*）、半灌木（*Suffrutex*）型
	4. 具锦鸡儿的小针茅（*Stipa klemenzii*）型
	5. 短花针茅（*Stipa breviflora*）、无芒隐子草（*Cleistogenes songorica*）型
	6. 短花针茅（*Stipa breviflora*）、冷蒿（*Artemisia frigida*）型
	7. 短花针茅（*Stipa breviflora*）、牛枝子（*Lespedeza potaninii*）型
	8. 短花针茅（*Stipa breviflora*）、蓍状亚菊（*Ajania achilleoides*）型
	9. 短花针茅（*Stipa breviflora*）、刺叶柄棘豆（*Oxtropis aciphylla*）型
	10. 短花针茅（*Stipa breviflora*）、刺旋花（*Convolvulus tragacanthoides*）型
	11. 具锦鸡儿的短花针茅（*Stipa breviflora*）型
	12. 沙生针茅（*Stipa glareosa*）、糙隐子草（*Cleistogenes squarrosa*）型
	13. 具锦鸡儿的沙生冰草（*Agropyron desertorum*）型
	14. 无芒隐子草（*Cleistogenes songorica*）型

续表

C 矮禾草组	15. 具锦鸡儿的无芒隐子草（*Cleistogenes songorica*）型
G 杂类草组	16. 多根葱（*Allium palyrrhizum*）、小针茅（*Stipa klemenzii*）型
	17. 大苞鸢尾（*Iris bungei*）、杂类草（*Herbarum variarum*）型
H 蒿类半灌木组	18. 具锦鸡儿的冷蒿（*Artemisia frigida*）型
	19. 驴驴蒿（*Artemisia dalai-lamae*）、短花针茅（*Stipa breviflora*）型
I 半灌木组	20. 牛枝子（*Lespedeza potaninii*）、杂类草（*Herbarum variarum*）型
	21. 具锦鸡儿的牛枝子（*Lespedeza potaninii*）型
	22. 蓍状亚菊（*Ajania achilleoides*）、短花针茅（*Stipa breviflora*）型
	23. 具垫状锦鸡儿的蓍状亚菊（*Ajania achilleoides*）型
	24. 束伞亚菊（*Ajania parviflora*）、长芒草（*Stipa bungeana*）型
	25. 灌木亚菊（*Ajania fruticulosa*）、针茅（*Stipa* spp.）型
	26. 女蒿（*Hippolytia trifida*）、小针茅（*Stipa klemenzii*）型
	27. 刺叶柄棘豆（*Oxytropis aciphylla*）、杂类草（*Herbarum variarum*）型
（二）山地荒漠草原亚类	
B 中禾草组	28. 阿拉善鹅观草（*Roegneria alashanica*）、驼绒藜（*Ceratoides latens*）型
C 矮禾草组	29. 镰芒针茅（*Stipa caucasica*）、高山绢蒿（*Seriphidium rhodanthum*）型
	30. 镰芒针茅（*Stipa caucasica*）、博洛塔绢蒿（*Seriphidium borotalense*）型
	31. 具锦鸡儿的镰芒针茅（*Stipa caucasica*）型
	32. 沙生针茅（*Stipa glareosa*）型
	33. 沙生针茅（*Stipa glareosa*）、高山绢蒿（*Seriphidium rhodanthum*）型
	34. 沙生针茅（*Stipa glareosa*）、短叶假木贼（*Anabasis brevifolia*）型
	35. 沙生针茅（*Stipa glareosa*）、合头藜（*Sympegma regelii*）型
	36. 沙生针茅（*Stipa glareosa*）、蒿叶猪毛菜（*Salsola abrotanoides*）型
	37. 沙生针茅（*Stipa glareosa*）、灌木短舌菊（*Brachanthemum fruticulosum*）型
	38. 沙生针茅（*Stipa glareosa*）、红砂（*Reaumuria soongorica*）型
	39. 具锦鸡儿的沙生针茅（*Stipa glareosa*）型

续表

C 矮禾草组	40. 具灌木的沙生针茅(*Stipa glareosa*)型
	41. 戈壁针茅(*Stipa gobica*)、松叶猪毛菜(*Salsola laricifolia*)型
	42. 戈壁针茅(*Stipa gobica*)、蒙古扁桃(*Prunus mongolica*)型
	43. 戈壁针茅(*Stipa gobica*)、灌木亚菊(*Ajania fruticulosa*)型
	44. 短花针茅(*Stipa breviflora*)型
	45. 短花针茅(*Stipa breviflora*)、博洛塔绢蒿(*Seriphidium borotalense*)型
	46. 短花针茅(*Stipa breviflora*)、半灌木(*Suffrutex*)型
	47. 具锦鸡儿的短花针茅(*Stipa breviflora*)、杂类草(*Herbarum variarum*)型
	48. 昆仑针茅(*Stipa roborowskyi*)、高山绢蒿(*Seriphidium rhodanthum*)型
	49. 新疆针茅(*Stipa sareptana*)、纤细绢蒿(*Seriphidium gracilescens*)型
	50. 东方针茅(*Stipa orientalis*)、博洛塔绢蒿(*Seriphidium borotalense*)型
	51. 冰草(*Agropyron cristatum*)、纤细绢蒿(*Seriphidium gracilescens*)型
	52. 冰草(*Agropyron cristatum*)、高山绢蒿(*Seriphidium rhodanthum*)型
	53. 羊茅(*Festuca ovina*)、博洛塔绢蒿(*Seriphidium borotalense*)型
F 小莎草组	54. 草原苔草(*Carex liparocarpos*)、高山绢蒿(*Seriphidium rhodanthum*)型
(三)沙地荒漠草原亚类	
A 高禾草组	55. 沙鞭(*Psammochloa villosa*)、杂类草(*Herbarum variarum*)型
C 矮禾草组	56. 沙芦草(*Agropyron mongolicum*)型
D 豆科草本组	57. 甘草(*Glycyrrhiza uralensis*)型
	58. 苦豆子(*Sophora alopecuroides*)、中亚白草(*Pennisetum centrasiaticum*)型
G 杂类草组	59. 具锦鸡儿的杂类草(*Herbarum variarum*)型
	60. 老瓜头(*Cynanchum komarovii*)型
H 蒿类半灌木组	61. 油蒿(*Artemisia ordosica*)、沙鞭(*Psammochloa villosa*)型
	62. 油蒿(*Artemisia ordosica*)、甘草(*Glycyrrhiza uralensis*)型
	63. 油蒿(*Artemisia ordosica*)、中亚白草(*Pennisetum centrasiaticum*)型
	64. 具锦鸡儿的油蒿(*Artemisia ordosica*)型

续表

H 蒿类半灌木组		
B 中禾草组	1. 寡穗茅（*Littledalea przevalskyi*）、杂类草（*Herbarum variarum*）型	
C 矮禾草组	2. 丝颖针茅（*Stipa capillacea*）型	
	3. 具灌木的丝颖针茅（*Stipa capillacea*）型	
	4. 具变色锦鸡儿的穗状寒生羊茅（*Festuca ovina* subsp. *sphagnicola*）型	
	5. 微药羊茅（*Festuca nitidula*）型	
	6. 紫花针茅（*Stipa purpurea*）、嵩草（*Kobresia* spp.）型	
F 小莎草组	7. 窄果苔草（*Carex angustifructus*）型	
	8. 青藏苔草（*Carex moorcroftii*）、嵩草（*Kobresia* spp.）型	
G 杂类草组	9. 具香柏的臭蚤草（*Pulicaria insignis*）型	
五、高寒草原类		
B 中禾草组	1. 新疆银穗草（*Leucopoa olgae*）型	
	2. 新疆银穗草（*Leucopoa olgae*）、穗状寒生羊茅（*Festuca ovina* subsp. *sphagnicola*）型	
	3. 固沙草（*Orinus thoroldii*）型	
C 矮禾草组	4. 紫花针茅（*Stipa purpurea*）型	
	5. 紫花针茅（*Stipa purpurea*）、新疆银穗草（*Leucopoa olgae*）型	
	6. 紫花针茅（*Stipa purpurea*）、固沙草（*Orinus* spp.）型	
	7. 紫花针茅（*Stipa purpurea*）、黄芪（*Astragalus* spp.）型	
	8. 紫花针茅（*Stipa purpurea*）、青藏苔草（*Carex moorcroftii*）型	
	9. 紫花针茅（*Stipa purpurea*）、杂类草（*Herbarum variarum*）型	
	10. 具锦鸡儿的紫花针茅（*Stipa purpurea*）型	
	11. 羽状针茅（*Stipa subsessiliflora* var. *basiplumosa*）型	
	12. 座花针茅（*Stipa subsessiliflora*）型	
	13. 昆仑针茅（*Stipa roborowskyi*）型	
	14. 寒生羊茅（*Festuca kryloviana*）型	
	15. 穗状寒生羊茅（*Festuca ovina* subsp. *sphagnicola*）型	

续表

C 矮禾草组	16. 昆仑早熟禾(*Poa litwinowiana*)、鳞叶点地梅(*Androsace squarrosula*)型	
	17. 羊茅状早熟禾(*Poa festucoides*)、棘豆(*Oxytropis* spp.)型	
	18. 羊茅状早熟禾(*Poa festucoides*)、四裂红景天(*Rhodiola quadrifida*)型	
	19. 草沙蚕(*Tripogon bromoides*)型	
D 豆科草本组	20. 劲直黄芪(*Astragalus strictus*)、紫花针茅(*Stipa purpurea*)型	
F 小莎草组	21. 青藏苔草(*Carex moorcroftii*)、杂类草(*Herbarum variarum*)型	
	22. 具灌木的青藏苔草(*Carex moorcroftii*)型	
G 杂类草组	23. 木根香青(*Anaphalis xylorhiza*)、杂类草(*Herbarum variarum*)型	
	24. 帕阿委陵菜(*Potentilla pamiroalaica*)型	
	25. 冻原白蒿(*Artemisia stracheyi*)型	
	26. 川藏蒿(*Artemisia tainingensis*)型	
H 蒿类半灌木组	27. 藏沙蒿(*Artemisia wellbyi*)型	
	28. 藏沙蒿(*Artemisia wellbyi*)、紫花针茅(*Stipa purpurea*)型	
	29. 藏白蒿(*Artemisia younghusbandii*)型	
	30. 日喀则蒿(*Artemisia xigazeensis*)型	
	31. 灰苞蒿(*Artemisia roxburghiana*)型	
	32. 藏龙蒿(*Artemisia waltonii*)型	

六、高寒荒漠草原类

C 矮禾草组	1. 镰芒针茅(*Stipa caucasica*)型	
	2. 紫花针茅(*Stipa purpurea*)、垫状驼绒藜(*Ceratoides compacta*)型	
	3. 具变色锦鸡儿的紫花针茅(*Stipa purpurea*)型	
	4. 座花针茅(*Stipa subsessiliflora*)、高山绢蒿(*Seriphidium rhodanthum*)型	
	5. 沙生针茅(*Stipa glareosa*)、固沙草(*Orinus thoroldii*)型	
	6. 沙生针茅(*Stipa glareosa*)、藏沙蒿(*Artemisia wellbyi*)型	
F 小莎草组	7. 青藏苔草(*Carex moorcroftii*)、垫状驼绒藜(*Ceratoides compacta*)型	

续表

七、温性草原化荒漠类		
H 蒿类半灌木组	1. 白茎绢蒿（*Seriphidium terrae-albae*）、沙生针茅（*Stipa glareosa*）型	
	2. 博洛塔绢蒿（*Seriphidium borotalense*）、针茅（*Stipa capillata*）型	
	3. 新疆绢蒿（*Seriphidium kaschgaricm*）、沙生针茅（*Stipa glareosa*）型	
	4. 纤细绢蒿（*Seriphidium gracilescens*）、沙生针茅（*Stipa glareosa*）型	
I 半灌木组	5. 合头藜（*Sympegma regelii*）、禾草（*Gramineae*）型	
	6. 喀什菊（*Kaschgaria komarovii*）、禾草（*Gramineae*）型	
	7. 珍珠猪毛菜（*Salsola passerina*）、禾草（*Gramineae*）型	
	8. 珍珠猪毛菜（*Salsola passerina*）、杂类草（*Herbarum variarum*）型	
	9. 蒿叶猪毛菜（*Salsola abrotanoides*）、沙生针茅（*Stipa glareosa*）型	
	10. 天山猪毛菜（*Salsola junatovii*）、沙生针茅（*Stipa glareosa*）型	
	11. 短叶假木贼（*Anabasis brevifolia*）、针茅（*Stipa* spp.）型	
	12. 高枝假木贼（*Anabasis elatior*）、中亚细柄茅（*Ptilagrostis pelliotii*）型	
	13. 小蓬（*Nanophyton erinaceum*）、沙生针茅（*Stipa glareosa*）型	
	14. 灌木紫菀木（*Asterothamnus fruticosus*）、沙生针茅（*Stipa glareosa*）型	
	15. 红砂（*Reaumuria soongorica*）、禾草（*Gramineae*）型	
	16. 红砂（*Reaumuria soongorica*）、多根葱（*Allium polyrrhizum*）型	
	17. 驼绒藜（*Ceratoides latens*）、沙生针茅（*Stipa glareosa*）型	
	18. 驼绒藜（*Ceratoides latens*）、女蒿（*Hippolytia trifida*）型	
	19. 盐爪爪（*Kalidium foliatum*）、禾草（*Gramineae*）型	
	20. 圆叶盐爪爪（*Kalidium schrenkianum*）、沙生针茅（*Stipa glareosa*）型	
	21. 松叶猪毛菜（*Salsola laricifolia*）、禾草（*Gramineae*）型	
J 灌木组	22. 刺旋花（*Convolvulus tragacanthoides*）、沙生针茅（*Stipa glareosa*）型	
	23. 垫状锦鸡儿（*Caragana tibetica*）、针茅（*Stipa* spp.）型	
	24. 垫状锦鸡儿（*Caragana tibetica*）、冷蒿（*Artemisia frigida*）型	
	25. 中间锦鸡儿（*Caragana intermedia*）、沙生针茅（*Stipa glareosa*）型	

续表

J 灌木组	26. 锦鸡儿(*Caragana* spp.)、小针茅(*Stipa klemnzii*)型
	27. 柠条锦鸡儿(*Caragana korshinskii*)、油蒿(*Artemisia ordosica*)型
	28. 蒙古扁桃(*Prunus mongolica*)、戈壁针茅(*Stipa gobica*)型
	29. 半日花(*Helianthemum soongoricum*)、戈壁针茅(*Stipa gobica*)型
	30. 沙冬青(*Ammopiptanthus mongolicus*)、短花针茅(*Stipa breviflora*)型
八、温性荒漠类	
(一)土砾质荒漠亚类	
G 杂类草组	1. 叉毛蓬(*Petrosimonia sibirica*)型
H 蒿类半灌木组	2. 白茎绢蒿(*Seriphidium terrae-albae*)型
	3. 博洛塔绢蒿(*Seriphidium borotalense*)型
	4. 新疆绢蒿(*Seriphidium kaschgaricum*)型
	5. 伊犁绢蒿(*Seriphidium transillense*)型
	6. 准噶尔沙蒿(*Artemisia songarica*)型
I 半灌木组	7. 木地肤(*Kochia prostrata*)、角果藜(*Ceratocarpus arenarius*)型
	8. 天山猪毛菜(*Salsola junatovii*)型
	9. 蒿叶猪毛菜(*Salsola abrotanoides*)、红砂(*Reaumuria soongorica*)型
	10. 东方猪毛菜(*Salsola orientalis*)型
	11. 珍珠猪毛菜(*Salsola passerina*)型
	12. 合头藜(*Sympegma regelii*)型
	13. 盐生假木贼(*Anabasis salsa*)型
	14. 短叶假木贼(*Anabasis brevifolia*)型
	15. 粗糙假木贼(*Anabasis pelliotii*)型
	16. 无叶假木贼(*Anabasis aphylla*)、圆叶盐爪爪(*Kalidium schrenkianum*)型
	17. 戈壁藜(*Iljinia regelii*)型
	18. 小蓬(*Nanophyton erinaceum*)型
	19. 木碱蓬(*Suaeda dendroides*)型

续表

I 半灌木组	20. 五柱红砂（*Reaumuria kaschgarica*）型
	21. 蒙古短舌菊（*Brachanthemum mongolicum*）型
	22. 星毛短舌菊（*Brachanthemum pulvinatum*）型
	23. 松叶猪毛菜（*Salsola laricifolia*）型
	24. 驼绒藜（*Ceratoides latens*）型
	25. 木本猪毛菜（*Salsola arbuscula*）、驼绒藜（*Ceratoides latens*）型
	26. 红砂（*Reaumuria soongorica*）型
	27. 圆叶盐爪爪（*Kalidium schrenkianum*）型
	28. 尖叶盐爪爪（*Kalidium cuspidatum*）型
	29. 细枝盐爪爪（*Kalidium gracile*）型
	30. 黄毛头盐爪爪（*Kalidium sinicum*）型
J 灌木组	31. 鹰爪柴（*Convolvulus gortschakovii*）型
	32. 刺旋花（*Convolvulus tragacanthoides*）、绵刺（*Potaninia mongolica*）型
	33. 油柴（*Tetraena mongolica*）型
	34. 绵刺（*Potaninia mongolica*）型
	35. 霸王（*Zygophyllum xanthoxylon*）型
	36. 泡泡刺（*Nitraria sphaerocarpa*）型
	37. 白刺（*Nitraria tangutorum*）型
	38. 小果白刺（*Nitraria sibirica*）型
	39. 柽柳（*Tamarix chinesis*）型
	40. 裸果木（*Gymnocarpos przewalskii*）、短叶假木贼（*Anabasis brevifolia*）型
	41. 膜果麻黄（*Ephedra przewalskii*）、半灌木（*Suffrutex*）型
	42. 垫状锦鸡儿（*Caragana tibetica*）、红砂（*Reaumuri asoongorica*）型
	43. 沙冬青（*Ammopiptanthus mongolicar*）、红砂（*Reaumuria soongorica*）型
K 小乔木组	44. 梭梭（*Haloxylon erinaceum*）、半灌木（*Suffrutex*）型

续表

(二)沙质荒漠亚类	
B 中禾草组	45. 大赖草(*Leymus racemosus*)、沙漠绢蒿(*Seriphidium santolinum*)型
H 蒿类半灌木组	46. 沙蒿(*Artemisia arenaria*)、白茎绢蒿(*Seriphidum terraae-albae*)型
	47. 白沙蒿(*Artemisia sphaerocephala*)型
	48. 旱蒿(*Artemisia xerophytica*)、驼绒藜(*Ceratoides latens*)型
I 半灌木组	49. 驼绒藜(*Ceratoides latens*)型
J 灌木组	50. 沙拐枣(*Calligonum* spp.)型
K 小乔木组	51. 白梭梭(*Haloxylon persicum*)、沙拐枣(*Calligonum* spp.)型
	52. 梭梭(*Haloxylon erinaceum*)型
	53. 梭梭(*Haloxylon erinaceum*)、白刺(*Nitraria tangutorum*)型
	54. 梭梭(*Haloxylon erinaceum*)、沙漠绢蒿(*Seriphidium santolinum*)型
(三)盐土质荒漠亚类	
I 半灌木组	55. 盐节木(*Halocnemum strobilaceum*)型
	56. 囊果碱蓬(*Suaeda physophora*)型
	57. 盐爪爪(*Kalidium foliatum*)型
	58. 盐穗木(*Halostachys caspica*)型
J 灌木组	59. 多枝柽柳(*Tamarix ramosissima*)、盐穗木(*Halostachys caspica*)型
	60. 小果白刺(*Nitraria sibirica*)、黑果枸杞(*Lycium ruthenicum*)型
九、高寒荒漠类	
G 杂类草组	1. 唐古特红景天(*Rhodiola algida* var. *tangutica*)、杂类草(*Herbarum variarum*)型
	2. 高原芥(*Christolea crassifolia*)型
H 蒿类半灌木组	3. 高山绢蒿(*Seriphidium rhodanthum*)、垫状驼绒藜(*Ceratoides compacta*)型
	4. 高山绢蒿(*Seriphidium rhodanthum*)、驼绒藜(*Ceratoides latens*)型
1 半灌木组	5. 亚菊(*Ajania* spp.)型
	6. 垫状驼绒藜(*Ceratoides compacta*)型

续表

十、暖性草丛类		
A 高禾草组	1. 大油芒（*Spodiopogon sibiricus*）型	
	2. 芒（*Miscanthus sinensir*）型	
	3. 芒（*Miscanthus sinensir*）、野青茅（*Deyeuxia arundinacea*）型	
B 中禾草组	4. 白羊草（*Bothriochloa ischaemum*）型	
	5. 白羊草（*Bothriochloa ischaemum*）、黄育草（*Themeda triandra* var. *japonica*）型	
	6. 白羊草（*Bothriochloa ischaemum*）、荩草（*Arthraxon hispidus*）型	
	7. 白羊草（*Bothriochloa ischaemum*）、隐子草（*Cleistogenes* spp.）型	
	8. 黄背草（*Themeda triandra* var. *japonica*）型	
	9. 黄背草（*Themeda triandra* var. *japonica*）、白羊草（*Bothriochloa ischaemum*）型	
	10. 黄背草（*Themeda triandra* var. *japonica*）、野古草（*Arundinella hirta*）型	
	11. 黄背草（*Themeda triandra* var. *japonica*）、荩草（*Arthraxon hispidus*）型	
	12. 白健秆（*Eulalia pallens*）型	
	13. 野古草（*Arundinella hirta*）型	
	14. 穗序野古草（*Arundinella chenii*）型	
	15. 中亚白草（*Pennisetum centrasiaticum*）、杂类草（*Herbarum variarum*）型	
	16. 画眉草（*Eragrostis pilosa*）、白草（*Pennisetum flaccidum*）型	
	17. 知风草（*Eragrostis ferruginea*）、西南委陵菜（*Potentilla fulgens*）型	
	18. 白茅（*Imperata cylindrica* var. *major*）、白羊草（*Bothriochloa ischaemum*）型	
	19. 白茅（*Imperata cylindrica* var. *major*）型	
	20. 野青茅（*Deyeuxia arundinacea*）型	
C 矮禾草组	21. 结缕草（*Zoysia japonica*）型	
F 小莎草组	22. 披针叶苔草（*Carex lanceolata*）、杂类草（*Herbarum variarum*）型	
H 蒿类半灌木组	23. 铁杆蒿（*Artemisia gmelinii*）、白羊草（*Bothriochloa ischaemum*）型	
	24. 细裂叶莲蒿（*Artemisia santolinifolia*）、桔草（*Cymbopogon goeringii*）型	

续表

十一、暖性灌草丛类	
A 高禾草组	1. 具灌木的大油芒（*Spodiopogon sibiricus*）型
	2. 具灌木的荻（*Miscanthus sacchariflorus*）型
	3. 具栎的荻（*Miscanthus sacchariflorus*）型
	4. 具栎的芒（*Miscanthus sinensis*）型
	5. 具灌木的芒（*Miscanthus sinensis*）型
	6. 具乔木的芒（*Miscanthus sinensis*）、野青茅（*Deyeuxia arundinacea*）型
B 中禾草组	7. 具胡枝子的白羊草（*Bothriochloa ischaemum*）型
	8. 具酸枣的白羊草（*Bothriochloa ischaemum*）型
	9. 具沙棘的白羊草（*Bothriochloa ischaemum*）型
	10. 具荆条的白羊草（*Bothriochloa ischaemum*）型
	11. 具灌木的白羊草（*Bothriochloa ischaemum*）型
	12. 具乔木的白羊草（*Bothriochloa ischaemum*）型
	13. 具酸枣的黄背草（*Themeda triandra* var. *japonica*）型
	14. 具荆条的黄背草（*Themeda triandra* var. *japonica*）型
	15. 具灌木的黄背草（*Themeda triandra* var. *japonica*）型
	16. 具柞栎的黄背草（*Themeda triandra* var. *japonica*）型
	17. 具乔木的黄背草（*Themeda triandra* var. *japonica*）型
	18. 具胡枝子的野古草（*Arundinella hirta*）型
	19. 具灌木的野古草（*Arundinella hirta*）型
	20. 具乔木的野古草（*Arundinella hirta*）型
	21. 具灌木的荩草（*Arthraxon hispidus*）型
	22. 具乔木的荩草（*Arthraxon hispidus*）型
	23. 具云南松的穗序野古草（*Arundinella chenii*）型
	24. 具灌木的须芒草（*Andropogon tristis*）型
	25. 具灌木的白健秆（*Eulalia pallens*）、金茅（*Eulalia speciosa*）型

续表

B 中禾草组	26. 具云南松的白健秆(*Eulalia pallens*)型	
	27. 具灌木的野青茅(*Deyeuxia arundinacea*)型	
	28. 具乔木的野青茅(*Deyeuxia arundinacea*)型	
	29. 具白刺花的小菅草(*Themeda hookeri*)型	
	30. 具灌木的橘草(*Cymbopogon goeringii*)型	
	31. 具虎榛子的拂子茅(*Calamagrostis epigejos*)型	
	32. 具灌木的白茅(*Imperata cylindrica* var. *major*)、杂类草(*Herbarum variarum*)型	
	33. 具灌木的湖北三毛草(*Trisetum henryi*)型	
	34. 具乔木的知风草(*Eragrostis ferruginea*)型	
	35. 具栎的旱茅(*Eremopogon delavayi*)型	
C 矮禾草组	36. 具荆条的隐子草(*Cleistogenes* spp.)型	
	37. 具乔木的隐子草(*Cleistogenes* spp.)型	
	38. 具乔木的结缕草(*Zoysia japonica*)型	
F 小莎草组	39. 具灌木的羊胡子苔草(*Carex callitrichos*)型	
	40. 具胡枝子的披针叶苔草(*Carex lanceolata*)型	
	41. 具柞栎的披针叶苔草(*Carex lanceolata*)型	
	42. 具乔木的披针叶苔草(*Carex lanceolata*)型	
G 杂类草组	43. 具灌木的委陵菜(*Potentilla* spp.)、杂类草(*Herbarum variarum*)型	
	44. 具青冈的西南委陵菜(*Potentilla fulgens*)型	
H 蒿类半灌木组	45. 具灌木的铁杆蒿(*Artemisia gmelinii*)型	
I 半灌木组	46. 具酸枣的达乌里胡枝子(*Lespedeza davurica*)型	
	47. 具灌木的百里香(*Thymus serpyllum* var. *mongolicus*)型	
	48. 具乔木的百里香(*Thymus serpyllum* var. *mongolicus*)型	

十二、热性草丛类

A 高禾草组	1. 五节芒(*Miscanthus floridulus*)型	
	2. 五节芒(*Miscanthus floridulus*)、白茅(*Imperata cylindrica* var. *major*)型	

12

续表

A 高禾草组	3. 五节芒(*Miscanthus floridulus*)、野古草(*Arundinella hirta*)型
	4. 五节芒(*Miscanthus floridulus*)、纤毛鸭嘴草(*Ischaemum indicum*)型
	5. 芒(*Miscanthus sinensis*)型
	6. 芒(*Miscanthus sinensis*)、白茅(*Imperata cylindrica* var. *major*)型
	7. 芒(*Miscanthus sinensis*)、金茅(*Eulalia speciosa*)型
	8. 芒(*Miscanthus sinensis*)、野古草(*Arundinella hirta*)型
	9. 类芦(*Neyraudia reynaudiana*)型
	10. 苞子草(*Themeda gigantea* var. *caudata*)型
B 中禾草组	11. 白茅(*Imperata cylindrica* var. *major*)型
	12. 白茅(*Imperata cylindrica* var. *major*)、芒(*Miscanthus sinensis*)型
	13. 白茅(*Imperata cylindrica* var. *major*)、金茅(*Eulalia speciosa*)型
	14. 白茅(*Imperata cylindrica* var. *major*)、细柄草(*Capillipedium parviflorum*)型
	15. 白茅(*Imperata cylindrica* var. *major*)、野古草(*Arundinella hirta*)型
	16. 白茅(*Imperata cylindrica* var. *major*)、纤毛鸭嘴草(*Ischaemum indicum*)型
	17. 白茅(*Imperata cylindrica* var. *major*)、黄背草(*Themeda triandra* var. *japonica*)型
	18. 扭黄茅(*Heteropogon contortus*)型
	19. 扭黄茅(*Heteropogon contortus*)、白茅(*Imperata cylindrica* var. *major*)型
	20. 扭黄茅(*Heteropogon contortus*)、金茅(*Eulalia speciosa*)型
	21. 金茅(*Eulalia speciosa*)型
	22. 金茅(*Eulalia speciosa*)、白茅(*Imperata cylindrica* var. *major*)型
	23. 金茅(*Eulalia speciosa*)、野古草(*Arundinella hirta*)型
	24. 四脉金茅(*Eulalia quadrinervis*)型
	25. 青香茅(*Cymbopogon caesius*)、白茅(*Imperata cylindrica* var. *major*)型
	26. 野古草(*Arundinella hirta*)型
	27. 野古草(*Arundinella hirta*)、芒(*Miscanthus sinensis*)型
	28. 密序野古草(*Arundinella bengalensis*)型

续表

B 中禾草组	29. 刺芒野古草（*Arundinella setosa*）型
	30. 黄背草（*Themeda triandra* var. *japonica*）型
	31. 黄背草（*Themeda triandra* var. *japonica*）、白茅（*Imperata cylindrica* var. *major*）型
	32. 黄背草（*Themeda triandra* var. *japonica*）、扭黄茅（*Heteropogon contortus*）型
	33. 黄背草（*Themeda triandra* var. *japonica*）、禾草（*Gramineae*）型
	34. 纤毛鸭嘴草（*Ischaemum indicum*）型
	35. 纤毛鸭嘴草（*Ischaemum indicum*）、野古草（*Arundinella hirta*）型
	36. 纤毛鸭嘴草（*Ischaemum indicum*）、画眉草（*Eragrostis pilosa*）型
	37. 纤毛鸭嘴草（*Ischaemum indicum*）、鸱鸪草（*Eriachne pallescens*）型
	38. 矛叶荩草（*Arthraxon prionodes*）型
	39. 细柄草（*Capillipedium parviflorum*）型
	40. 拟金茅（*Eulaliopsis binata*）型
	41. 旱茅（*Eremopogon delavayi*）型
	42. 画眉草（*Eragrostis pilosa*）型
	43. 红裂稃草（*Schizachyrium sanguineum*）型
	44. 硬杆子草（*Capillipedium assimile*）型
	45. 刚莠竹（*Microstegium ciliatum*）型
	46. 橘草（*Cymbopogon goeringii*）型
	47. 臭根子草（*Bothriochloa intermedia*）型
	48. 光高粱（*Sorghum nitidum*）、白茅（*Imperata cylindrica* var. *major*）型
	49. 雀稗（*Paspalum thunbergii*）型
C 矮禾草组	50. 地毯草（*Axonopus compressus*）型
	51. 竹节草（*Chrysopogon aciculatus*）型
	52. 蜈蚣草（*Eremochloa ciliaris*）型
	53. 马陆草（*Eremochloa zeylanica*）型
	54. 假俭草（*Eremochloa ophiuroides*）型

续表

G 杂类草组	55. 芒萁（*Dicranopteris dichotoma*）、芒（*Miscanthus sinensis*）型
	56. 芒萁（*Dicranopteris dichotoma*）、白茅（*Imperata cylindrica* var. *major*）型
	57. 芒萁（*Dicranopteris dichotoma*）、细柄草（*Capillipedium parviflorum*）型
	58. 芒萁（*Dicranopteris dichotoma*）、鸭嘴草（*Ischaemum* spp.）型
	59. 紫茎泽兰（*Eupatorium adenophorum*）、野古草（*Arundinella hirta*）型

十三、热性灌草丛类

A 高禾草组	1. 具桤木的五节芒（*Miscanthus floridulus*）型
	2. 具灌木的五节芒（*Miscanthus floridulus*）型
	3. 具杜鹃的五节芒（*Miscanthus floridulus*）、纤毛鸭嘴草（*Ischaemum indicum*）型
	4. 具乔木的五节芒（*Miscanthus floridulus*）型
	5. 具竹类的芒（*Miscanthus sinensis*）型
	6. 具胡枝子的芒（*Miscanthus sinensis*）型
	7. 具桤木的芒（*Miscanthus sinensis*）型
	8. 具桤木的芒（*Miscanthus sinensis*）、野古草（*Arundinella hirta*）型
	9. 具灌木的芒（*Miscanthus sinensis*）型
	10. 具马尾松的芒（*Miscanthus sinensis*）型
	11. 具青冈的芒（*Miscanthus sinensis*）、金茅（*Eulalia speciosa*）型
	12. 具灌木的类芦（*Neyraudia reynaudiana*）型
B 中禾草组	13. 具青冈的白茅（*Imperata cylindrica* var. *major*）、芒（*Miscanthus sinensis*）型
	14. 具乔木的白茅（*Imperata cylindrica* var. *major*）、芒（*Miscanthus sinensis*）型
	15. 具竹类的白茅（*Imperata cylindrica* var. *major*）型
	16. 具胡枝子的白茅（*Imperata cylindrica* var. *major*）、野古草（*Arundinella hirta*）型
	17. 具马桑的白茅（*Imperata cylindrica* var. *major*）型
	18. 具桤木的白茅（*Imperata cylindrica* var. *major*）、黄背草（*Themeda triandra* var. *japonica*）型
	19. 具火辣的白茅 （*Imperata cylindrica* var. *major*）、扭黄茅（*Heteropogon contortus*）型

续表

B 中禾草组	20. 具桃金娘的白茅（*Imperata cylindrica* var. *major*）、纤毛鸭嘴草（*Ischaemum indicum*）型
	21. 具灌木的白茅（*Imperata cylindrica* var. *major*）型
	22. 具灌木的白茅（*Imperata cylindrica* var. *major*）、细柄草（*Capillipedium parviflorum*）型
	23. 具灌木的白茅（*Imperata cylindrica* var. *major*）、青香茅（*Cymbopogon caesius*）型
	24. 具灌木的白茅（*Imperata cylindrica* var. *major*）、纤毛鸭嘴草（*Ischaemum indicum*）型
	25. 具大叶胡枝子的野古草（*Arundinella hirta*）型
	26. 具桃金娘的野古草（*Arundinella hirta*）型
	27. 具灌木的野古草（*Arundinella hirta*）型
	28. 具乔木的野古草（*Arundinella hirta*）型
	29. 具三叶赤楠的刺芒野古草（*Arundinella setosa*）型
	30. 具灌木的纤毛鸭嘴草（*Ischaemum indicum*）型
	31. 具乔木的纤毛鸭嘴草（*Ischaemum indicum*）型
	32. 具云南松的细柄草（*Capillipedium parviflorum*）型
	33. 具仙人掌的扭黄茅（*Heteropogon contortus*）型
	34. 具小马鞍叶羊蹄甲的扭黄茅（*Heteropogon contortus*）型
	35. 具栎的扭黄茅（*Heteropogon contortus*）、杂类草（*Herbarum variarum*）型
	36. 具灌木的扭黄茅（*Heteropogon contortus*）型
	37. 具乔木的扭黄茅（*Heteropogon contortus*）型
	38. 具櫄木的黄背草（*Themeda triandra* var. *japonica*）型
	39. 具灌木的黄背草（*Themeda triandra* var. *japonica*）型
	40. 具马尾松的黄背草（*Themeda triandra* var. *japonica*）型
	41. 具灌木的桔草（*Cymbopogon goeringii*）型
	42. 具火辣的金茅（*Eulalia speciosa*）、白茅（*Imperata cylindrica* var. *major*）型
	43. 具灌木的金茅（*Eulalia speciosa*）型
	44. 具乔木的金茅（*Eulalia speciosa*）型

续表

B 中禾草组	45. 具乔木的四脉金茅（*Eulalia quadrinervis*）型
	46. 具灌木的青香茅（*Cymbopogon caesius*）型
	47. 具马尾松的青香茅（*Cymbopogon caesius*）型
	48. 具胡枝子的矛叶荩草（*Arthraxon prionodes*）型
	49. 具乔木的矛叶荩草（*Arthraxon prionodes*）型
	50. 具灌木的臭根子草（*Bothriochloa intermedia*）型
	51. 具云南松的棕茅（*Eulalia phaeothrix*）型
C 矮禾草组	52. 具灌木的马陆草（*Eremochloa zeylanica*）型
	53. 具乔木的蜈蚣草（*Eremochloa ciliaris*）型
G 杂类草组	54. 具灌木的芒萁（*Dicranopteris dichotoma*）、黄背草（*Themeda triandra* var. *japonica*）型
	55. 具马尾松的芒萁（*Dicranopteris dichotoma*）、野古草（*Arundinella hirta*）型
	56. 具灌木的飞机草（*Eupatorium odoratum*）、白茅（*Imperata cylindrica* var. *major*）型
十四、干热稀树灌草丛类	
B 中禾草组	1. 具云南松的扭黄茅（*Heteropogon contortus*）型
	2. 具木棉的扭黄茅（*Heteropogon contortus*）、华三芒（*Aristida chinensis*）型
	3. 具木棉的水蔗草（*Apluda mutica*）、扭黄茅（*Heteropogon contortus*）型
	4. 具厚皮树的华三芒（*Aristida chinensis*）、扭黄茅（*Heteropogon contortus*）型
	5. 具余甘子的扭黄茅（*Heteropogon contortus*）型
	6. 具坡柳的扭黄茅（*Heteropogon contortus*）、双花草（*Dichanthium annulatum*）型
十五、低地草甸类	
（一）低湿地草甸亚类	
A 高禾草组	1. 芦苇（*Phragmites australis*）型
	2. 荻（*Miscanthus sacchariflorus*）、芦苇（*Phragmites australis*）型
	3. 大叶章（*Deyeuxia langsdorffii*）型
	4. 大油芒（*Spodiopogon sibiricus*）、杂类草（*Herbarum variarum*）型

续表

B 中禾草组	5. 野古草(*Arundinella hirta*)、杂类草(*Herbarum variarum*)型
	6. 羊草(*Leymus chinensis*)、芦苇(*Phragmites australis*)型
	7. 赖草(*Leymus secalinus*)、杂类草(*Herbarum variarum*)型
	8. 巨序剪股颖(*Agrostis gigantea*)、杂类草(*Herbarum variarum*)型
	9. 拂子茅(*Calamagrostis epigejos*)型
	10. 假苇拂子茅(*Calamagrostis pseudophragmites*)型
	11. 牛鞭草(*Hemarthria* spp.)型
	12. 扁穗牛鞭草(*Hemarthria compressa*)、狗牙根(*Cynodon dactylon*)型
	13. 布顿大麦(*Hordeum bogdanii*)、巨序剪股颖(*Agrostis gigantea*)型
	14. 白茅(*Imperata cylindrica* var. *major*)、狗牙根(*Cynodon dactylon*)型
	15. 虉草(*Phalaris arundinacea*)、稗(*Echinochloa crusgalli*)型
	16. 散穗早熟禾(*Poa subfastigiata*)型
C 矮禾草组	17. 狗牙根(*Cynodon dactylon*)型
	18. 狗牙根(*Cynodon dactylon*)、假俭草(*Eremochloa ophiuroides*)型
	19. 结缕草(*Zoysia japonica*)型
F 小莎草组	20. 寸草苔(*Carex duriuscula*)、杂类草(*Herbarum variarum*)型
	21. 苔草(*Carex* spp.)、杂类草(*Herbarum variarum*)型
G 杂类草组	22. 具柳的地榆(*Sanguisorba officinalis*)型
	23. 鹅绒委陵菜(*Potentilla anserina*)、杂类草(*Herbarum variarum*)型
(二)盐化低地草甸亚类	
A 高禾草组	24. 芦苇(*Phragmites australis*)型
	25. 具多枝柽柳的芦苇(*Phragmites australis*)型
	26. 具胡杨的芦苇(*Phragmites australis*)型
	27. 芨芨草(*Achnatherum splendens*)型
	28. 具盐豆木的芨芨草(*Achnatherum splendens*)型
	29. 具白刺的芨芨草(*Achnatherum splendens*)型

续表

B 中禾草组	30. 赖草（*Leymus secalinus*）型
	31. 多枝赖草（*Leymus multicaulis*）型
	32. 赖草（*Leymus secalinus*）、马蔺（*Iris lactea* var. *chinensis*）型
	33. 赖草（*Leymus secalinus*）、碱茅（*Puccinellia distans*）型
	34. 碱茅（*Puccinellia distans*）、杂类草（*Herbarum variarum*）型
	35. 星星草（*Puccinellia tenuiflora*）、杂类草（*Herbarum variarum*）型
	36. 野黑麦（*Hordeum brevisubulatum*）型
C 矮禾草组	37. 小獐茅（*Aeluropus pungens*）型
	38. 狗牙根（*Cynodon dactylon*）型
D 豆科草本组	39. 胀果甘草（*Glycyrrhiza inflata*）型
	40. 具多枝柽柳的胀果甘草（*Glycyrrhiza inflata*）型
	41. 具胡杨的苦豆子（*Sophora alopecuroides*）型
G 杂类草组	42. 马蔺（*Iris lactea* var. *chinensis*）型
	43. 花花柴（*Karelinia caspica*）型
	44. 具多枝柽柳的花花柴（*Karelinia caspica*）型
	45. 具胡杨的花花柴（*Karelinia caspica*）型
	46. 大叶白麻（*Poacynum hendersonii*）、芦苇（*Phragmites australis*）型
	47. 具多枝柽柳的大叶白麻（*Poacynum hendersonii*）型
	48. 碱蓬（*Suaeda* spp.）、杂类草（*Herbarum variarum*）型
	49. 具红砂的碱蓬（*Suaeda* spp.）型
I 半灌木组	50. 疏叶骆驼刺（*Alhagi sparsifolia*）型
	51. 具多枝柽柳的疏叶骆驼刺（*Alhagi sparsifolia*）型
	52. 具胡杨的疏叶骆驼刺（*Alhagi sparsifolia*）型
(三)滩涂盐生草甸亚类	
A 高禾草组	53. 芦苇（*Phragmites australis*）型
C 矮禾草组	54. 獐茅（*Aeluropus sinensis*）、杂类草（*Herbarum variarum*）型

续表

C 矮禾草组	55. 结缕草(*Zoysia japonica*)、白茅(*Imperata cylindrica* var. *major*)型
	56. 盐地鼠尾粟(*Sporobolus virginicus*)型
F 小莎草组	57. 香附子(*Cyperus rotundus*)、杂类草(*Herbarum variarum*)型
G 杂类草组	58. 盐地碱蓬(*Suaeda salsa*)、结缕草(*Zoysia japonica*)型
(四)沼泽化低地草甸亚类	
A 高禾草组	59. 芦苇(*Phragmites australis*)型
	60. 小叶章(*Deyeuxia angustifolia*)型
	61. 小叶章(*Deyeuxia angustifolia*)、芦苇(*Phragmites australis*)型
	62. 小叶章(*Deyeuxia angustifolia*)、苔草(*Carex* spp.)型
	63. 具沼柳的小叶章(*Deyeuxia angustifolia*)型
	64. 具柴桦的小叶章(*Deyeuxia angustifolia with Betula fruticosa*)型
	65. 大叶章(*Deyeuxia langsdorffii*)、杂类草(*Herbarum variarum*)型
B 中禾草组	66. 狭叶甜茅(*Glyceria spiculosa*)、小叶章(*Deyeuxia angustifolia*)型
E 大莎草组	67. 灰化苔草(*Carex cinerascens*)、芦苇(*Phragmites australis*)型
	68. 灰脉苔草(*Carex appendiculata*)、杂类草(*Herbarum variarum*)型
	69. 苔草(*Carex* spp.)、藨草(*Scirpus triqueter*)型
	70. 具柳灌丛的苔草(*Carex* spp.)、杂类草(*Herbarum variarum*)型
	71. 瘤囊苔草(*Carex schmidtii*)型
	72. 乌拉苔草(*Carex meyeriana*)型
	73. 具笃斯越橘的乌拉苔草(*Carex meyeriana*)型
	74. 具柴桦的乌拉苔草(*Carex meyeriana*)型
	75. 阿穆尔莎草(*Cyperus amuricus*)型
F 小莎草组	76. 华扁穗草(*Blysmus sinocompressus*)型
	77. 芒尖苔草(*Carex doniana*)、鹅绒委陵菜(*Potentilla anserina*)型
十六、山地草甸类	
(一)低中山山地草甸亚类	

续表

A 高禾草组	1. 荻（*Miscanthus sacchariflorus*）型
	2. 具乔木的大油芒（*Spodiopogon sibiricus*）型
B 中禾草组	3. 具灌木的野古草（*Arundinella hirta*）、拂子茅（*Calamagrostis epigejos*）型
	4. 穗序野古草（*Arundinella chenii*）、杂类草（*Herbarum variarum*）型
	5. 拂子茅（*Calamagrostis epigejos*）、杂类草（*Herbarum variarum*）型
	6. 野青茅（*Deyeuxia arundinacea*）、蓝花棘豆（*Oxytropis coerulea*）型
	7. 无芒雀麦（*Bromus inermis*）型
	8. 鸭茅（*Dactylis glomerata*）、杂类草（*Herbarum variarum*）型
	9. 披碱草（*Elymus dahuricus*）型
	10. 黑穗画眉草（*Eragrostis nigra*）、林芝苔草（*Carex capillacea* var. *linzensis*）型
C 矮禾草组	11. 羊茅（*Festuca ovina*）、杂类草（*Herbarum variarum*）型
	12. 草地早熟禾（*Poa pratensis*）型
	13. 细叶早熟禾（*Poa angustifolia*）型
	14. 早熟禾（*Poa* spp.）、杂类草（*Herbarum variarum*）型
D 豆科草本组	15. 白三叶（*Trifolium repens*）、山野豌豆（*Vicia amoena*）型
F 小莎草组	16. 无脉苔草（*Carex enervis*）、西藏早熟禾（*Poa tibetica*）型
	17. 亚柄苔草（*Carex subpediformis*）型
	18. 白克苔草（*Carex buekii*）、杂类草（*Herbarum variarum*）型
	19. 苔草（*Carex* spp.）、杂类草（*Herbarum variarum*）型
	20. 具灌木的苔草（*Carex* spp.）型
G 杂类草组	21. 蒙古蒿（*Artemisia mongolica*）、杂类草（*Herbarum variarum*）型
	22. 地榆（*Sanguisorba officinalis*）、杂类草（*Herbarum variarum*）型
	23. 草原老鹳草（*Geranium pratense*）、禾草（*Gramineae*）型
	24. 山地糙苏（*Phlomis oreophila*）型
	25. 草原糙苏（*Phlomis pratensis*）型
	26. 多穗蓼（*Polygonum polystachyum*）、二裂委陵菜（*Potentilla bifurca*）型

续表

G 杂类草组	27. 具灌木的长梗蓼(*Polygonum griffithii*)、尼泊尔蓼(*Polygonum nepalense*)型
	28. 叉分蓼(*Polygonum divaricatum*)、荻(*Miscanthus sacchariflorus*)型
	29. 紫花鸢尾(*Iris ruthenica*)型
	30. 弯叶鸢尾(*Iris curvifolia*)型
	31. 大叶橐吾(*Ligularia macrophylla*)、细叶早熟禾(*Poa angustifolia*)型
	32. 白喉乌头(*Aconitum leucostomum*)、高山地榆(*Sanguisorba alpina*)型
	33. 西南委陵菜(*Potentilla fulgens*)、杂类草(*Herbarum variarum*)型
	34. 翻白委陵菜(*Potentilla discolor*)、杂类草(*Herbarum variarum*)型
(二)亚高山山地草甸亚类	
B 中禾草组	35. 垂穗鹅观草(*Roegneria nutans*)型
	36. 垂穗披碱草(*Elymus nutans*)型
	37. 具灌木的垂穗披碱草(*Elymus nutans*)型
	38. 野青茅(*Deyeuxia arundinacea*)、异针茅(*Stipa aliena*)型
	39. 糙野青茅(*Deyeuxia scabrescens*)型
	40. 具灌木的糙野青茅(*Deyeuxia scabrescens*)型
	41. 具冷杉的糙野青茅(*Deyeuxia scabrescens*)型
	42. 细株短柄草(*Brachypodium sylvaticum* var. *gracile*)、杂类草(*Herbarum variarum*)型
	43. 短柄草(*Brachypodium sylvaticum*)型
	44. 具灌木的短柄草(*Brachypodium sylvaticum*)型
	45. 藏异燕麦(*Helictotrichon tibeticum*)型
C 矮禾草组	46. 羊茅(*Festuca ovina*)型
	47. 具箭竹的羊茅(*Festuca ovina*)型
	48. 具杜鹃的羊茅(*Festuca ovina*)型
	49. 三界羊茅(*Festuca kurtschumica*)、白克苔草(*Carex buekii*)型
	50. 紫羊茅(*Festuca rubra*)、杂类草(*Herbarum variarum*)型

续表

C 矮禾草组	51. 丝颖针茅（*Stipa capillacea*）、杂类草（*Herbarum variarum*）型
	52. 草地早熟禾（*Poa pratensis*）型
	53. 具灌木的疏花早熟禾（*Poa chalarantha*）型
	54. 具箭竹的早熟禾（*Poa* spp.）型
	55. 猬草（*Asperella duthiei*）、圆穗蓼（*Polygonum macrophyllum*）型
	56. 具灌木的扁芒草（*Danthonia schneideri*）、圆穗蓼（*Polygonum macrophyllum*）型
F 小莎草组	57. 四川嵩草（*Kobresia setchwanensis*）型
	58. 大花嵩草（*Kobresia macrantha*）、丝颖针茅（*Stipa capillacea*）型
	59. 具灌木的高山嵩草（*Kobresia pygmaea*）型
	60. 具灌木的线叶嵩草（*Kobresia capillifolia*）型
	61. 具乔木的矮生嵩草（*Kobresia humilis*）型
	62. 具乔木的北方嵩草（*Kobresia bellardii*）型
	63. 红棕苔草（*Carex digyne*）型
	64. 黑褐苔草（*Carex atrofusca*）、西伯利亚羽衣草（*Alchemilla sibirica*）型
	65. 苔草（*Carex* spp.）、杂类草（*Herbarum variarum*）型
	66. 具乔木的青藏苔草（*Carex moorcroftii*）型
G 杂类草组	67. 草血竭（*Polygonum paleaceum*）、羊茅（*Festuca ovina*）型
	68. 旋叶香青（*Anaphalis contorta*）、圆穗蓼（*Polygonum macrophyllum*）型
	69. 天山羽衣草（*Alchemilla tianschanica*）型
	70. 阿尔泰羽衣草（*Alchemilla pinguis*）型
	71. 西伯利亚羽衣草（*Alchemilla sibirica*）型
	72. 西南委陵菜（*Potentilla fulgens*）型
	73. 珠芽蓼（*Polygonum viviparum*）型
	74. 具鬼箭锦鸡儿的珠芽蓼（*Polygonum viviparum*）型
十七、高寒草甸类	
（一）典型高寒草甸亚类	

续表

C 矮禾草组	1. 高山早熟禾(*Poa alpina*)、杂类草(*Herbarum variarum*)型
	2. 高山黄花茅(*Anthoxanthum alpinum*)、杂类草(*Herbarum variarum*)型
	3. 侏儒剪股颖(*Agrostis limprichtii*)型
	4. 具灌木的紫羊茅(*Festuca rubra*)型
D 豆科草本组	5. 黄花棘豆(*Oxytropis ochrocephala*)、杂类草(*Herbarum variarum*)型
F 小莎草组	6. 高山嵩草(*Kobresia pygmaea*)型
	7. 高山嵩草(*Kobresia pygmaea*)、异针茅(*Stipa aliena*)型
	8. 高山嵩草(*Kobresia pygmaea*)、矮生嵩草(*Kobresia humilis*)型
	9. 高山嵩草(*Kobresia pygmaea*)、苔草(*Carex* spp.)型
	10. 高山嵩草(*Kobresia pygmaea*)、圆穗蓼(*Polygonum macrophyllum*)型
	11. 高山嵩草(*Kobresia pygmaea*)、杂类草(*Herbarum variarum*)型
	12. 具灌木的高山嵩草(*Kobresia pygmaea*)型
	13. 矮生嵩草(*Kobresia humilis*)型
	14. 矮生嵩草(*Kobresia humilis*)、圆穗蓼(*Polygonum macrophyllum*)型
	15. 矮生嵩草(*Kobresia humilis*)、杂类草(*Herbarum variarum*)型
	16. 具金露梅的矮生嵩草(*Kobresia humilis*)型
	17. 具灌木的矮生嵩草(*Kobresia humilis*)型
	18. 线叶嵩草(*Kobresia capillifolia*)型
	19. 线叶嵩草(*Kobresia capillifolia*)、高山早熟禾(*Poa alpina*)型
	20. 线叶嵩草(*Kobresia capillifolia*)、珠芽蓼(*Polygonum viviparum*)型
	21. 线叶嵩草(*Kobresia capillifolia*)、杂类草(*Herbarum variarum*)型
	22. 北方嵩草(*Kobresia bellardii*)型
	23. 北方嵩草(*Kobresia bellardii*)、珠芽蓼(*Polygonum viviparum*)型
	24. 窄果嵩草(*Kobresia stenocarpa*)型
	25. 禾叶嵩草(*Kobresia graminifolia*)型
	26. 大花嵩草(*Kobresia macrantha*)型

续表

F 小莎草组	27. 具鬼箭锦鸡儿的嵩草(*Kobresia* spp.)型
	28. 具高山柳的嵩草(*Kobresia* spp.)型
	29. 黑褐苔草(*Carex atrofusca*)、杂类草(*Herbarum variarum*)型
	30. 具金露梅的黑褐苔草(*Carex atrofusca*)型
	31. 具杜鹃的黑褐苔草(*Carex atrofusca*)型
	32. 黑花苔草(*Carex melanantha*)、嵩草(*Kobresia* spp.)型
	33. 具圆叶桦的黑花苔草(*Carex melanantha*)型
	34. 黑穗苔草(*Carex nivalis*)、高山嵩草(*Kobresia pygmaea*)型
	35. 糙喙苔草(*Carex scabrirostris*)、线叶嵩草(*Kobresia capillifolia*)型
	36. 白尖苔草(*Carex oxyleuca*)、高山早熟禾(*Poa alpina*)型
	37. 细果苔草(*Carex stenocarpa*)、穗状寒生羊茅(*Festuca ovina* subsp. *sphagnicola*)型
	38. 具阿拉套柳的细果苔草(*Carex stenocarpa*)型
	39. 毛囊苔草(*Carex inanis*)、青藏苔草(*Carex moorcroftii*)型
	40. 葱岭苔草(*Carex alajica*)、帕阿委陵菜(*Potentilla pamiroalaica*)型
	41. 苔草(*Carex* spp.)型
	42. 苔草(*Carex* spp.)、珠芽蓼(*Polygonum viviparum*)型
G 杂类草组	43. 圆穗蓼(*Polygonum macrophyllum*)型
	44. 圆穗蓼(*Polygonum macrophyllum*)、嵩草(*Kobresia* spp.)型
	45. 圆穗蓼(*Polygonum macrophyllum*)、杂类草(*Herbarum variarum*)型
	46. 珠芽蓼(*Polygonum viviparum*)型
	47. 珠芽蓼(*Polygonum viviparum*)、圆穗蓼(*Polygonum macrophyllum*)型
	48. 具高山柳的珠芽蓼(*Polygonum viviparum*)型
	49. 具金露梅的珠芽蓼(*Polygonum viviparum*)型
	50. 高山风毛菊(*Saussurea alpina*)、高山嵩草(*Kobresia pygmaea*)型
	51. 黄总花草(*Spenceria ramalana*)、嵩草(*Kobresia* spp.)、杂类草(*Herbarum variarum*)型

续表

(二)盐化高寒草甸亚类	
A 高禾草组	52. 芦苇(*Phragmites australis*)型
	53. 具匍匐水柏枝的芦苇(*Phragmites australis*)、赖草(*Leymus secalinus*)型
B 中禾草组	54. 赖草(*Leymus secalinus*)型
	55. 具金露梅的赖草(*Leymus secalinus*)型
	56. 毛稃偃麦草(*Elytrigia alatavica*)型
	57. 具秀丽水柏枝的大拂子茅(*Calamagrostis macrolepis*)型
	58. 裸花碱茅(*Puccinellia nudiflora*)型
	59. 野黑麦(*Hordeum brevisubulatum*)型
	60. 三角草(*Trikeraia hookeri*)型
(三)沼泽化高寒草甸亚类	
E 大莎草组	61. 粗壮嵩草(*Kobresia robusta*)型
	62. 藏北嵩草(*Kobresia littledalei*)型
	63. 西藏嵩草(*Kobresia trbetica*)型
	64. 西藏嵩草(*Kobresia trbetica*)、甘肃嵩草(*Kobresia kansuensis*)型
	65. 西藏嵩草(*Kobresia trbetica*)、糙喙苔草(*Carex scabrirostris*)型
	66. 西藏嵩草(*Kobresia trbetica*)、杂类草(*Herbarum variarum*)型
	67. 甘肃嵩草(*Kobresia kansuensis*)型
	68. 裸果扁穗苔(*Blysmocarex nudicarpa*)、甘肃嵩草(*Kobresia kansuensis*)型
	69. 双柱头藨草(*Scirpus distigmaticus*)型
F 小莎草组	70. 华扁穗草(*Blysmus sinocompressus*)型
	71. 华扁穗草(*Blysmus sinocompressus*)、木里苔草(*Carex muliensis*)型
	72. 短柱苔草(*Carex turkestanica*)型
	73. 异穗苔草(*Carex heterostachya*)、针蔺(刚毛荸荠)(*Eleocharis valleculosa*)型
G 杂类草组	74. 走茎灯心草(*Juncus amplifolius*)型

续表

十八、沼泽类		
A 高禾草组	1. 芦苇（*Phragmites australis*）型	
	2. 菰（*Zizania caduciflora*）型	
E 大莎草组	3. 乌拉苔草（*Carex meyeriana*）、木里苔草（*Carex muliensis*）型	
	4. 木里苔草（*Carex muliensis*）型	
	5. 毛果苔草（*Carex lasiocarpa*）、杂类草（*Herbarum variarum*）型	
	6. 漂筏苔草（*Carex pseudocuraica*）型	
	7. 灰脉苔草（*Carex appendiculata*）型	
	8. 柄囊苔草（细叶苔草）（*Carex stenophylla*）型	
	9. 芒尖苔草（*Carex doniana*）型	
	10. 荆三棱（*Scirpus yagara*）型	
	11. 藨草（*Scirpus triqueter*）型	
G 杂类草组	12. 薄果草（*Leptocarpus disjunctus*）、田间鸭嘴草（*Ischaemum rugosum* var. *segetum*）型	
	13. 香蒲（*Typha* spp.）、杂类草（*Herbarum variarum*）型	
	14. 水麦冬（*Triglochin palustre*）、发草（*Deschampsia caespitosa*）型	

第二节　中国草原区划

我国是一个草原资源大国,草原占国土面积的 41.7%,且草原资源分布广泛,各类草原资源区域的自然经济特性完全不同,就是同一个草原区域内,自然条件、经济特点、生产条件也有差异,因此需要对草原资源进行分区,以便合理规划草原生产,保护草原资源及其生态环境,获得草原资源的可持续发展。

一、草原区划的目的

开展草原资源区划的目的在于研究草原生产的地域类型及其分布规律,依据草原生产在空间上各地域特点的共同性和区域性间的差异性，为制定合理开发利用、建设草原提供理论依据，并指出发展方向，最大限度地挖掘草原资源的潜力。

实现草原资源区划，一是必须摸清草原资源的数量、质量、面积及其分布规律；二是要按照不同类型的草原的自然特点及其地域分布规律，并结合区域草业生产及经济发展的特点进行合理规划和布局，使草原生态系统获得良性循环，避免草原资源遭到破坏或枯竭，影响生态环境；三是通过草原区划，为草原生产建设提供科学资料。

二、中国的主要草原区

分区划片是进行草原区划的主要方法。我国草原区划是在全国草原资源调查的基础上，根据天然草原资源的分布规律及其特征进行分区划片。按照草原区划的原则，将我国草原划分为 7 个区、29 个亚区。

（一）东北温带半湿润草甸草原和草甸区

本区地理位置是东经 118°~135°，北纬 39°~53°，东、北、西 3 面与朝鲜、俄罗斯、蒙古接壤，行政区域包括黑龙江、吉林、辽宁 3 省与内蒙古东部的呼伦贝尔市、乌兰浩特市、通辽市和赤峰市，是我国温带草原的重要组成部分，也是欧亚大陆草原带向东延伸至太平洋东岸形成的半湿润草甸草原区。该区域农牧业、林业经济发达，具有优质高产的各种草甸及草甸类草原。

（二）蒙宁甘半温带干旱草原和荒漠草原区

本区位于东经 102°45′~120°与北纬 35°~46°45′，北与蒙古共和国接壤，东与东南以大兴安岭—燕山—恒山—太行山—吕梁山—子午岭—六盘山一线为界，西与温带荒漠区相连，呈东北—西南向带状分布，包括内蒙古中部、河北省北部、山西省西北部、陕西省北部、宁夏全部、甘肃省的东北部、青海省东部一角。

（三）西北温带、暖温带干旱荒漠和山地草原区

本区位于我国西北部，东起阿拉善高原，沿黄土高原西北部，穿河西走廊，经柴达木盆地东南边缘，向西经阿尔金山至昆仑山，包括内蒙古自治区阿拉善

盟,甘肃省的武威、张掖、酒泉3地区和白银、金昌、嘉峪关3市,青海省的都兰、乌兰、格尔木、大柴旦,新疆全部。

(四)华北暖温带半湿润、半干旱暖性灌草丛区

本区位于长城以南、淮河以北,东临渤海与黄海,西至甘南中南部,包括北京、天津全部,河北、河南和山西大部,陕西、甘肃中南部,以及江苏、安徽2省的淮河以北地区。

(五)东南亚热带、热带湿润热性灌草丛区

本区位于我国东南部,地理位置为东经106°~123°,北纬18°~30°50′。东南临东海、南海和太平洋,北依淮河伏牛山、秦岭,西以大巴山、巫山、武陵山至云贵高原东缘一线为界,包括上海、浙江、江西、广东、福建、海南、台湾诸省市,江苏、安徽、湖北、湖南、广西等省的大部分地区,河南省的一部分地区,是我国南方草原的主要组成部分。

(六)西南亚热带湿润热性灌草丛区

本区位于我国西南部,地理位置为北纬21°08′~34°5′,东经98°30′~111°24′,东以大巴山、巫山、武陵山、云贵高原东缘线为界,西以峨眉山、横断山等青藏高原东缘一线为界,南面与缅甸、老挝、越南接壤,包括贵州省全部,四川、云南省大部及甘肃、陕西、湖北、湖南、广西各省的一部分。

(七)青藏高原高寒草甸和高寒草原区

本区位于我国西南边境,地理位置为东经75°~103°,北纬25°~37°,东、北与云南、四川、甘肃、新疆相连,西、南同缅甸、印度、不丹、尼泊尔等国毗邻,包括西藏自治区、青海省除海西自治州和西宁市所辖地区以外的所有地区,甘肃省的甘南自治州,四川省的甘孜、阿坝自治州,云南省的怒江、迪庆自治州及丽江地区。

第三章 草原植物群落的演替

草原植物群落动态变化是中小时间尺度生态系统的变化,是草原系统演替的研究重点。传统的生态系统演替和动态的研究较多地集中在变化的时间序列上。演替不仅是草原系统在时间序列上的替代过程,也是生态系统在空间上的动态演变。研究生态系统格局和过程沿着时间序列的演变,是现代以生态系统依存的空间为主要研究对象,以空间结构分析为主要研究手段的景观生态学的一个重要内容。因为自然的和人为的干扰把生态系统转换为过渡态,造成其格局和过程的变化,所以草原生态系统演替的研究通常都把干扰作为非常重要的一个因素同时加以考虑。一些新的方法和技术的发展为生态系统动力学过程的空间分析创造了条件,如高分辨率的航天与航空遥感,基于地理信息系统的空间分析,空间统计和空间生态模拟的技术和方法,特别是景观生态的理论和方法在最近 20 多年的发展。

一、草原植物群落的概念

草原植物与自然界的其他植物一样,不是孤立的,而是互相联系、互相作用,甚至相互依存的,以群落的方式存在的,因而具有一般群落的特征和特性。植物群落是植物与环境、植物与植物相互适应而形成的一种生存组合。这种组合是经过一定时期长期演化的结果。这种共同生存的植物组合是由不同种的个体组成,也可能是同一种的个体组成的群集体。植物与环境之间以及植物与植物之间的关系是复杂的,而且群落发育愈成熟,它们之间的关系愈复杂。环境条件影响植物群落的发育、群落的结构和外貌,也制约着群落的变化;而群落又反过来影响和改造环境,最后适应该环境,群落才能得以形成。所以说,群落与环境是互相影响的,这种相互影响不仅在群落形成的过程中是如此,而且在群落形成之后和群落演替过程中始终是互相影响的。同一种植物群落可以在相同或相似的环境中重复出现。植物群落中的植物相互之间是通过地上部或地下部彼此发生影响的,而且这种关系有时是相互竞争,有时是相互适应,有时相互作用、互为条件,有时一种植物为另一种植物创造条件。

植物群落可由高等植物组成,也可由低等植物组成,也可由2类植物共同组成。

二、植物群落的特征

植物群落的种类组成,任何一个植物群落,都是由各种各样的植物种和许许多多的植物个体所组成的。这些植物常包括不同生活型,各具一定的生物学特征和对环境的适应能力,它们在群落中处于不同的地位,起着不同的作用。依据植物在群落中的地位和作用分为以下几类。

(一)建群种

建群种是植物群落的建造者,在形成群落的基本特征和建造群落的环境中起重要作用,但其个体数量不一定是最多的。群落中同时存在几个建群种时,又称它们为"共建种",草原植物群落中共建种是比较普遍的。建群种常是植物群落主要层的优势种,它们在形成群落的基本特征和群落环境中起决定性作用。

(二)优势种和次优势种

优势种是植物群落中个体最多的植物种,即在数量上占优势地位,一般情况下,它们占据植物群落覆盖的大部分地段,植物群落的每一层中都分别有至少一个优势种。在草甸、草原和部分草丛中,优势种常随季节的更替而发生变化,所以,还必须注意季节优势种。

（三）伴生种

群落中常见、具有一定数量的个体，但不占优势，常和主要成分伴生。伴生种在群落中常常是种类较多而数量不大。

（四）偶见种

在群落中个体数量很少的植物种，它们在群落中的存在是不稳定的。

三、草原植物群落的结构

植物群落结构差异使群落表现出一定的外貌，如森林、草原、灌丛、荒漠的外貌是其群落的结构所决定的，植物群落的结构有以下几方面。

（一）群落的层片结构

群落的层片（Synusia）结构就是群落的生活型组成，层片是由同一生活型的植物组成的群落的生态单位，它具有一定的数量，占据一定的空间。植物群落的外貌是由群落的层片结构所决定的，甘姆斯（H. Gams）在1918年提出层片概念，是目前植物群落学所用的概念，即层片由同一生活型的植物所组成。每一个群落都是由几种生活型的植物所组成，但其中有一类生活型占主要地位。一般凡高位芽占优势的，反映所在地温热多湿；地面芽植物占优势的，反映所在地有较长的严寒季节；地下芽植物占优势的，反映环境冷湿；一年生植物丰富的，反映气候干旱。

亚高山草甸可分成多年生丛生禾草层片、多年生根茎禾草层片、多年生杂草层片、根茎莎草层片等，它们可以分别于不同群落的不同层中，彼此结合组成不同的群落。

（二）群落的垂直结构

群落中高度不同的植物排列成不同的层次，表明了群落的层次或成层现象。在温带和亚热带的森林，群落的这种垂直分化现象表现得最为明显。各层次的植物在群落内所起的作用不同，可分为主要层和次要层。

植物群落的成层现象，一方面决定于植物的生物学和生态学特性，另一方面也受群落环境的影响。就群落生存环境而言,决定地上部成层性的因素主要是光、温度和湿度条件;而地下部的成层性主要由土壤的水分和养分、土壤坚实度和理化性质所决定。

群落的成层现象与群落发育的程度有一定的相关性,一般来讲,群落年龄越老,层的结构也更为复杂。成层现象也与环境有关,环境条件越丰富多样,则群落的层次越多,群落结构也越复杂;反之,则层次越少,结构越简单。

（三）群落的水平结构

植物群落的镶嵌性:是由于小地形造成局部环境的差异,或由于动植物生命活动以及人类活动而引起群落内部生存条件的分化,从而使群落结构复杂化。在这些特殊的小环境里,产生具有特殊结构而又彼此联系的结合体,这就是群落的镶嵌现象。这种镶嵌现象的具体表现有时是亚优势种发生变化,有时是优势种与亚优势种的地位发生改变。

群落复合体:由于环境条件(主要是土壤和水文条件)有规律的交替变化,2个或2个以上的不同类型的独立群落(往往是群落片断)多次地同样有规律地重复交替分布组成的植被。

四、草原植物群落的演替

演替(Succession)是一个植物群落被另一个植物群落所取代的过程,它是植物群落动态的一个最重要的特征,演替导向稳定性,是植物植被生态学的一个首要的和共同的法则,并为自然科学做出重大贡献。而演替依然是现代生态学的中心课题,是解决人类现在生态危机的基础,演替也必定是恢复生态学的理论基础。

（一）演替顶极

演替顶极（Climax）是指演替最终的成熟群落，或称为顶极群落(Climax Community)。顶极群落的种类或称为顶极种(Climax Species),彼此间在发展起来的环境中,很好地互相配合,它们能够在群落之内繁殖、更新,而且排斥新的种类。顶极群落无论在区系植物上和结构上，以及它们相互之间的关系和环境相互间的关系，都趋于稳定。整个群落的进展继续着，速度比早期演替阶段较为缓慢，群落组成上不发生较大改变。除了灾难或气候的改变以外，顶极群落可以无限期地继续，由于任何一种原因，个体消失后，将为它们自己的后代所代替。

演替顶极，原文希腊字 climax 的含义是阶梯，原意等于演替（Succession）。但通常解释为"梯子的最后一级"（Final step of ladders），即演替的最终阶段。演替顶极概念的中心点是群落的相对稳定性，演替顶极意味着一个自然群落中的一种稳定情况。

演替顶极是美国学者克莱门特（Clements）提出的，这一学说对全球植物群落学产生了很大影响，虽然曾被广为引用，但并未赋予演替顶极以绝对的意义。在真实的生态系统中，演替顶极是不确定的，各地均有所不同，从而形成了大规模土壤变化所引起的镶嵌更新状态或镶嵌演替。霍尔姆（Horm）论证顶极植物受轻微的扰动将导致被亚种侵入或恢复，这两种变化可使多样性增加，这就预示着演替的最后阶段大概包括多样性的下降。在其他情况中，由于稳定植被对更新生态位的需求，所以 Horm 把顶极条件视作将出现的"模糊演替网络"（Blurred Succession Pathwork）。

（二）演替阶段

一个先锋植物群落在裸地形成后，演替便会发生。一个植物群落接一个植物群落相继不断地为另一个植物群落所代替，直到演替顶极群落，这一系列的演替过程就是一个演替系列（Sere）。任何一个个别群落，称之为系列群落（Serial Community），其中任何一个在植物种类上和结构上具有特色的片断（Segment），称之为一个阶段。但是，从一个阶段向另一阶段过渡，往往是一种逐渐转变的过程。因此，每个阶段只有当具特征性的优势种已被确认后，它才取得了阶段的资格。

典型的陆生植物群落演替模式，通常可划分为地衣群落阶段、苔藓群落阶段、草本群落阶段、木本群落阶段。

1. 地衣群落阶段

壳状地衣是最常见的先锋植物,壳状地衣将极薄的一层植物紧贴在岩石表面,由于假根分泌出溶蚀性的碳酸而使岩石变得松脆,并机械地促使岩石表层萌解。它们可能积聚一层堆积物的薄膜,并在某些情况下,一个或多个后地衣群落取代了先锋群落。通常后继者首先是叶状地衣,叶状地衣可以积蓄更多水分,积聚更多的残体,而使土壤增加得更快些。在叶状地衣群落将岩石表面遮盖的地方,枝状地衣出现,甚至可以出现真藓属和紫萼藓属之类的苔藓植物。枝状地衣是植物体或几厘米的多枝体,生长能力强,逐渐可完全取代叶状地衣群落。

地衣群落阶段在整个系列过程中延续的时间最长。

2. 苔藓群落阶段

苔藓植物生长在岩石表面上,与地衣植物类似,在干旱期时可以停止生长并进入休眠,等到温暖多雨时,可大量生长。它们积累的土壤更多些,为后来生长的植物创造更好的条件。

3. 草本群落阶段

群落演替进入草本阶段,首先出现的是蕨类植物和一些一年生或二年生的草本植物,它们大多是短小和耐旱的科类,并早已有个别植株出现于苔藓群落中,随着群落演替的大量增殖而取代苔藓植物。随着土壤的继续增加和小气候的开始形成,多年生草本植物相继出现。草本群落阶段中,原有的岩面环境条件有了较大的改变,首先在草丛郁闭条件下,土壤增厚,蒸发减少,进而调节了温度和湿度。土壤中的微生物和小动物活动也加强,为木本植物生长创造了适宜的生态条件。

4. 木本群落阶段

草本群落进一步发展,一些喜光的阳性灌木首先侵入,并逐渐增殖,常与草本植物混生而形成草灌丛群落。随着灌木的增多而逐渐形成森林群落。此时林下形成荫蔽的森林小气候,耐阴树种得以定居。随着耐阴树种的增加,阳性树种因在林内不能更新而逐渐消失。森林群落发展为中生性顶极群落。

(三)进展演替与逆行演替

群落的演替显示着演替是从先锋群落经过一系列的阶段,达到中生性顶极群落。这样, 沿着顺序阶段向着顶极群落的演替过程称之为进展演替(Progressive Succession)。反之,如果是由顶极群落向着先锋群落演变,则称为逆行演替(Retrogressive Succession)。

进展演替程序是植物体逐渐增多的程序,也是植物组合建立的程序,这些程序在时间上不断地利用自然界的生产力。而逆行演替在人类干预下是暂时的,但在气候改变等自然干扰下,则是在大范围内进行的。在群落进展演替中,由于是从植物种在某一地段上定居的简单过程开始的,因而没有什么独特的特有种,但逆行演替过程则常涌现出一些特别适应不良环境的特有种。同时在进展演替过程中,群落结构是逐渐变复杂的,逆行演替过程中群落结构则趋于简化。因此,在某种意义上来说,退化群落和生态系统是逆行演替的群落和生态系统。

1. 退化演替

草原退化是指在一定生境条件下的草原植被与该生境的顶极或亚顶极植被状态下的背离。草原退化是整个草原生态系统的退化。从生态学角度而言的草原植被退化,是草原生态系统背离顶极的一切演替过程(逆行演替);而从草原经营角度而言的草原退化,则是指草原生产力降低、质量下降和生境变劣等。这一切都是不利于草原生产的演替过程。对于人工草原而言,在停止放牧或管理措施不当而向自然植被恢复演替中出现大量无饲用价值的杂类草,是草原退化演替,但却是生态恢复演替。所以,草原退化是一定生境条件下的草原植被逆行演替阶段,表现为现在情况下较顶极植被(人工草原为偏途顶极植被)的质量和可食产量的下降,致使草原的利用价值降低和生境条件变坏。

2. 进展演替

奥德姆(Odum)认为演替是一个带有合乎道理的方向性的有序过程,因此可以预测;演替是群落改变物理环境的结果, 因而可以控制, 即群落控制

（Community Controlled）；演替最后走向具有自我平衡（Homeostasis）性质的稳态，形成顶极群落。

（四）群落演替的机理

目前，关于群落演替的机理还没有完整和适用于各种群落类型的理论或模型，有以下几种主要学说。

1. 单元顶极学说

克莱门特（Clements）提出群落演替的单元顶极学说（Monoclimax Theory），认为顶极群落组成部分之间存在着直接的、必然的联系。这个学说设想一个地区的全部演替都将会聚为一个单一、稳定、成熟的植物群落或顶极群落。这种顶极群落的特征只取决于气候。给以充分的时间，演替过程和群落造成环境的改变将克服地形和母质差异的影响。至少在原则上，在一个气候区域内的所有的生境中，最后都将是同一的顶极群落。结果，顶极群落和气候区域是直接协调一致的。克莱门特（Clements）把群落和单个有机体相比拟，来解释生态演替的过程。其理论主要包括以下 6 个方面。

（1）植物群落演替可以分为原生演替和次生演替 2 类，每类又可分为旱生与水生以及更细致的类型。

（2）演替都经过迁移、定居、群聚、竞争、发展、稳定 6 个阶段，最后达到和该地区气候条件保持最协调、最平衡状态的植被类型，即演替的群落顶极。

（3）顶极群落如遭到破坏，演替又会按上述 6 个阶段重新发展，再次恢复。

（4）在同一气候区内，无论演替初期条件多么不同，植被的反应总是趋向减轻极端情况的方向发展，从而使得生境适合更多的植物生长。

（5）同一气候区内，也会出现由于地形、土壤或人为等因素的差异，造成群落演替方向的改变。

（6）演替的方向，是由植物改变生境的影响而决定的，在自然条件下，只可能是前进的，而不可能是后退的。

2. 多元顶极群落学说

克莱门特(Clements)的单元顶极学说受到了批评。惠特克(Whittaker)指出，一个地区稳定群落真正的复杂性突破了这一理想，许多学者对单元顶极概念作了限制，普遍认为应有多元顶极的解释，大致表述如下：

(1)虽然演替会聚是一个重要现象，但这种会聚是部分的、不完全的。

(2)由于演替不完全会聚，在某一地区不同生境中会产生一些不同的稳定的群落或顶极群落。

(3)在这些群落中，一些群落可以广泛分布，并且直接地表示气候，这是气候顶极，但是，这并不需要假设在这个地区的其他稳定的群落都一定发展成这个气候顶极。

(4)稳定性以及区域的优势或气候的代表是分别考虑的。稳定性规定了顶极群落，但在一个地区的几个稳定群落中气候顶极群落同时也是区域占优势的一种群落。

(5)由于承认一个地区存在着一些或多或少同样稳定的群落，这种解释可以称之为多元顶极学说。

3. 顶极配置假说

顶极配置假说(Climax Pattern Hypothesis)是美国威斯康星学派的理论，主要观点包括以下内容：

(1)一个景观中的环境构成一个环境梯度的复杂配置或者是环境变化方向的复合梯度(Complex Gradient)，它包括许多单个因素的梯度。

(2)在景观配置的每一点，群落都向一个顶极群落发展，因为群落和环境在生态环境中密切的功能联系，演替群落和顶极群落的特征都取决于那一点的实际的环境因子，而不是决定于抽象的区域气候。顶极群落被解释为适应于自己的特殊环境或生境特征的稳定状态的群落。环境的差异通常意味着顶极群落组成的不同。

(3)沿着连续的环境梯度，环境的差异常常意味着适应于那个梯度上不同位置交织着连续的顶极群落。顶极群落配置将与景观环境梯度的复合配置相一致。植物种在顶极群落配置中有一个独特的种群散布中心，这也可以解释为复杂的种群联系。群落类型(群丛等)是任意的。

(4)在顶极群落类型中，通常景观中分布最广的类型为该区域的代表类型，这种区域代表性的群落类型可称作景观优势顶极群落（Prevailing Climax Community）。

4. 初始植物区系学说

埃格莱（Egler）于1954年提出初始植物区系学说（Initial Floristic Theory），认为演替具有很强的异源性，因为任何一个地点的演替都取决于哪种植物首先到达那里。植物种的取代不一定是有序的，每一个种都试图排挤和压制任何新来的定居者，使演替有较强的个体性。演替并不一定总是朝着顶极群落的方向发展，所以演替的途径是难以预测的。该学说认为演替通常是由个体较小、生长较快、寿命较短的种发展为个体较大、生长较慢、寿命较长的种。显然，这种替代过程是种间的，而不是群落间的，因而演替系列是连续的而不是离散的。这一学说也被称为抑制作用理论。

5. 忍耐作用学说

康奈尔（Conell）和斯莱特（Slatyer）于1977年提出的忍耐理论（Tolerance Theory），认为早期演替物种先锋种的存在并不重要，任何种都可以开始演替。植物替代伴随着环境资源递减，较能忍受有限资源的物种将会取代其他物种。演替就是靠这些种的侵入和原来定居种的逐渐减少而进行的，主要决定于初始条件。

6. 适应对策演替理论

格莱姆（Grime）于1989年提出适应对策演替理论（Adapting Strategy Theory）。他通过对适应对策的详细研究，在传统R-和K-对策基础上，提出了植物的3种基本对策：R-对策种，适应于临时性资源丰富的环境；C-对策种，生存于资源一直处于丰富状态下的生境中，竞争力强，称为竞争种；S-对策种，适用于资源贫瘠的生境,忍耐恶劣环境的能力强,叫作胁迫种(Stress Tolerant Species)。R-C-S对策模型反映了某一点某一时刻存在的植被是胁迫强度、干扰和竞争之间平衡的结果。该学说认为,次生演替过程中的物种对策格局是有规律的,是可以预测的。一般情况下,先锋种为R-对策种,而顶极群落中的种为S-对策种。该学说对从物种的生活史、适应对策方面而理解演替过程作出了新的贡献。

7. 资源比率理论

资源比率理论(Resource Ratio Hypothesis)是蒂尔曼(Tilman)在1985年基于植物资源竞争理论提出来的。该理论认为,一个种在限制性资源比率为某一值时表现为强竞争者,而当限制性资源比率改变时,因为种的竞争能力不同,组成群落的植物种也随之改变。因此,演替是通过资源的变化而引起竞争关系变化而实现的。该理论与促进作用理论有很大相似之处。

第四章　草原监测技术与方法

　　草原类型、植被组成等特性在空间上具有连续过渡的特征,且因植物组成种类繁多形成很多复杂的组合,甚至很难分辨出明显的优势种,进行草原监测工作时必须选择适宜的尺度,结合地形、土壤、水分等环境因素,才能反映出草原在空间上的变化。另一方面,我国草原空间分布范围广,多处于经济落后地区,交通不便,自然资源和环境的监测与调查也相对落后,在监测信息获取上存在较多困难,特别是缺乏大比例尺监测的数据、资料,这就需要很强的监测信息获取能力和大范围空间数据的分析能力。

　　草原植被因其自有的特征,在时间上变化远不如森林、作物那样规律、稳定。受气候因素的影响很大,干旱、半干旱地区的草原表现出剧烈年际变化,而每一年中不同季节的变化虽较年际变化显得稳定一些,但受干旱、鼠虫病等灾害影响仍然很严重;草原利用方式和管理水平对其季节变化也有很大的影响。所以,掌握草原时间上的动态规律需要较长周期的持续监测。正是基于同样的原因,监测草原生产力季节、年际动态和评估载畜能力对于避免灾害损失、指导畜牧业生产有着重要的意义。

　　草原监测的目的是从空间和时间2个方向掌握草原的动态,因而监测的技术和方法都具有显著的时空特征。

第一节　不同尺度下监测的内容与技术

尺度的大小是一个相对的概念,表现为时间和空间上片段的大小。掌握草原的现实分布状况总是在一定的时空片段上,需要协调时间和空间尺度。对于相同的监测范围,空间尺度越小,所需的数据获取和分析的时间就越长,也就很难保证小的时间尺度。同样,在较小的时间尺度上,很难及时地获取和分析大范围的监测信息,而且目前的遥感信息源和地面监测手段也很难在保证小的时间尺度(如几天)的同时,获得较小空间尺度(如1:10万以上的比例尺)的信息。针对不同的监测目标,所需的时空尺度是不一样的,一般来说更小的尺度有助于得到更为准确的结果,但需要更多的经费投入和消耗更长的工作时间。根据草原监测的实践,将各项内容的目标和技术按时间尺度划分如下。

一、小时间尺度

针对不同类型的监测目标,时间尺度的划分是有差异的。即使是自然资源中不同的领域,监测的时间尺度也有很大的差距。例如矿产资源在很大的时间尺度上变化,而植被资源主要是受地球公转周期的影响体现为周期性的变化。小的时间尺度对应于较短的监测周期(这里把周期小于1年的草原监测定义为小的时间尺度)。当然,在较短的时间范围内很难反映草原资源与生态宏观的变化规律,仅能对草原的生长、利用动态以及实时性需求强的灾害等内容进行监测。

(一)实时或准实时监测

1. 草原火情监测

草原火点识别、火情监测是草原监测应用最成熟的方面,而且主要是采用遥感手段。利用周期较短的 NOAA 或 MODIS 卫星(周期小于1天)的热红外传感器可以有效地识别火点,通过准实时的连续监测,来判断、分析火情。火点可以通过目视的方式在遥感图像上判别出来,也可将草原火点识别软件集成于卫星信息接收站的接收系统中,通过自动判别、识别火点后发出警示信息、技术人员确认、上报火点、分析火情火势、上报火情预测情况等步骤,以人机交互的方式完成火情监测。目前,我国草原火情监测系统主要采用这样的机制,在防火季节需要对每天的图像进行判别、处理。

在技术上,火点识别主要依据热红外波段对温度敏感的特性。对于火点面积较小,或者热红外波段响应不明显的情况,还可通过结合其他波段提取烟雾信息来进行辅助判别。分析火情的发生原因和发展趋势是火情监测中技术最为复杂的环节,一般需要依赖一些火行为模型。火行为模型描述火情的发展过程,涉及燃烧地点和可能的扩散方向上的可燃物(草原地上生物量和枯落物)构成、燃烧特性(燃点、燃烧时间)、数量、高度和含水量、地形、风向和风力等因素,这些因素在一定的条件下均可能成为决定因素。利用火行为模型可以判断一定时间内火灾扩散的方向和距离,对于指导灭火、避免火灾损失有着重要的意义。但研制火行为模型所需的试验条件较难配备,特别是较大的火势和风力条件难以达到,因而实践中这方面的应用还较少。

2. 草原雪情监测

草原降雪达到一定深度后,牧草大部分被覆盖,也造成交通上巨大的障碍,加上天气寒冷,致使无法放牧而造成雪灾。因雪情很难在实地进行测定,所以选用遥感手段监测雪情具有明显的优势。降雪形成的雪被可用 NOAA、MODIS 遥感图像进行监测,特别是雪覆盖的范围在遥感图像上表现为强烈反射的高亮度,很容易区分,即使有时与云混淆,也可通过连续的监测去除运动的云。雪被的深度一方面决定了覆盖牧草的高度,从而影响家畜的采食,另一方面对于特定的家畜种类,存在一个雪深的阈值,决定能否进行放牧。

雪情监测在技术上较为困难的是估测雪的深度。尽管气象部门可通过云量监测和气象站测定掌握平均的降雪深度,但气象站的数目毕竟有限,加上风力、地形等因素对降雪的再分配,地区之间气温、土壤条件不同也会造成不同的融化速度,从而不能得到不同地点的雪深。目前,估测雪深还没有完全成熟的模型,这方面的研究主要有 3 种途径:一是根据地形、风向和风力对平均雪深进行再分配,但这种方法需要精细的地形数据;二是用遥感图像中对雪深较为敏感波段去反演不同地点的雪深;三是先估测区域内草群的高度,然后再根据不同高度草原被雪覆盖的情况估算雪深。

(二)周期监测

在草原植物、动物一年内发生、发展过程中,表现出明显的种群动态规律,可能存在同样的数学模型,但不同的物种组合或不同区域的模型参数不一致。小时间尺度的周期监测就是在一年内或更短的时间内,按照很小的时间间隔,周期性地监测植物、动物及其组合的种群动态,反映区域之间的差异和相同物种组合在不同空间范围的变化。

1. 草原植被状况季节动态监测

以逐月、逐旬或按照主要植物的物候期,对草原的生物量、覆盖度、高度和植被构成进行动态监测,能够反映现有利用方式、强度下草原的基本健康状况。草原群落的植被构成主要通过地面监测的方式获得,对于一种特定的草原类型来说,其植被构成在一定的利用方式和正常的气候条件下总体上保持稳定的状态——虽然过度利用、干旱等因素会导致一年生牧草、劣等牧草甚至毒害草的增加,但这些现象的出现是有规律可循的。对于遥感监测,群落的高度信息也不易获取,也需要通过地面监测的方式获得。不过,遥感监测可以很及时地获取大面积草原不同季节的覆盖度、生物量的信息,对于确定的草原类型,这两项信息已足够反映草原生长、发育的整体情况。特别是生物量的信息,对于确定的草原类型,可以看作是覆盖度、高度信息的综合,因而对草原植被状况的季节监测主要是针对其地上生物量进行的。

地上生物量监测一般在中、大空间尺度上进行,可选用的遥感数据包括 NOAA、MODIS、TM/ETM+ 等,分别应用于 1:400 万~1:200 万、1:100 万、1:25万~1:10 万的监测比例尺。由于 TM/ETM+ 数据获取的周期较长,受云的影响,在牧草的一个生长季很难保证每个月都有清晰的图像,因而在生物量的季节动态监测方面只适用于北方天气晴朗的干旱地区。遥感数据应用于草原地上生物量监测一般仅使用可见光、近红外波段,尤其是红波段和近红外波段,一些特殊的模型还涉及蓝波段的数据。

理论上,遥感图像中提取的植被指数与地上生物量存在明显的相关关系,这种相关体现在草原植物的叶面积指数大小能够反映出不同的波谱响应水平,可以通过建立二者之间的数学模型来估算地上生物量。但是,由于植物组成的差异,相同叶面积指数的不同草原类型地上生物量也不同。因而在技术上,生物量动态的监测需要着重解决 2 个方面的问题:一是选择、优化和改进现有植被指数提取的模型和方法,目前应用最多的是归一化植被指数;二是根据草原资源的分布和不同类型的特性,针对特征相似的类型或区域建立选择植被指数,并建立不同类型或区域的植被指数与地上生物量的关系模型,也就是模型分区的问题。常见的模型分区方法是按照生态类型、草原类型或土壤质地、类型划分的。

2. 草原鼠虫害发生期监测

草原鼠虫害的地面监测已有很多的研究,但一般都集中在一个地点,代表的面积很有限。而草原鼠虫害不像农田那样有着基本一致的土壤、水分条件和简单的植物构成,而是有着千差万别的立地条件和植被组合,加上草原分布广阔,需要地面样本要有很强的代表性。实际上采用遥感的手段很难直接监测到鼠虫害发生的状况,遥感数据在这方面的作用是确定地面监测的不同样本能分别代表多大的空间范围——这一空间上趋势面分析过程依赖于草原类型、土壤基质及类型、地形(特别是坡度、坡向)、土壤水分等多个因素的一致性,也就是具有与样本相同立地条件和草原类型的区域可能具有与样本相似的鼠虫害状况。正因为如此,鼠虫害发生期使用的遥感数据必须具有较小空间尺度,或者监测区域至少有一期高分辨率的遥感图像,用来划分可能发生鼠虫害的区域。这种空间上同质性的判定需要土壤类型、土壤温湿度(主要用于虫害的监测)、海拔高度、坡度、坡向、草原类型、生物量等多种因素的复合,一般需要多种类的本底图件和多波段遥感数据叠加分析。例如,可用 MODIS 图像提取草原地上生物量、土壤温度和湿度,用 TM/ETM+数据获得土壤类型和草原类型不同的组合,加上数字高程图及其生成的坡度、坡向数据,结合地面监测数据,即可对可能发生鼠虫害的区域及程度进行估测;其中,TM/ETM+仅用于反映土壤和草原类型的稳定组合,不需要实时数据;而鼠虫害发生时,发展、扩散的速度很快,要求的监测周期很短(甚至小于 1 周),因而需要实时或准实时的 MODIS 图像来反映草原及下垫面的变化。

草原鼠虫害监测更多的技术环节体现在监测模型方面,其中最重要的是种群动态模型。种群动态模型能够预测鼠虫害发生的数量和趋势,模型中关键的因素是种群的初始数量、结构,能够决定种群内部的发展或制约因素、同类之间的竞争、天敌的控制作用等。另外,土壤条件(类型、温度、湿度)、植被情况等决定了环境对鼠、虫种群的压力。

还有一类重要的模型是鼠虫害发生、发展与环境条件的关系模型,这类模型用来预测鼠、虫在空间上的分布。一方面,在大自然中,动物种群因其运动的特征决定了它们较植物而言需要更严格的气候、环境选择和适应,即使一种全球广布的动物,在具体的区域分布上与植物相比也显得很零散;另一方面,动物又因其运动或扩散的能力覆盖了面积巨大的地区,因而,鼠虫害发生、发展与环境因子模型不仅涉及它们的栖息地或产卵地,而且还涉及它们的迁移、扩散或迁飞的行为。

二、中时间尺度

草原的季节动态和动、植物种群在一个植物生长季内的消长发生在地球的一个公转周期内,而草原资源的很多特性会在年际之间发生变化。在自然、人为因素作用下, 草原的年际变化首先表现为植物组成和生物量水平的改善或衰减,而且会在一定程度上影响土壤的特性。这里以草原资源年际变化为目标,周期为 1~5 年的监测划分为中时间尺度监测。在这样的时间尺度上，草原类型甚至草原群落的边界和基本性质不会改变或改变很小。

（一）草原生产力监测

草原生产力除了本身是草原资源特性关键属性外，还对草原第二性生产具有决定作用，因而草原生产力监测结果还可用来评价草畜平衡状况。草原生产力的年际动态体现草原资源整体的消长，反映出水热条件的年际差异，从而可以反映气候和环境的变化。草原生产力监测以地上生物量的监测为基础，可以通过地上生物量的动态数据估测草原的年度生产力。但是，频繁利用的草原生产力动态受人为因素的干扰很大，因为放牧或刈割会随着草原的实际生产状况进行调整，同一区域草原生产力在年度之间也表现得不太稳定，特别是干旱、半干旱地区草原生产力水平低的地区。草原的利用因素影响地上生物量与年度生产力之间的关系，以地上生物量最高的月份来说，利用越多，地上生物量与年度生产力之间的差距越大。利用草原生产力、草原的可利用面积、牧草的利用率与冬季的保存率以及家畜的日食量等指标可以估算草场的适宜载畜量，从而评价草畜平衡。

气候条件和利用水平稳定的情况下，可以用年度之间相同季节的地上生物量对比代替草原生产力的动态，特别是生物量最高月之间的对比。如果草原类型没有发生大的改变，那么还可以利用遥感图像中提取的植被指数的年际变化相对地代表草原生产力的年际动态，这里所谓的"相对地"，是指变化的数量与实际的变化值在趋势上一致，但并不等量。必须指出的是，用生物量、植被指数年际变化代表年度生产力变化是在气候条件和利用水平相对稳定的情况下，而且要保证不同年度用于提取植被指数的遥感图像有相同或近似的辐射响应水平。

（二）草原保护与建设工程监测

草原保护与建设工程可分为 2 大类：一是建设人工草原和种子田，彻底改变草原的土壤特性、植被构成和功能，形成一种新的生态系统；二是进行围栏封育、草原改良、利用方式优化、飞播、草原灾害防治等，从一些生物因素、非生物因素去影响草原群落的结构、功能，从而改善草原的生产性能和生态功能。

与天然草原的分布相比，人工草原在空间尺度上很小，而且在我国的分布也比较分散，因此监测人工草原的生长状况只能有 2 种途径：一是利用 GPS 接收机或地面测绘工具测定人工草原的范围，并利用地面监测方法测定人工草原的生长状况。二是利用高分辨率的遥感卫星监测人工草原的状况，一般使用空间分辨率优于 30 m。在空间分辨率分别为 30 m、10 m 和 5 m 时，在面积精度优于 90% 的条件下，可监测的人工草原最小面积分别为 10 hm²、1 hm² 和 0.25 hm²。目前可用的高分辨率遥感图像有 TM/ETM+、SPOT、资源卫星、高分等，但实施大面积监测时成本较高，尤其是空间分辨率为 5 m 的 SPOT5 图像。经过一个生长季的人工草原在遥感图像上很容易识别，有明显区别于天然草原的规则的几何轮廓。有时，在遥感图像上人工草原容易与耕地混淆，但也可通过选择二者季相特征差异最大的季节来区分。

实施多年的围栏封育、改良草原在高分辨率遥感图像上也有明显的反映，尤其是围封的工程区域具有明显的边界。对这一类工程效益的评价可以通过 2 种途径实现：一是空间上对比工程区域内外的植被、土壤状况；二是在时间上对比工程实施前后的变化。对于大范围的禁牧、休牧等措施，很难有完整的、形态整齐的边界，需要将工程边界输入计算机与遥感图像复合后，进一步评价工程的效果（如可用植被指数反映工程实施前后的覆盖度等）。

除了确定工程区域及面积这一环节外，工程监测的其他方面可借助生物量、植被状况、环境因素的监测来实现，可以认为工程监测是其他各项监测内容的综合应用。

（三）草原退化、沙化、盐渍化监测

草原退化、沙化、盐渍化的发生受气候（长期的）、气象（短时期的）、放牧或打草及与其他环境因素的相互作用的影响，因而对于不同的草原类型，可能发生在不同的时间尺度上。对于一些环境条件比较脆弱的草原类型，发生退化需要的时间很短；对于环境条件较为稳定的草原类型，一定程度的退化需要较长

时间的变化(如 3~5 年)对比才能表现出来。另外,由于气候条件的年际变化,评价退化、沙化、盐渍化程度需要多年连续的监测。

草原沙化是草原土地退化的一种表现形式,特别是轻度的沙化(如覆沙、沙质土壤侵蚀等)与草原的植被退化有着非常密切的关系,土壤与植被之间互相作用,很难区分。草原沙化、盐渍化仅发生在一些特定的草原类型上,而草原退化则可能发生在所有的草原类型中。草原退化、沙化、盐渍化主要表现在植物构成及数量特征(盖度、高度、密度等)和土壤特征(覆沙、覆砾、风蚀、水蚀、土壤成分、含水量等)。在植被方面,从现行的技术手段来说,草原退化、沙化、盐渍化监测必须以地面监测与遥感数据相结合的方式进行。通过地面采集的样本数据评价退化、沙化和盐渍化的程度,然后在遥感图像上相同类型的草原上分析与样本相似的区域,从而确定样本之外其他区域的退化、沙化和盐渍化程度。这种方法适用于空间尺度较小、波谱分辨率较高的遥感数据,如 TM/ETM+,能够反映更多的植物组合之间的差异。由于退化、沙化、盐渍化不一定引起地上生物量的下降,而遥感图像上很难确定单种植物的数量特征,所以单纯使用遥感图像只能区分一些明显的退化、沙化、盐渍化特征,如形成的裸地、移动沙丘、水体缩减后的盐渍裸地等,也就是几乎没有植被的情况。

利用遥感手段获取土壤特性有多方面的途径。首先,不同基质的土壤在遥感图像上有明显的表现,一些沙质、砾质的土壤波谱特征很明显;其次,土壤表层含水量不仅反映在图像的一些强反射的波段上,还可以通过影响地温反映在热红外波段上;再次,土壤的水蚀情况可以利用冲沟的分布反映出来。综合遥感图像上植被和土壤特征分析退化、沙化、盐渍化状况具有很高的可行性,但需要基于多时相、多种状态草原地面样本与遥感图像结合,针对不同的遥感信息源建立专门的退化、沙化、盐渍化程度评价模型。

三、大时间尺度

草原群落的演替从根本上表现为建群植物的变化或更替,而这种变化或更替的基础是植物对环境的适应性，因为植物对不同环境适应能力有差异，随着环境的变化，适应能力差的植物逐步减少和消退，适应新环境的植物成为群落的主要组成。反过来当植物组成发生变化时，对环境的作用也发生一定程度的变化，这一因素虽不具有主导性，但多年的积累仍会引起环境的变化。草原类型的变化反映出气候、土壤、水文等条件的变化，因而发生在较大的时间尺度上，一般在 5 年以上。这里将所监测现象和事件的发生时间长于 5 年的，划分为大时间尺度的监测。就目前草原资源领域的监测而言，主要是草原类型及面积的监测。

地面监测中可以通过立地条件和植物的构成及数量特征来划分草原类型。在常年利用的情况下，一些优质饲草的现实分布与实际的生长量或生产力存在较大的差距，一些家畜不采食或很少采食的植物反而在群落中表现出很高的比例，如果草场存在一定程度的退化，则这种现象更为明显。因而地面监测工作中需要选择未利用的、没有明显退化的样地，通过对植被、土壤特性的描述、测定，判定准确的草原类型。但是，很多情况下很难找到这样的地块去判定草原类型，因而需要根据草原类型学的知识，利用环境条件、植物的组合等特征确定草原类型。有时，处于退化状态的一种草原类型可能与另一种草原类型非常接近，就需要结合临近区域的草原类型进行综合的分析，做出判定。

不同的遥感传感器具有不同的波谱分辨率（波段的数量和每个波段的波长范围大小），因而反映不同草原类型之间差异的能力也不同。一方面，波段少的传感器获取的图像仅能分辨很少的植被类型，甚至无法在草原中区分不同的草原类；另一方面，遥感图像的空间分辨率对于区分草原类型也有重要影响，空间分辨率越高（空间尺度小），可以区分的草原类型越多。从目前来看，区分草原类型能力最强的卫星传感器是 TM/ETM+，大约可区分草原组或草原型。区分能力还要看监测区域内利用条件、退化程度等的空间分异情况，空间分异越大，越难区分。一般可利用地面监测样本确定的草原类型，在遥感图像上提取不同类型样本的波谱特征，然后使用分类和判别的方法确定样本外草原的类型，最后，统计不同类型草原的面积。另外,还可通过目视解译的方法在遥感图像上勾绘草原类型的边界,然后统计面积。这时,对草原类型的判定除了结合地面监测数据外,还需要参考植被、地形、土壤等资料。

第二节　草原监测的基本环节

3S 技术支持下的草原监测过程主要包括信息获取、信息管理(空间数据库建立与更新)、信息处理与分析 3 个环节。

一、信息获取

按照监测数据的使用方式可分为本底数据和动态数据,但二者之间也没有明显的界限,经处理、完善成熟的动态数据可以作为新的本底数据。

(一)本底数据获取

草原监测涉及的本底数据包括:行政区划、地貌、地形、草原、植被、土地利用、土壤、气候、水文等基础图件,地方志、地方行业报告、调查报告等涉及草原资源与自然条件的资料;土地利用现状等社会经济资料;人工草原、改良草原、保护区和其他草原建设方面的规划、实施和统计资料;自然地理、气象等行业监测、调查数据,以及不同尺度下的草原基础空间信息。本底图件一般来自各行业渠道,是各部门多年工作的成果积累,因而具有数据尺度大、更新周期长的特点,主要用于草原资源与生态状态及动态的宏观把握。对于工作基础好、监测周期短的地区,可利用监测工作中的积累,动态地更新本底图件,如在利用中高分辨率卫星数据进行监测时,可更新土地利用、草原类型等图件。各类统计资料一般以年度为单位,一般来自统计部门或行业主管部门;而自然地理、气象等数据是对不同立地条件、草原类型、草原状况、气象条件等的特征和关系描述,主要来自于科技文献资料和科研成果。不同尺度下的草原基础空间信息包括植物、群落以及草原类型的基本特征。

本底数据除可用资料收集的手段获得外，还可利用专门的监测过程获取。这种获取信息的方式适用于获取本专业的本底数据。本底数据经整理、录入、数字化或标准化后纳入空间数据库管理。

（二）动态信息获取

草原监测的动态信息是分析草原时空变化的核心，主要来自2个渠道:地面监测数据和遥感数据。针对不同的监测目标,动态信息的获取在内容、时间和空间尺度上有明显的不同。地面监测数据是一些具有准确空间位置的属性数据,描述地面点、线或面上的实体信息,其中最多的是地面点的信息。点的大小决定于监测的目标和取样的代表性,如一个点可以代表1 m²或更多,乃至几十平方千米,也可以代表一个植物群落,或一定利用条件下的一种草原类型,甚至是多种草原类型混合的一片草场。因而地面测定点的信息一般仅在一个方面或几个方面具有同质性,但在其代表的面积内不具备完全的同质性。反过来说,地面测定点的代表性与其代表面积内的空间异质性大小呈负相关。地面点的具体信息可以包括草原的植物组成、结构、土壤特性、利用特征等。地面线或面上的实体信息,主要是通过一系列的点组合而成,少部分可采用具有代表性的点的属性代替或采用统计信息,如某县的草原产草量,可以用典型地点的测定代表,也可以通过分层次的统计方式获取。不同时期的地面监测数据在空间位置上可能是重复的,也可能是变化的。同一地方不同时期的地面监测数据本身可反映草原的动态,而在空间、时间上都不重叠的地面监测数据需要结合遥感数据或专题图件,利用模型方法或空间分析,将每一时期采集的数据都扩展到整个监测区域上,通过分析区域状况变化而获得草原资源的动态。

地面监测只能提供现实的信息,无法对历史的情况进行补充;而遥感途径则不存在这样的问题,我们可以一次获取同一地方不同时期的多次的(多时相)信息,而且数据是基于统一的标准和设备采集的,非常适于动态分析。针对不同的监测内容和尺度,需要选择适宜的遥感信息源。一般首先考虑空间分辨率,之后以此考虑时间分辨率、波谱分辨率和辐射分辨率,前两个因素与监测的时空尺度相关,后两个因素影响监测信息获取的可行性和数据处理的精度。遥感数据获取的另一个需要考虑的方面是时相的匹配和云的影响。一般来说,应尽可能获取与地面监测同期的遥感信息,但由于受云覆盖的影响,很难获取与地面数据在时相上完全匹配的图像。解决这一问题,一方面需要选择合适的地面监测时间,另一方面需要减少云的影响。如果在邻近的时期内有合适的无云图像,而且地面的情况在这段时间内变化不大,则可以用它来代替与地面监测同期的图像;如果一段时间内的图像总是有云覆盖的区域,则可以通过多期次的图像复合、拼接,得到无云的图像。特别是 NOAA、MODIS 图像,由于一条轨道覆盖的范围达到 2 000 km 以上,难免在一定的区域有云的覆盖,可以把不同时间图像中无云的区域挖取出来,拼接成无云的图像;也可把不同时间的图像复合,选择每一点(像元)受云影响最小的图像灰度值,重新构成的图像即为云覆盖最少的图像。

一般,遥感方式获取的图像需要通过预处理输入到空间数据库,图像预处理完成校正图像的辐射水平、空间位置以及挖取监测区域等任务。

(三)属性数据标准化与图件数字化

各类文字资料、统计数据、地面监测的描述与测定数据需要经过整理、统一编码与计量单位、数据表结构的规范化等过程,录入数据库中。统一计量单位能够保证各项数据正确地查询、运算和交换;而采用编码管理一些文字属性,如地名、植物名称等,能够大幅度地降低数据库的冗余,提高查询和运算的速度。

对于前期收集的草原专题图等纸质图件,必须经过数字化处理,形成数字图,存贮使用。数字化的过程是将平面图中的几何形状及其属性转换成数字方式下的矢量要素,并在这些要素上标注属性。如将河流数字化为一个线要素,并在线要素的属性中标注河的名称、流量、宽度、深度等;或将一块草场数字化为一个多边形要素,在其属性中标注草场的类型、等级、主要植物等特征。通常采用 2 种方法进行数字化,一是利用数字化仪,直接数字化到计算机存贮;二是利用扫描仪,结合地理信息系统软件或 Corel Draw 等计算机辅助制图软件,扫描后勾绘成矢量图或清绘后扫描成矢量数字图。图件数字化除了要选择合适的方法外，还需要为图件建立准确的空间位置信息，包括坐标系、投影等。

1. 采用数字化仪数字化

数字化仪工作的原理是将简单的图形元素，如点、线、多边形（曲线）等，统统归结为点要素，即点有坐标（x，y）；线可以看成由无数点组成，线的位置就可以表示为一系列坐标对（x_1，y_1），（x_2，y_2），……，（x_n，y_n）；多边形可以认为是由很多的点坐标闭合形成的。通常在保证线段曲度（精度）的情况下，尽量减少点坐标的输入，以减少数据量。

2. 扫描仪的图件数字化

扫描仪数字化包括 2 种方式：一是先将图件扫描为栅格（点阵）图，再利用图形图像软件（包括地理信息系统、计算机辅助制图等软件）以手工跟踪或半自动跟踪的方式，勾绘矢量要素，并标注属性，形成矢量数字图。二是清绘后扫描数字化。一些纸质图件图面复杂，需要数字化的部分在图件占很少部分，重新手工清绘感兴趣的部分比在计算机上辨别更为容易。清绘过程中可将不同专业的信息分开，如将水系、交通、草原类型清绘在不同的图上。清绘的图扫描后可使用自动矢量化软件（如 Corel Draw Trace、R2V 等）直接转化为数字的矢量要素，然后建立其空间坐标、投影系统，标注属性。

数据库中的属性数据与数字图件建立联结后，形成监测区域内一整套自然、社会经济、畜牧业生产等的数字图和关联属性，即空间数据库。

二、信息管理

信息管理是草原监测的日常环节，完成对空间数据库的管理，输入动态监测信息更新数据库，管理不同空间尺度、不同时期的遥感图像等任务。这一环节以地理信息系统技术应用为主，还涉及数据库、统计分析和计算机网络等方面的技术。

(一)空间数据库

空间数据库,或称地理数据库,是从图集或图包的概念上逐步形成的,它将以数据表表达的属性数据(其中可能包含坐标信息)和以图形图像方式表示的空间形状统一起来,结合为一个整体,是对多源数据的高度集成。我们常用的一些统计表、调查表很多是一个空间实体的特性,如人口、农业生产的比例就是一个县或省等行政区域的属性,地上生物量、土壤类型等是一个样方或一块草原的属性。另外一些数据所描述的实体与空间位置没有直接的关系,如植物的性状、一种土壤的营养成分等,但可以通过多次的关联建立与空间实体的关系,例如可以建立草原类型或群落与所包含的植物的关系,然后在建立植物的空间分布范围,这样植物的性状就与空间实体(草原类型或群落)建立了联系。

空间数据库中最基本的组成部分为各种要素,包括点、线、多边形、区域等矢量要素,它们一般由多个同类要素组成要素集的方式保存在空间数据库中;栅格方式保存的图像要素;常规数据库方式的数据表要素;描述地形的等高线、三角网、数字地形模型等要素;描述空间实体之间的连通关系等的网络要素(如水系、交通网络等)。另外还有一些图件的修饰、图例等辅助的组分。地面监测数据可以采用点要素集的方式输入空间数据库,而样地描述与测定数据、样方描述与测定数据可以采用数据表的方式输入,然后建立点要素集与样地、样方数据表之间的关联,连接为每个点的属性。

实际上,不同领域用于资源管理、监测的空间数据库一般包含很多相同的或大部分相同的本底资料,因而空间数据库可用于政府管理、专业信息管理与监测以及与空间相关的业务过程(如交通、消防)等,是地理信息系统应用的最新方向。

(二)数据操作

空间数据库需要地理信息、图形图像、数据库等方面的支持,一般建立在公用的地理信息系统软件平台上,目前常用的有 ARCGIS、MAPINFO、GEOMEDIA 等,其中 ARCGIS 应用尤其广泛。对空间数据库的数据操作包括输入、编辑、存储、检索查询、汇总、统计、图表输出等,实现空间数据管理的常规业务功能。数据输入不仅可以将各类要素集、数据表等添加到空间数据库中,而且可以将监测过程中获取的动态信息补充或添加到空间数据库中,通过输入、编辑功能实现空间数据库的更新与维护——正是空间数据库的动态变化包含着草原资源的时空动态信息。检索查询操作可用于了解监测区域的综合信息、设计地面监测方案、初步掌握监测区域草原资源的概况等,可分为一般的数据表检索与查询和空间查询。空间查询可以实现一些复杂的功能,如查询距居民点小于 50 km 的草原面积,或查询在草原中包含的农田飞地等。汇总、统计操作既可以应用于数据表,又可应用于各类空间要素集,如对一种草原类型的所有地面监测样方进行汇总,统计平均的地上生物量等;统计一定空间范围内居民点的数量,水系的数量、总长度;统计一定行政区域面积小于指定阈值的零星草原数量、面积等。一般地理信息系统软件除支持报表外,另一个重要的输出功能就是地图的输出。地图的输出包括增加图例、坐标网格或经纬网、指北标记、比例尺标记、设定打印(绘图)比例尺、多个要素集复合制图等,如在草原类型图上叠加水系、交通、等高线等要素。另外,还支持散点图、折线图等统计图输出。

(三)信息交换与服务

对于大区域、多项内容的草原监测工作,一般需要多层次的组织、实施。能否及时将各级的信息分发或上报,进行数据的汇总、处理和分析,直接影响监测的及时性和实施的效率。从目前的技术条件来看,不同层次的工作者主要的信息交换渠道是计算机网络。由于 3S 技术支持下草原监测信息主要以数字方式进行存储、交换,与传统的纸质资料交换相比,采用计算机网络的渠道有利于提高效率。可以通过计算机网络分发统一的电子表格、数据采集规范等,也可以通过网络将采集到的信息上传到信息处理机构,一些关于监测工作进展的情况、注意事项、实践中发现的问题也便于采用网络平台交流或发布。目前,地理信息系统软件大多提供了广域网的支持,即 WEBGIS,可以在广域网上进行空间数据操作,对各类要素集编辑、查询、统计等,实现广域网环境下的数字矢量图、栅格图的操作。当然,信息交换与服务方面还需要考虑数据安全的问题。

三、信息处理与分析

和信息管理环节一样,信息处理与分析属于草原监测的室内工作环节,但不同的是,监测信息处理与分析一般具有阶段性。以遥感和地理信息系统技术应用为主,在构建模型时需要很多统计分析方法,特别是地统计学和遥感图像数字处理中的统计方法。信息处理与分析的结果同样可以保存到空间数据库中,作为新的本底资料或更新的监测信息,供以后的监测或信息查询、输出使用。信息处理与分析环节具体包括以下几方面的工作。

(一)图像处理

遥感图像经预处理后,需要进行增强、变换、运算、分类等提取和判读专题信息。通过图像增强,可以突出感兴趣的草原或环境信息,如利用边缘增强可以突出道路信息。图像变换用来改变遥感图像各波段的信息分布,如主成分分析可以将多个波段的信息压缩到较少的几个分量中,突出监测区域内的主要地物。图像运算分为图像内各波段间的运算和图像之间的运算 2 大类,前者用于提取一些专题分量,如植被指数;后者用来对比不同时期图像的变化或在多期的图像中提取需要的信息,如利用多时相的图像消除云的覆盖。图像分类一般分为监督分类和非监督分类,后者需要提供分类样本,常用非监督分类的方法将监测区域分成较多的小类,然后根据地面监测数据将小类归并为不同的草原类型或其他地类。另外,可以通过目视解译的方法根据图像特征和专业知识勾绘地物斑块,并判定地物斑块的属性。遥感图像处理的方法很多,特别是数字处理方法发展很快,一般需要多种方法结合进行处理,提取需要的专题信息,而且必须根据所获取图像的特性选择合适的处理方法。

(二)数据复合

本底资料中的专题图件(如行政区划、土地利用、土壤等)和遥感图像、地面监测数据在配准空间位置后,可以很好地叠置(复合)在一起。数据复合后,对于空间上具体的一个点,具有多个方面的属性:各专题图件的属性,如所属行政区、地形、土地利用类型、土壤类型、气候特征、气象条件等;遥感图像的属性,即不同时期遥感图像的各波段的值;如果该点包含在地面监测的取样点中,则还具有地面监测数据的属性,可能有该点的植被构成、产量、高度、盖度以及环境特征描述等;还有与上述图件相关联的自然、社会经济、畜牧业生产等属性。数据复合一方面可以对各种来源的数据进行相互验证,更重要的是通过多个领域数据的复合,能够了解监测区域内每一点的草原概况和自然、社会经济、畜牧业生产状况。数据复合虽然仅仅是一种数据表达方式,但是对监测信息分析具有重要的作用,特别是用于观察不同环境条件下图像的特征,总结不同类型地面监测样点的共性与差异。

(三)模型构建与运算

模型方法是最重要的多源数据分析方法,特别是抽样数据应用于总样本的分析下。实际上,抽样过程总是假设总样本的分布存在一定的规律,这些规律可能受样本的一些属性控制,而抽样测定的过程就是获取这些属性的过程。对草原监测来说,这些属性包括草原及其植物的属性和环境的属性,而假设存在的规律可以通过一定的数学模型来表达,这些模型反映了草原分布及其状态与环境因子之间的联系。可以通过抽样数据构建草原各项特性与生态因子之间的关系模型,之后利用这一模型和已知的生态因子分布模拟出区域的草原特性分布,也就是把抽样点的特性模拟到空间面(总样本)上。例如,通过抽样获取某一草原类型分布的土壤基质、土壤类型、海拔高度、坡度、遥感图像波谱特征,建立该草原类型与这些因素之间的关系模型,然后在未抽样区域用模型去运算,判断是否属于该草原类型。

可以看出,模型构建是基于数据复合的。当然,模型中还可以包含一些专业知识,即专业领域的一些确定性的规律,如某一草原类型不会分布于高山或海拔大于 1 500 m 的地区。而一些常用的分析方法如植被指数、缨帽变换等也是前人研究的模型。

（四）空间分析

空间分析是地理信息系统非常重要的功能，用来分析空间实体之间的关系，如在草原监测中分析退化草原与居民点分布的关系，或者丘间草原类型与沙丘状况的关系等。空间实体（几何上一般表达为点、线、多边形等）之间存在拓扑关系，如相邻、重叠、包含、在一定的距离内等，这些关系可用来表达空间实体之间的联系。

第五章　地面监测

一、地面监测概述

针对不同的监测目标,地面监测能够以抽样的方式获得地面一系列点上的草原的地形、土壤等环境特征,植物构成、高度、盖度、产量等生长状况,鼠虫病害的数量、密度和危害程度,草原保护与建设工程的进展和植被恢复情况等数据,为遥感手段获取的数据提供空间样本,也能在一定程度上动态地或离散地反映草原资源的现实及变化情况。同时,通过地面监测还可以掌握草原管理、保护与建设等实践资料,作为本底资料的补充。

(一)地面监测的作用

地面监测数据主要有 3 个方面的用途。

1. 作为遥感监测的样本

通过定位信息将地面监测数据与遥感图像复合,了解监测区内不同草原类型在一定的群落学特征、生态条件、分布规律和利用方式下在遥感图像上所反映出的波谱特征,以地面监测样地、样方为样本,建立针对不同监测内容的监测模型,通过模型运算获取区域草原资源状况,对比分析草原资源的动态变化。

2. 典型分析和机理研究

在不结合遥感监测的情况下,地面监测数据本身可以反映典型草原类型、环境、利用方式、鼠虫害发生地、建设工程的现状和动态,以抽样方法获取不同监测内容的现实和动态状况,通过连续的周期监测,总结一个地点草原群落演替、生产力波动、退化、沙化、盐渍化、鼠虫病害发生发展、植被恢复等的机理以及与环境因素的关系。

3. 验证遥感监测结果

利用遥感图像周期覆盖、可比性好的优势,加上监测模型的积累,经过多年监测,一些监测内容对地面监测数据的依赖越来越少,有的监测过程甚至可以实现自动化,地面监测数据将更多地应用于对监测结果的验证和对监测模型的调整、改进上。

(二)地面监测的周期

1. 年度监测

在以草原生产和生态状况为目标的监测中,主要是监测草原资源随气候、利用、工程措施等发生的年际动态变化,监测时间应在每年的草原植被生物量高峰期进行。但是不同地区由于气候条件的差异,草原生长高峰出现的时期不一致,测定时间以一般草原群落中主要牧草进入盛花期时为宜,这一时期还有利于辨别、鉴定植物。宁夏草原一般在7~8月。而南方热带、亚热带地区,西北荒漠区干旱系列的草原,由于夏季高温、干旱,草原植物有短时期的休眠,草原产草量在一年中可能呈现双峰曲线,因此进行年度监测时,应选择2个高峰中最高的时期进行。对于草原灾害和建设情况的年度监测,需要根据实际的发生或实施情况,因地制宜地安排监测的时间。

2. 月度监测

月度监测主要是掌握一定利用方式下草原植物的生长状况,鼠虫病害发生、发展的过程,以及它们与气候、土壤等因素季节动态之间的关系。通过月度监测还可以反映草原资源随季节及利用方式变化(季节牧场、季节性休牧等)而发生的差异,以确定草原的第一性生产力、草原的适宜利用强度和草畜平衡。

月度监测从草原牧草返青开始,到当年植物生长结束,每月测定1次。一般北方草原在4~5月返青,每月中旬测定1次,直到10月中旬左右草原植物生长停止。在冷季,可以每2个月监测1次。

3. 短周期监测

对于鼠虫病害发生期和牧草生长的特定时期,需要逐日或以非常短的时间间隔(一般小于 1 周)对重点地区或典型区域进行连续的观察和测定,以掌握植物、动物种群的数量动态和病害发生的程度等内容。这种监测频率高,很难在大范围内多个地点实施,获取的样本数量少,因而在样地或样点的选取上应充分考虑其区域代表性。

二、地面监测的工作流程

地面监测主要包括以下环节。

(一)准备工作

1. 组织准备

根据工作任务制定工作方案和计划,遴选调查人员,组织调查队伍。

2. 调查用具

主要有野外定位终端(GPS 接收机等)、数码相机、掌上电脑等数据存贮和处理设备,野外记录本、文件夹、铅笔、橡皮、卷笔刀等记录用品,样方测量物品为剪刀、布袋、样方框、样圈(面积 1 m²,周长 3.5 m)、刻度测绳、皮尺、直尺、卷尺等,便携式天平或杆秤、样品袋、标本夹、标签,其他物资条件如交通工具、药品等。如有土壤测定任务,还要准备小铲、铁锹、锤子、土钻、铝盒(200 个,直径 50 mm、高 30 mm)、环刀(30 个左右)、土筛(0.25 mm 和 0.5 mm 各 1 个,测定表土细沙比例和地下生物量使用)、塑封袋。

3. 资料准备

准备野外调查使用的卫星影像图、地形图、草地类型图等相关图件。收集有关草原资源、社会经济概况、畜牧业方面的统计资料及调查报告等,包括植被类型图、草地资源类型图、植物种类及其鉴识要点、土地利用现状图,以及土壤、水文、地形图等资料。工程县需要收集项目实施方案、项目竣工报告(含竣工图)等信息。

4. 技术培训

对参加调查人员进行培训,内容包括地面技术规范、草原分类、主要草原植物识别、野外定位终端操作使用、地理信息系统与遥感基础知识等内容。

(二)地面监测

地面监测工作的主要目的是获取草原植被、土壤状况以及其他地表特征信息,为构建生物量、盖度等估算模型和草原分类提供地面数据样本。

1. 任务

布置路线调查和固定点监测,设置样地,采用样方方法测定植被高度、盖度、地上生物量等。入户调查牲畜存栏、出栏等指标。同时,收集调查区草原资源、生态、生产经营等方面的图件、文字与统计资料,以及农牧民生产经营与生活情况。

2. 技术路线及总体框架

调查工作包括调查作业、数据整理等环节,见图1-5-1。

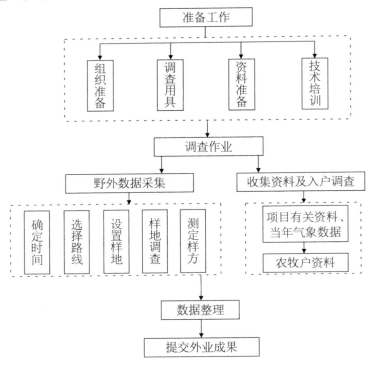

图1-5-1 地面监测技术路线图

3. 确定调查时间

地面调查时间一般在每年草原植被生长最高峰期(8 月中下旬)进行。对于草原保护建设工程人工草地等的监测,按照实际需求安排调查时间。

4. 选择路线

地面调查路线要横穿主要地形要素及草原类型的主要断面,同时还应考虑具备交通条件。路线之间的距离,应以能够反映调查区草原类型的分布规律和草原资源空间变异状况,从大尺度上能够宏观把握调查区草原资源与生态状况及草原的利用、管理状况。工程效益监测的调查路线,应覆盖主要工程措施,保证工程区内、外都可设置调查样地。

5. 设置样地

在具有典型性和代表性的地段设置样地。

(1)样地数量。按照地面样本和遥感数据之间需建模型数量以及监测范围来确定。每个生产力监测模型(一般为一种草原类型)不少于 30 个样地。草原生态保护工程每县调查样地不少于 30 个,调查的样地应涉及所有工程措施,每项措施的样地数不少于 5 个。

(2)样地设置原则。①样地应选择在具有最大代表性的地段,避免明显的特异性和过多的干扰因素,也不宜选在草原类型过渡的地段。山地上的样地应位于高度、坡度和坡向适中的地段。具有灌丛的样地,应选在灌丛覆盖度中等的地段。②样地要尽量均匀分布,并与固定监测站点相协调。③对于利用方式不同及利用强度不一致的草原,应考虑分别设置样地。④工程效益监测中,每种工程措施和全部草原类型都应设立样地。⑤工程效益监测要在工程区内、外分别设置样地,内、外样地所处地貌、土壤和植被类型要一致。⑥样地距道路的距离应不少于 300 m。

(3)样地面积。样地的面积一般为 1 km²,山区沟谷地带可适当缩小。

6. 样地调查

样地调查的主要任务是观测记载样地基本特征,采用样方测定方法获取详细的植被、土壤情况。

样地观测记载。在野外调查时,需要对样地的基本信息进行详细记载,主要包括样地所在的地理位置、调查时间、调查人、地形特征、海拔、土壤特征、地表特征、草原类型、利用方式、利用状况、岩石裸露率等。关于样地信息采集与记录方法见表1-5-1,草原类型的划分参见草地资源调查确定的类型。

表1-5-1 样地基本特征调查表

样地号:　　调查日期:　年　月　日　时　经度:　　纬度:　　海拔:

所在行政区	省(自治区)　　　　县(市)　　　　乡(镇)村		
草原类		草原型	景观照片
工程情况	工程区(内 / 外)工程年份(　　)类型(　　)		
地形	坡地/平地/沙丘/低地/沟谷	坡度	
坡向	阳坡/半阳坡/半阴坡/阴坡	坡位	坡顶/坡上部/坡中部/坡下部
土壤质地	砾石质/沙土/沙壤土/壤土/黏土		
土壤类型	红壤/棕壤/褐土/黑土/栗钙土/漠土/潮土/灌淤土/水稻土/湿土/盐碱土/岩性土/高山土		
地表特征	侵蚀情况(轻/中/重);侵蚀原因(风蚀/水蚀/冻融/蹄蚀/其他)退化情况(轻/中/重);覆沙厚度(　　/cm);盐碱斑(多/少/无);裸地面积比例(　　%)		
利用方式	全年放牧/暖季放牧/冷季放牧/春秋放牧/打草场/禁牧		
利用状况	载畜不足/基本平衡/超载/严重超载/极度超载/羊单位(　　/亩)		
石漠化监测	岩石裸露率(　　%);裸土率(　　%)		
备注			

注:

①样地所在行政区:按省、地市、旗县、乡、村行政名称填写。

②样地号:以任务类别、年度、县行政编码、调查顺序等信息编码,保证长期在全区范围编号唯一。如T2012640323A0001,代表宁夏盐池县2012年退牧还草工程A组1号样地,T代表做地面生产力监测/退牧还草工程监测、2012代表年度、640323代表县级行政编码、A代表调查小组、0001样地顺序号。

③调查日期:按实际日期填写。

④记录人:填表人姓名。

⑤经度、纬度、海拔:地面定位的误差≤10 m,使用GPS确定样地所在的经纬度,经纬度

统一用度，保留 5 位以上小数位。如某样地 GPS 定位为：E 115.445511°，N 4227.998833°，海拔：990 m。

　　⑥景观照片：照片文件的名称或编号。景观照片应能够反映样地整体的外貌和地形特点。

　　⑦草原类、草原型：填写草原分类系统中的对应类型。可参照中华人民共和国农业行业标准《草地分类》。

　　⑧利用方式：通过对当地牧民或专业人员的访问获得。全年放牧：全年放牧利用；冷季放牧：北方一般指冬季和春季放牧；暖季放牧：牧草生长季节放牧；春秋放牧：春季和秋季放牧；禁牧：全年不放牧；打草场：指用于刈割的非放牧草地。

　　⑨利用状况：指草原上家畜放牧对草原植被的利用程度。可根据载畜率划分草畜平衡等级：极度超载（牲畜负载率≥130%）、严重超载（115%≤牲畜负载率<130%）、超载（105%≤牲畜负载率<115%）、基本平衡（95%≤牲畜负载率<105%）和载畜不足（牲畜负载率<95%）。

　　⑩裸地面积比例：样地内面积大于样方面积的裸地斑块面积占样地面积的比例。可以用样线法测定。

　　⑪岩石裸露率：裸露岩石面积占测量面积的百分比，不包含植被垂直投影覆盖的部分。采用样线法测定，有坡度的样地中采用与坡向成45°方向设置样线。沿样线记录岩石裸露的长度，累计长度占样线长度的百分比即岩石裸露率。

　　⑫裸土率：土壤裸露面积占测量面积的百分比，不包含植被垂直投影覆盖的部分和裸露岩石面积占测量面积的百分比。

7. 测定样方

　　使用样方框测定地上生物量、盖度、高度、植物组成等，测定植物频度，同时采集样方照片等信息。

　　（1）样方设置。应在样地的中间区域设置样方。

　　按照样方内植物的高度和株丛幅度，主要有 2 类样方：①中小草本及小半灌木样方，植物以高度<80 cm 草本或<50 cm 灌木半灌木为主；②灌木及高大草本植物样方，植物以高度≥80 cm 草本或≥50 cm 灌木为主。

　　样方数量：①中小草本及小半灌木为主的样地，每个样地测产样方应不少于 3 个。固定监测点需测定一组频度样方，每组频度样方应不少于 20 个。②灌木及高大草本植物为主的样地，每个样地测定 1 个灌木及高大草本植物样方，3个中小草本及小半灌木样方。

　　样方面积：①中小草本及小半灌木样方，一般用 1 m² 的样方，如样方植物中含丛幅较大的小半灌木用 4 m² 的样方。②灌木及高大草本植物样方，用 100 m² 的样方，灌木及高大草本分布较为均匀或株丛相对较小的可用 50 m² 和 25 m²

的样方。③频度样方采用 1 m² 的圆形样方。

（2）测定方法。草原生产力监测时需测定植物高度、盖度、产量；草原保护建设工程效益监测时需测定植物构成、分高度、分盖度、分产量等，采集样方照片，测定植物频度。①草本及小半灌木样方具体测定内容及方法见表 1-5-2、表 1-5-3。②灌木及高大草本植物草原样方具体测定内容及方法见表 1-5-4。③频度样方测定各项指标记录见表 1-5-5。④表土细沙比例测定：在京津风沙源工程监测区取 1 cm 的表土 100 g 左右；用 200 目土壤筛筛选出<0.25 mm 的细沙，计算细沙占表土重量百分比（见表 1-5-6）。⑤土壤测定：在样方的 4 个角和中间设 5 个取样点，取地下 10~20 cm 土样，5 个土样混合均匀后带回进行土壤理化性质的分析，土壤水分测定采用烘干法。同时用环刀取地下 10~20 cm 土样，测定土壤容重（见表 1-5-7）。

8. 照片

现场拍摄样地（景观）、样方照片。野外不能识别的植物拍照、记录后，带回鉴别。

9. 有关资料收集

收集监测县有关气象、国土、畜牧、人文、经济、就业等反映基本情况的统计数字（见表 1-5-8、表 1-5-9、表 1-5-10、表 1-5-11）。

表 1-5-2　工程监测禁牧区草本及矮小灌木草原样方调查表

样地编号：　　　样方号：　　　植被盖度：　　　草群平均高度：　　　照片编号：

植物名称	高度/cm	鲜重/g	地上生物量/g
			总鲜重：
			其中
			可食：
			一年生：
			毒害草：
			退化指示植物：
			建群优良植物：
			总干重：
			枯落物干重：
记名植物：			

注：

①样方号：记载样地中样方测定的顺序号,如 1、2、3。

②样方面积：选取 1 m×1 m。

③草群平均高度：测量样方内大多数植物枝条或草层叶片集中分布的平均自然高度。

④植物名称：分别记载植物的中文名。

⑤盖度：指植物垂直投影面积覆盖地表面积的百分数。采用样线针刺法测定。

⑥地上生物量的测定：草本植物齐地面剪割测定,灌木取当年新枝条剪割测定。

表 1-5-3 其他草本及矮小灌木草原样方调查表

样地编号： 样方号： 植被盖度： 草群平均高度： 照片编号：

植物名称	高度/cm	鲜重/g	盖度/%	地上生物量/g
				总产量：
				其中
				可食：
禾本科				一年生
莎草科				毒害草：
菊科				退化指示植物： 建群优良植物：
豆科				总干重：
藜科				枯落物干重：
其他				

记名植物：

注：
①占总量大于60%的前几种建群植物，单独测定高度、重量；超过3种的只记录前3种。同科植物占总量大于10%的单独测定生物量。补播措施的样地应注明补播草种。
②草群平均高度：测量样方内大多数植物枝条或草层叶片集中分布的平均自然高度。

表 1-5-4　灌木及高大草本植物草原样方调查表

样地号：　　　样方号：　　　植被盖度：　　　样方面积：　　　照片编号：

植物名称	株丛径/cm		株高/cm	株丛数	单株投影盖度/%	取样比例	取样鲜重/g
	长	宽					

总鲜重：　　　总干重：

记名植物：

注：

①株丛数应折合为标准植株的个数。取样应采集标准植株当年生、可食枝条的部分。

②各种灌木或高大草本合计盖度=∑（单株株丛长×单株株丛宽×π×单株投影盖度/4)/样方面积。

③样地总盖度=各种灌木或高大草本合计盖度+中小草本及小半灌木样方盖度×(1-各种灌木或高大草本合计盖度÷100)。

④样地总鲜(干)重=各种灌木或高大草本合计重量/灌木及高大草本样方面积+中小草本及小半灌木样方平均重量×(1-各种灌木或高大草本合计盖度÷100)。

表 1-5-5　植物频度记录表

样地号：　　　　　　植物种类总数：

序号	植物名称	1	2	3	4	5	6	7	8	9	10	11	12	13	14	15	16	17	18	19	20	合计
1																						
2																						
3																						
4																						
5																						
6																						
7																						
8																						
9																						
10																						
11																						
12																						
13																						
14																						
15																						
16																						
17																						
18																						
19																						
20																						

注：样圈面积 1 m²，周长 3.5 m。

表 1-5-6　表土细沙比例过筛测定法记录表

样方号	1 cm 的表土重量	<0.25 mm 的细沙占表土重量百分比

注：

① 每草本测产样方取表土 1 次。

② 取样法：用小平铲刮取 1 cm 的表土，100 g 左右，装入密封袋。

③ 烘干或晾干，过 200 目筛，筛下为 <0.25 mm 的细沙，分别用克秤称重。

表 1-5-7　土壤质量测定表

样地号	土层深度	持水量 /%	土壤容重 /(g·cm⁻³)	有机质 /%	pH 值	速效氮磷钾含量 /ppm			全氮含量 /(kg·m⁻²)	钙离子 Ca²⁺含量
						N	P	K		
	10~20 cm									

注：

① 每个样地均需进行土壤测定，周期一般为 3 年。

② 仅石漠化治理工程样地需测定钙离子含量指标。

表 1-5-8　入户调查表

牲畜饲养	存栏量	出栏量	全舍饲数量	自然死亡量	放牧天数	平均体重/kg
黄牛/头						
奶牛/头						
牦牛/头						
绵羊/只						
山羊/只						
马/匹						
骆驼/匹						

牲畜饲养情况

草地改良措施	草地改良面积/(亩·户⁻¹)	1 kg 干草价格/元		
		田间收购价	收购成本	当地销售价格

草地改良情况

人均牧业收入	人均纯收入	人口数	饲料粮补助折现/元	工程转移就业人数	
					工程涉及本地就业人数

经济状况

注:
①根据草场规模确定大、中、小 3 种类型,分别选择 2 户、5 户、2 户进行入户调查。
②工程转移就业人数是指牧户家庭中,通过工程项目的实施,从传统农牧业转向其他经济行业的人数。
③工程涉及本地就业人数是指牧户家庭中,有劳动能力的牧民在法定劳动年龄内从事涉及工程的合法劳动并取得报酬的人数。

表 1-5-9　有关资料收集表

县：　　　　　　　　年度：

气象资料	≥0℃积温(　　　)℃；≥5℃积温(　　　)℃；≥10℃积温(　　　)℃							
	常年平均降水(　　)mm			常年平均蒸发量(　　)mm				
	常年平均气温(　　)℃			年平均日照数(　　)小时				
	常年平均无霜期(　　)天			暴雨日数(　　)；最大日降雨量(　　)				
基本情况	国土面积(　　)km²			草原总面积(　　)hm²				
工程任务情况	万亩、m²、个							
	年度	小计	禁牧	休牧	轮牧	搬迁	草地改良	棚圈面积	青贮窖
经济社会状况	全县人口数(　　)万人			主要民族(　　)；少数民族人口比例(　　)				
	畜牧业产值(　　)元			农业总产值(　　)元				
	人均牧业收入(　　)元			人均总收入(　　)元				
	家畜饲养	总量	舍饲数量	放牧天数	死亡量	出栏量	存栏量	家畜胴体重/kg
	牛/万头							
	羊/万只							
	马/万匹							
	骆驼/万匹							
	合计							

表 1-5-10　项目当年情况

县：　　　　　年度：

劳动力本地就业（　　）人次		转移就业（　　）人次		
科技培训（　　）人数（　　）次数				
项目建设投入的原材料种类	数量	单位	单价	总价值
钢筋		t		
水泥		t		
运输车次		次		
雇佣人力		人·天		

表 1-5-11　月度气象数据

县：　　　　　年度：

月度	气温	降水	蒸发量	大风日数	日照时数	暴雨天数
1 月						
2 月						
3 月						
4 月						
5 月						
6 月						
7 月						
8 月						
9 月						
10 月						
11 月						
12 月						

第二篇
宁夏草原资源

第六章　自然环境

第一节　自然地理与社会基本情况

宁夏回族自治区位于中华人民共和国大陆的西北腹地，居黄河中游上段，在东经104°17′~107°39′、北纬35°14′~39°23′。南和东南接甘肃省，东部和东北部连陕西省及鄂尔多斯台地、毛乌素沙地，北部和西部与内蒙古乌兰布和沙漠、腾格里沙漠相接。

全区土地总面积6.64万km²。2019年年底总人口694.66万人，其中回族为254.85万人，占全区总人口的36.7%。耕地面积130.34万hm²，其中灌溉水田和水浇地51.9万hm²，占耕地面积的39.82%。园地面积4.81万hm²，牧草地面积208.03万hm²。农业人口278.85万人。

全区现辖5个地级市（银川市、石嘴山市、吴忠市、固原市、中卫市）和22个县、市（区）（兴庆区、西夏区、金凤区、永宁县、贺兰县、灵武市、大武口区、惠农区、平罗县、利通区、红寺堡区、盐池县、同心县、青铜峡市、原州区、西吉县、隆德县、泾源县、彭阳县、沙坡头区、中宁县、海原县），共有193个乡镇、2 260个村。

据史料记载，宁夏早期为游牧部落居住地区，春秋时期为羌戎居地。西吉等数郡，秦汉时代曾是"大山乔木、连跨数郡，万里鳞集，茂林荫翳"的壮观景象，距今500年以前的明朝仍是一派"重重赫林迷樵径"的秀丽景色。贺兰山东部的定州（今宁夏平罗县姚伏镇）"在怀远（今宁夏银川，引者注）西北百余里，土地膏腴，向为蕃族樵木之地"。《后汉书·西羌传》曾记载灵州（今宁夏灵武）沃野千里，谷稼殷积,盐产富饶,牛马衔尾,群羊塞道。宋初的灵州城下,仍柳树成荫。鸣沙州(今宁夏中宁)、应理州(今宁夏中卫),不仅是西夏的产粮区,而且是优良的牧区,"(香山,引者注)山势高耸,草木颇蓄,产青羊",宋将刘昌祚"于鸣沙州得积谷百万,巾子芨粟豆万斛,草万束"。威州(今宁夏同心),位于清水河谷平原的东岸,多石质山地,地势较高,气候较凉,是良好的畜牧场所,西夏在此置静塞军司。南北长 200 多千米,东西宽 15~50 km 的贺兰山,其东麓降水较多,气候湿润,是农牧皆宜的好地方。唐代以前的六盘山(关山)及其周围地区也是"水甘草丰"的游牧区。直至明成化四年(1468 年)开始有安民垦地的记载,清雍正四年(1726 年)"更为西陲牧地,民开垦",此后随着人口的大量迁入、增长,滥垦乱伐的现象加剧。伴随战争,这一带的天然植被遭到破坏,生态失去平衡、气候恶化,灾害频发,当地环境迅速恶化,群众生活长期处于贫困状态。

　　宁夏平原垦殖始于秦代,嬴秦时即在此屯田,其后的历代王朝又于此兴修了一系列的灌溉工程。秦始皇为了抵卸匈奴,派蒙恬将军领兵十万,沿黄河两岸进行屯垦,修建今之秦渠及汉延渠,以后汉武帝刘彻继承和发展了秦代的垦殖事业,更大规模地兴修汉渠、唐徕渠、美丽渠、七星渠等。这些渠道后来基本上被西夏继承下来。《宋史·夏国传》载:"其地饶五谷,尤宜稻麦。……兴、灵则有古渠曰唐来、曰汉源,皆支引黄河,故灌溉之利,岁无旱涝之虞。"《元和郡县志·保静县》中说,贺兰山"在县西北九十三里,山有树木青白,望如驳马,北人呼驳为贺兰"。兴、灵牧区南部的罗山与天都山(今宁夏固原西北)"故垒未圮,水甘土沃,有良木薪秸之利","多种竹,豹、虎、鹿居,云雾不退。谷间泉水山下耕灌也"。唐末宋初,西夏国建立,与宋、金成鼎足之势达 200 年之久。元设宁夏路,明设宁夏卫,清设宁夏府,不断从秦、晋、江淮等地移民来此戍边。

　　由于历代劳动人民的辛勤劳动,耕地不断扩大,农业生产得到进一步发展,使宁夏平原成为渠道纵横、称之为"塞上江南"的鱼米之乡。

第二节　地形地势

宁夏地貌大体上可分为黄土高原、鄂尔多斯台地、黄河冲积平原、同心山间盆地,以及贺兰山、香山、罗山等山地,整个地势自南向北倾斜,表现出从流水地貌向风蚀地貌的过渡特征。黄土高原隆起于宁夏南部,海拔高 1 700~2 100 m,高原的塬面比较破碎,沟壑纵横,水土流失严重,农田与草场交错分布。六盘山自南向北延伸屹立于最南端,并与月亮山、南华山、西华山近于相连,隔黄土丘陵为东、西 2 个部分。黄河冲积平原于宁夏中部由西向东并转而向北镶嵌于宁夏中北部,海拔 1 090~1 250 m,除贺兰山山前冲积扇外,地势平坦,沃野万顷,滔滔黄河从中蜿蜒穿过,久享黄河之利,平原沟渠成网,盛产稻麦,是宁夏农业的明珠。贺兰山高耸入云,阻挡风沙寒流,为平原的天然屏障。由东北方伸入宁夏的鄂尔多斯台地西南边缘部分是宁夏保留较好的大片草原牧区,只因植被屡遭破坏,风蚀严重,往往就地起沙。

受活动的祁连山地槽、六盘山褶皱带和古老稳定的鄂尔多斯台地等地质构造运动的制约,以及流水侵蚀、干燥剥蚀及风蚀等外营力的影响,宁夏地貌类型比较复杂多样,并且表现出明显的过渡性特点。麻黄山—同心—兴仁堡一线以南,以流水侵蚀作用为主,形成水土流失严重的黄土侵蚀地貌。此线以北以干燥剥蚀作用为主,堆积及风成地貌发育,山地岩屑发育,山麓多宽广的洪积倾斜平原。

一、黄土高原

黄土高原位于本区南部,包括西吉、隆德的西部,固原的中北部、海原的中南部,同心及盐池南部的部分地区,海拔 1 900~2 100 m。高原上部多由新生代晚期黄土物质组成,黄土层厚度在六盘山以东达 100~200 m,以西达 300 m,北部70~100 m。由于受清水河、葫芦河、茹河等河流及六盘山、月亮山、南华山等山地流水切割和冲积作用,形成了较多的川、盆、垌、塬、台、梁、峁、冲沟等地貌。

葫芦河南部,海拔 1 900~2 100 m,以梁峁为主,多天然堰,为历史上大地震的遗迹,滥泥河为其主要支流之一,垦殖率高,仅在产高的梁峁顶部残留一些草场。

葫芦河东部,梁地海拔 2 000~2 300 m,川地海拔 1 700~2 000 m,发源于六盘山西侧的支流多,形成了马莲川、大庄—什字川、观庄—好水川、河塘—神林川、湿堡川等东西向川地,以及葫芦河东岸的将台—兴隆—玉桥等南北向川地。

六盘山东侧,茹河流域,地势西北高东南低,海拔 1 600~1 900 m,主要地貌是梁状丘陵和残塬,有大小塬地 10 多个,共 6 万多亩,最大的有长城塬,约 2.3 万亩,小的有徐家塬 2 600 亩,塬地开阔平缓,大都早已开垦为农田。

清水河的中、下游,包括固原—李旺一带,海拔 1 500~1 700 m。自六盘山山前洪积扇,中河、苋麻河冲积或洪积三角洲,计川、台地 50 多万亩,土地平阔、土层深厚。清水河西侧,包括南华山、西华山北麓的山前洪积扇,计有西安州、贾埫盆地、郑旗、马营、杨坊、关桥等川地,及海原中部的黄土梁、塬丘陵和西华山山地,清水河中游东侧,包括固原东北部、盐池的麻黄山、同心预旺等,地形较为支离破碎,往往冲沟深切,梁峁耸立,没有明显的塬地及河谷川地,其间有云雾山、风台山、炭山等低山,保留有较大面积的天然草原。

黄土高原地带性土壤为黑垆土,植被北部为长芒草、角蒿等温性草原,主要分布于西华山、云雾山、炭山,以及麻黄山、马家大山、双井子山、罗山、瓜瓜山等山顶和坡地上;南部阴坡主要为铁杆蒿草甸草原,阳坡仍为长芒草温性草原,已被大量开垦。

二、鄂尔多斯台地

鄂尔多斯台地位于本区东部,苦水河以北,长城以南,包括盐池北部和灵武东部,系内蒙古鄂尔多斯高原的西南边缘地带,海拔 1 200~1 500 m,自东向西平缓倾斜,地表形态为缓坡丘陵。台地东侧,自南向北由西梁、马鞍山、石板梁山、青山、红沟梁等组成南北向分水岭直抵内蒙境内,由白垩泥岩、泥灰岩、砂岩、沙砾岩等构成,与灵武东山共同组成台地上的最高夷平面。整个台地表土不同程度地沙化,局部有呈带状的沙丘或沙地,其间岛状分布有黄土丘陵,剥蚀、风蚀强烈,有较多的剥蚀倾斜平原和波状起伏平原分布。植被为发育在灰钙土上的短花针茅、猫头刺、红砂、大苞鸢尾等荒漠草原。沙带上则为黑沙蒿、中间锦鸡儿、甘草、老瓜头等沙生植被。草原植被特征是植物种属较少,群落结构简单,具有较高的抗旱耐沙特性,覆盖度为 25%~60%。

三、黄河冲积平原

黄河冲积平原位于自治区东北部,黄河自沙坡头区南长滩入境,向东后转北至石嘴山,流经宁夏 11 个市县,沿河两岸,地势平坦,沟渠纵横,旱涝无虑,素有"塞上江南""鱼米之乡"之称。平原南北长 270 km,东西宽 10~50 km(包括河漫滩和河谷阶地),海拔 1 090~1 300 m。黄河冲积平原又分为银川平原、卫宁平原 2 个部分。

银川平原自青铜峡起,至石嘴山南北长 165 km,宽 40~50 km,海拔 1 090~1 200 m,是宁夏地势最低的地区,平原堆积物厚 300~550 m,贺兰山前为 300~550 m,黄河附近数十至百余米,坡降千分之一。银川平原的北部,西大滩—平罗一带地势低洼,排水不良,土质黏重,盐碱和沼泽化严重。贺兰山前洪积扇顶部倾斜度 5°~7°,地面多砾石,洪积扇中部倾斜 3°,地面为沙砾质,于低洼部分形成沼泽或龟裂碱土(白僵土)地;洪积平原和冲积平原交错地带,常形成片状风积沙地。

卫宁平原始于沙坡头,向东至中宁县城转北,长 125 km,宽 10~15 km,是处于卫宁北山、米钵山、烟筒山、牛首山之间的山间平原,海拔 1 200 m 左右,坡降千分之一至三千分之一,盐碱危害不大。

黄河冲积平原土壤类型比较复杂,有浅色草甸土、盐渍化草甸土、沼泽土、淡灰钙土、盐土、白僵土等,植被相应为河漫滩假苇拂子茅草甸、芨芨草、碱蓬盐渍化草甸,芦苇、狭叶香蒲、沼泽、短花针茅、沙生针茅等荒漠草原,局部为红砂、珍珠、刺针枝蓼、木贼麻黄草原化荒漠,或为小片隐域性分布的盐爪爪、籽蒿盐生和沙生植被。

四、山地

宁夏山地主要有贺兰山、六盘山、月亮山、西华山、南华山、罗山等高中山地,主峰海拔在 2 500~3 000 m,其余山地多属低山类型,主峰海拔多不足 1 800 m。

贺兰山位于宁夏西北部,作为天然屏障,将宁夏平原与阿拉善高原分开,海拔 1 400 m 以上,山地呈东北—西北走向,约 200 km。山体北段宽 60 km,由混合岩和花岗岩构成,分布旱生植被。山体中段为贺兰山主体段,主峰敖包疙瘩高 3 556 m,是宁夏的最高点,山脊锋利,山势险峻,由碎屑岩和碳酸岩构成,多地形雨、植被茂密,自下而上由草原到山地针阔叶混交林、针叶林和寒中生高山草甸等显著的垂直带谱。山体南段地势低矮,在青铜峡市境内,已是山体尾部,向西断续延伸为骆驼山、赵壁山、红山等低山。东麓发育有完好的洪积扇和山前倾斜平面,大部分坡度 1°~2°。贺兰山地的土壤自下而上呈带状分布,依次为淡灰钙土、山地灰钙土、山地灰褐土、山地中性灰褐土、山地草甸土,植被自下而上为刺旋花、松叶猪毛菜、红砂荒漠草原或草原化荒漠,带有蒙古扁桃和锦鸡儿属灌木的山地灌丛草原,低山阳坡为灰榆疏林,中山以上为油松、云杉混交林或灌丛,阴坡为油松林,油松、青海云杉混交林,青海云彬林。3 100 m 以上为高山柳,箭叶锦鸡儿亚高山灌丛及蒿、苔草高山草甸。

六盘山位于宁夏南部,向北延伸至中卫寺口子,包括支脉瓦亭梁山、黄峁山,以及毗连的月亮山、南华山。六盘山海拔 2 500 m 以上,主峰米缸山 2 942 m,宽 5~10 km,山脊较缓和,山坡陡峭,由碎屑岩构成,因受地理位置和海拔高度的影响,气候条件湿润。其南端土壤以山地棕壤、山地灰褐土为主,植被相应为山地落叶阔叶林与杂灌木丛、山地杂类草草甸相结合。北端土壤为山地暗灰褐土,植被为山地杂类草草甸,或中生杂灌木丛与草甸草原相复合。海拔 2 700 m 以上为发育在山地草甸上的亚高山灌丛和草甸植被。

罗山南北长 50 km，宽 5 km，主峰 2 624 m，基岩由碎屑岩和碳酸岩构成。由于海拔较高，植被垂直分布明显，山麓为荒漠草原，再上相继出现温性草原和森林草原。山体北部的大罗山，阴坡分布有油松、山杨阔叶混交林和云杉针叶林等山地森林，与贺兰山、六盘山一起，被誉为宁夏的"三大林区"。

月亮山(主峰 2 633 m)、南华山(主峰 2 955 m)、西华山(主峰 2 703 m)，山脊平缓，坡地陡峭，分布着山地草甸和草原植被，阴坡有中生灌丛出现。香山(2 356 m)、烟筒山(1 714 m)、青龙山(1 705 m)、牛首山(1 750 m)多分布着荒漠草原植被。卫宁北山(1 687 m)分布着荒漠植被。

五、同心山间盆地

同心山间盆地位于宁夏中部，四周环绕大罗山、小罗山，米钵山、天景山、烟筒山等低中山，中部为一盆地，海拔 1 320~1 550 m，有黄河支流清水河纵贯其间，植被为发育在灰钙土上的短花针茅、猫头刺、红砂、珍珠等荒漠草原，或黑沙蒿、甘草等沙生植被。

第三节　气候概况

宁夏回族自治区地处中国内陆，为典型的大陆性气候，最南端的六盘山区属半湿润区，卫宁平原以北属干旱区，其他地区为半干旱区(图 2-6-1)。

宁夏气候宜人，冬少严寒，夏无酷暑，春暖怡人，秋高气爽。日照充足、热量资源丰富，气温年、日较差大，主要的气象灾害有干旱、冰雹、大风、沙尘暴、霜冻、局地暴雨洪涝等。

一、温度

气温北高南低，冬少严寒，夏无酷暑。宁夏年平均气温为 8.3℃，六盘山和贺兰山分别为 1.1℃和-0.3℃，其他地区在 5.6~9.9℃，由南向北递增(图 2-6-2)。

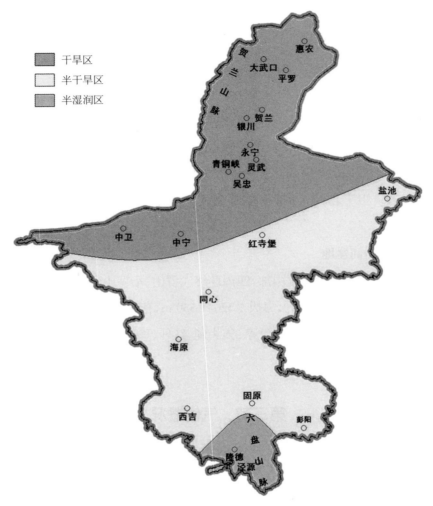

图 2-6-1　宁夏气候区划示意图

引黄灌区年平均气温为 9.3℃，中部干旱带为 7.9℃，南部山区为 6.1℃；春、夏、秋和冬 4 季宁夏平均气温分别为 9.8℃、20.9℃、8.2℃和-5.8℃。

二、主要气象灾害

由于特殊的环境和气候条件，宁夏干旱、洪涝、冰雹、大风、沙尘暴、霜冻以及小麦干热风、水稻低温冷害等气象灾害频繁出现，给各行各业尤其是农业生

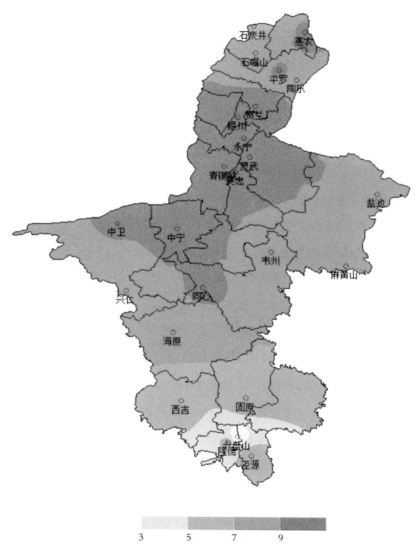

图2-6-2 宁夏年平均气温分布示意图(℃)

产和人民群众生活带来严重影响。干旱、洪涝、冰雹、大风、沙尘暴、霜冻等是制约宁夏经济快速发展的主要气象灾害。

　　干旱是宁夏分布最广、对农业生产影响最大的气象灾害。宁夏干旱主要分布在盐池、同心及固原北部地区。春、夏、秋季都有干旱发生,以春旱及春夏连旱最多,秋旱及夏秋连旱次之,春夏秋连旱较少。干旱总的特点是受灾面积广,持续时间长。近50年来,宁夏平均每1.2年就发生1次旱灾。历史上出现过1957年、1962年、1965年、1974年、1991年、1995年、1997年、2000年、2005年及2007年等大旱年,中小旱和局部干旱几乎每年都有发生。每次大旱都会造成农业的严重减产(局部地区绝产)和牲畜死亡以及人畜严重缺水。

洪涝是宁夏出现频率较高的自然灾害。宁夏的洪涝灾害主要由汛期暴雨和冬春季黄河凌汛引起。暴雨引发的洪涝灾害主要分布在固原南部阴湿区及贺兰山区,沿山多于平原,多发生在暴雨集中的6~9月,在5月及10月也时有发生。由黄河凌汛造成的洪涝主要影响沿黄各地,多出现在初冬及早春黄河封河、开河期。洪涝对农业、水利等造成严重损失,加剧水土流失,对生态环境造成破坏,甚至威胁人民生命安全。当然洪涝也是一种可以充分利用的水资源,有效拦截蓄集,可以减轻干旱的威胁。

冰雹是对宁夏农业生产危害较为严重的气象灾害之一,每年都有不同程度的发生。冰雹局地性强、季节性明显、来势急、持续时间短,对农业生产危害严重,猛烈的冰雹打毁庄稼,损坏房屋,人被砸伤、牲畜被砸死的情况也时有发生。冰雹一般发生于3~10月,主要集中在6~9月。具有南部多、北部少,山区多、丘陵和平原少,迎风坡多、背风坡少等分布特点。主要集中出现在南部六盘山东西两侧以及北部的贺兰山区。

大风、沙尘暴是宁夏较常见的气象灾害,常常摧毁农业设施及公共设施等,严重时还可摧毁建筑物,引发交通事故,造成机场关闭,对精密仪器、精细化工等也有着严重的破坏性影响。宁夏春季大风最多,秋末冬初次之。大风灾害北部多于南部,山顶、峡谷、空旷的地方多于盆地。沙尘暴以盐池、同心最多,出现最多的季节是春季。宁夏沙尘暴总的趋势是减少的,但近年来沙尘暴强度有增大的趋势。

霜冻多发生在春季农作物幼苗期和果树开花期,有时也发生在秋季收获季节。宁夏霜冻以六盘山系、贺兰山脉高寒地区出现次数最多,其次为银川以北、盐池、中卫和固原大部,出现次数最少的是银川以南地区的永宁、吴忠、青铜峡等地。一般情况下春霜冻重于秋霜冻,但有的年份秋霜冻重于春霜冻,特别是南部山区更为明显。

低温冷害主要是水稻生长期内发生异常低温而造成水稻严重减产的一种灾害。宁夏水稻低温冷害主要发生在 7~8 月,一般由于长期阴雨造成气温低于作物正常生长所需的温度,影响抽穗扬花、授粉,致使空秕率增加,产量下降。

干热风是一种高温、低湿并伴有一定风力的大气干旱现象,是影响宁夏小麦高产稳产的主要气象灾害之一。干热风一般可造成小麦减产 5%~10%,个别危害严重年份减产可达 20%以上。主要发生在 6 月上旬至 7 月上旬,每年都有不同程度的发生。发生最多的地区为盐池、同心干旱地区,其次为银川平原和西海固半干旱区,隆德、泾源阴湿地区最少。

宁夏的雷暴主要集中在南部六盘山东西两侧,一般发生在 3 月下旬至 10 月下旬,主要集中在 6~8 月,其他地区也有雷暴出现。雷暴引发雷击事故时往往造成人员伤亡及电器、通讯设备的严重损坏。雷电对航空、国防、电力、通讯、邮电、化工、石油、交通、建筑、林业等领域带来严重的威胁。

三、气候变化

在全球变暖的大背景下,宁夏近百年的气候也发生了明显变化。20 世纪 30 年代以前, 宁夏年平均气温波动较小,30 年代初进入明显上升阶段,40 年代中期达最高值,以后下降,50 年代中期到 60 年代中期气温有所回升,从 80 年代中期进入显著上升阶段,与我国总体气温变化趋势基本一致。

近 50 多年,宁夏气候变暖的趋势尤为明显,自 1997 年以来连续 22 年气温偏高(图 2-6-3),与 20 世纪 60 年代相比,2001—2018 年宁夏年平均气温升高了 1.6℃;冬季增温最明显,自 1961 年以来,宁夏出现了 15 个暖冬(冬季平均气温偏高 0.5℃以上),其中 14 个出现在 1986 年以后。但 2001 年以来冬季出现低温的概率增加,自 2005 年、2006 年冬季以来,已出现了 4 个冷冬。

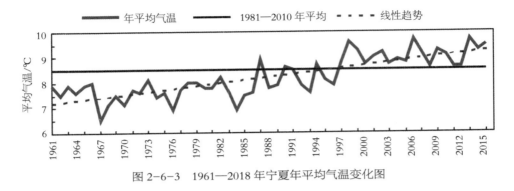

图 2-6-3 1961—2018 年宁夏年平均气温变化图

1961 年以来宁夏年降水量呈略微减少的趋势(图 2-6-4),其中中部干旱带减少相对明显。但近年来宁夏降水出现增加趋势,2011 年以来,已连续 8 年降水量多于常年平均值。

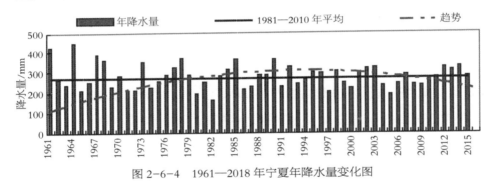

图 2-6-4 1961—2018 年宁夏年降水量变化图

随着全球变暖,宁夏极端天气气候事件发生的频率和强度出现了明显变化:旱涝灾害并发,极端干旱事件频率及范围明显增加;暴雨频次增多,且出现时间提前,结束期后延;霜冻、寒潮增强;热干风出现次数及强度增加;极端高温时有发生。

第四节 土 壤

受地形地貌及生物气候条件与人为活动的影响,决定了宁夏土壤的类型、分布具有明显的地带性和非地带性特征。地带性土壤由南向北分布有黑垆土、灰钙土 2 类,其交界大致在盐池二道沟,向西南经同心的达拉岭、张家湾,至海原的麻春堡、甘盐池以北一线,大致于 300 mm 等雨线相吻合。六盘山、贺兰山和罗山等山地由于地形隆起,气候植被发生变化,土壤类型具有明显的垂直地带性,自下而上有山地灰钙土、山地中性灰褐土、山地草甸土(罗山、贺兰山)、山地灰褐土、山地棕壤、山地草甸土(六盘山)。宁夏农田面积比较大,各种自然土壤经人为的灌溉、耕作、施肥等措施,形成农业熟化土壤,以宁夏平原为主要集中分布区,在低洼易涝地区因受地表积水而形成的沼泽土,以及受地下水及盐碱作用而形成的草甸土、盐土和白僵土等。

一、黑垆土

黑垆土为南部黄土高原的主要土壤,分布在黄土丘陵、塬地、清水河阶地、山麓洪积扇和大小川地,而以黄土丘陵所占面积最大,包括普通黑垆土、浅黑垆土、侵蚀黑垆土(绵黄土、红土)等亚类,处在中温半湿润气候带,它的北界大致与温性草原植被的分布界线一致。年平均降雨量 300~600 mm, 干燥度 1.0 左右。植被以旱生多年生草本植物为主体,形成地带性的温性草原植被。由于气候比较湿润,群落覆盖度较大,土壤有机质积累相应较多,含量达 1%~2%。因降水较多,土壤淋洗作用较强,土层中没有易溶性盐分及可溶性石膏积累,土壤质地较细,水土流失和风蚀严重。

二、灰钙土

黑垆土以北为灰钙土地区,主要分布于宁夏中部,向北多分布在黄河冲积平原的高阶地部位。其分布大致与荒漠草原植被的分布区吻合。灰钙土分布区属温带半干旱气候带,年平均降水较黑垆土地区少,在 150~300 mm,干燥度增大,为 2~4,因地形较高,故地下水深达 3~4 m,甚至更深。

灰钙土的亚类较多,包括典型灰钙土、淡灰钙土、草甸灰钙土、草甸淡灰钙土、底盐灰钙土以及侵蚀灰钙土等。其中淡灰钙土占灰钙土面积的 53%,其次为典型灰钙土,占灰钙土面积的 18%。

淡灰钙土亚类广泛分布灰钙土地区的北部,荒漠化特征相对更为明显,包括同心以北,盐池宝塔村以西至黄河冲积平原两侧高阶地一带。年降雨量为150~200 mm。植物群落中猫头刺、刺旋花、红砂等旱生小灌木、小半灌木占有重要地位,而禾本科、豆科、杂类草等草本植物相应减少,覆盖度 15%~30%,土壤有机质含量低,一般含量不足 1%,钙积层部位升高,在 10%~25%,高者可达37%。

典型灰钙土亚类分布在灰钙土地区南部,包括海原北部、同心南部及盐池一带。植物群落中含较多丛生小禾草和杂类草成分,盖度 60%左右,表层含有机质 1%~1.5%,有机层厚 30 cm 左右,典型灰钙土地区降雨量为 200~300 mm,因气候干旱,日温差较大,物理性风化较强,故土壤沙性大。海原北部黄土高原北缘的典型灰钙土,质地为沙质轻壤土。盐池鄂尔多斯台地的典型灰钙土,因母质为第四纪冲积、洪积或风积物,其质地较粗,为沙土或沙壤土。渗漏性大,持水保墒性差。

三、山地草甸土

山地草甸土分布于贺兰山及六盘山,即贺兰山海拔 3 100 m 以上的阴坡至山峰顶部。六盘山海拔 2 640 m 以上的无林地,如香炉山、雪山梁等。分布地坡度比较平缓,由于海拔高、气温低、雨雪多、土壤比较潮湿,生长耐寒的中生草甸植被,六盘山以苔草、柴羊茅、紫苞风毛菊、珠芽蓼等为主的亚高山草甸,间有箭叶锦鸡儿灌丛,覆盖度在 90%以上;贺兰山还有以高山柳、箭叶锦鸡儿等灌丛和嵩苔草高山草甸,成土母质以砂岩为主。

山地草甸土为微酸性土壤,pH 值 6.6~6.8,可溶性含盐量为 0.03%~0.04%,有机质含量表土高达 10%以上,心底土为 1%,全剖面无石灰反应。

四、山地棕壤

山地棕壤分布于六盘山主脉西(安)兰(州)公路附近及其以南地区,海拔在 2 100~2 640 m,上接山地草甸土,下连山地灰褐土。分布地山坡较陡峭,一般在 30°左右。山地棕壤的地表,有厚 1~10 cm 的枯枝落叶层,呈未分解或半分解状,其下为腐殖质层,土壤呈酸性,水浸 pH 值 6.5~6.7,主要植被以次生阔叶林为主,有红桦、白桦、山杨、辽东栎、椴及山柳等。部分阳坡植被有中生灌丛、峨嵋蔷薇、沙棘、山杏、山楂、蕨及禾本科、菊科等草类。

五、山地灰褐土

山地灰褐土包括山地中性灰褐土、山地普通灰褐土、山地暗灰褐土、山地侵蚀灰褐土及阴黑土,分布于贺兰山、六盘山、罗山、月亮山、南华山及西华山等山地。在贺兰山分布于海拔 2 000~3 100 m 的阴坡,上接山地草甸土,下连山地灰钙土。在六盘山分布于海拔 2 300 m 以下,最低至 1 700 m,上接山地棕壤,下连黑垆土。罗山分布于海拔 2 000 m 以上至山顶,下接山地灰钙土,成土母质为沙岩、页岩、片岩及石灰岩,植被为山地针叶林及针阔叶混交林,局部有枸子、榛子、丁香等灌木,以及草甸草原、杂类草草甸植被。

山地中性灰褐土分布较其他类型的山地灰褐土高,表面有数厘米厚的枯枝落叶层,其下有 30 cm 左右的有机质层,pH 值 7.0 左右。贺兰山阴坡植被多有落叶阔叶林,六盘山为杂类草草甸植被。

山地普通灰褐土分布部位较山地中性灰褐土低,也较干旱,全剖面有石灰反应,碳酸钙含量为 4%~15%,pH 值 7.5~8.0。

山地暗灰褐土分布于海原南华山及西吉月亮山等地,草原植被生长茂密,土壤中积累了大量的有机质,厚度大于 50 cm,有机质含量为 5%~10%。

山地侵蚀灰褐土分布于六盘山两侧的低山地带,水土流失严重,无完整的发育剖面。

阴黑土分布于山地灰褐土地区的山间沟谷,常堆积深厚的有机质,含量为

1.5%~3.2%,pH 值 7~8,碳酸钙含量为 1.5%~8%,大部已开垦为农田。

六、山地灰钙土

山地灰钙土主要分布在宁夏中、北部的低山地区,如中卫香山、同心米钵山、贺兰山及罗山的山麓丘陵,一般海拔高度在 1 600~2 000 m。山形起伏,坡度较大,气候较山地灰褐土干旱,生长旱生或旱中生的酸枣、山榆、荒漠锦鸡儿、蒙古扁桃及猫头刺等灌木、小灌木、针茅、阿尔泰狗娃花、蒿类等草原群落。山地灰钙土地表土层中含石砾,质地以砾质沙壤土或轻壤土为多,20~30 cm 以下出现钙积层且坚硬,有机质含量在表土为 0.8%~3.4%,全剖面 pH 值 7.5~8.0。

七、山地粗骨土

山地粗骨土主要分布在山地的阳坡及低山地带,贺兰山、香山、罗山、米钵山、六盘山都有分布。分布区坡度大,侵蚀严重,有的岩石裸露,稀疏生长旱生灌木,土层厚仅 20~30 cm,并夹有堆积或风化的砾石,土层发育不明显,一般无结构,保水性差,土壤干燥。

除以上地带性土壤和山地土壤外,尚在局部隐域性的特殊环境发育了面积较小而分散的非地带性土壤,主要有浅色草甸土、湖土、盐土、白僵土、灌淤土,集中分布在引黄灌区。

浅色草甸土多分布在黄河滩地,清水河等滩地上也有零星分布。浅色草甸土水分条件好,地形平坦,多作为农用,草甸植被生长茂密,覆盖度达70%以上,主要有赖草、芨芨草、假苇拂子草、芦草等。

淤灌土分布在黄河的二级阶地及排水良好的三级阶地,由于人为的灌溉、施肥和耕作等,在顶面上部形成数十厘米至两米以上淤灌熟化土层,有机质含量较浅色草甸土,高表土达 1.2%~1.8%。

湖土分布在积水的湖泊地,以贺兰、银川、永宁、吴忠一带较多,生长喜湿性沼泽和水生植被。

　　盐土多分布在引黄灌区,贺兰、银川、平罗为集中,零星分布于盐池、海原的低洼地,多生长碱蓬、盐爪爪、小芦草等盐生植被,盐分含量表层超过 1.0%。

　　白僵土,集中分布于平罗西大滩,古湖道的边缘,零星分布在古昊王渠两侧。白僵土的质地中,黏土因碱化,故土粒分散,结构破坏,土层坚硬。白僵土还可分为盐渍白僵土、沼泽白僵土、轻度碱化的白僵土亚类。轻度碱化的白僵土,严重的成为不毛之地,积沙处生长有芨芨、白刺等植物。

第七章 草场植被

第一节 草场的植物区系

一、饲用植物评价标准

评价饲用植物的原则：用牧草的适口性、营养价值和利用性状进行综合评价，将草地饲用植物划分为优、良、中、低、劣 5 类。依据评价原则和中国草地饲用植物的饲用价值，制定如下划分标准。

优类牧草：各种家畜从草群中首选挑食；粗蛋白质含量>10%，粗纤维含量<30%；草质柔软，耐牧性好，冷季保存率高。

良类牧草：各种家畜喜食，但不挑食；粗蛋白质含量>8%，粗纤维含量<35%；耐牧性好，冷季保存率高。

中类牧草：各种家畜均采食，但采食程度不及优类和良类牧草，枯黄后草质迅速变粗硬或青绿期有异味，家畜不愿采食；粗蛋白质含量<10%，粗纤维含量>30%；耐牧性良好。

低类牧草：大多数家畜不愿采食，仅耐粗饲的骆驼或山羊喜食，或草群中优良牧草已被采食完后才采食；粗蛋白质含量<8%，粗纤维含量>35%；耐牧性较差，冷季保存率低。

劣类牧草：家畜不愿意采食或很少采食，或只在饥饿时才采食，或某季节有轻微毒害作用，仅在一定季节少量采食；耐牧性差，营养物质含量与中低等牧草无明显差异。

二、宁夏草原优势植物的饲用评价

宁夏处于我国温带半干旱到半湿润地带,自然地形比较复杂。天然草场类型多样,又有农区、半农半牧区、沙区,贺兰山、罗山、香山、六盘山、南华山、西华山、月亮山等山地。如此丰富的自然地理条件,造就了种类较为繁多的饲用植物资源。根据本次调查及利用以往资料统计整理的结果,全区共有各种植物1 788种,分属128科,612属,其中饲用植物共1 242种。在1 242种饲用植物中,共有禾本科128种、藜科62种、菊科152种、豆科97种、莎草科32种、其他科771种。

按生活型分别统计,共有蕨类植物29种,一年生草本307种,二年生草本35种,多年生草本404种,灌木、小灌木263种,半灌木、小半灌木57种,乔木125种。

宁夏的饲用植物可按对家畜适口性不同划分为5等(见表2-7-1)。

优等牧草共47种,豆科25种、禾本科20种、其他2种。

良等牧草共125种,其中豆科46种、禾本科68种、其他11种。

中等牧草共282种,其中豆科19种、禾本科33种、其他230种。

低等牧草共541种,其中豆科1种、禾本科6种、其他534种。

劣等牧草共247种,其中豆科6种、禾本科1种、其他240种。

表2-7-1 部分牧草饲用价值等级表

优等牧草	
冰草	*Agropyron cristatum*
沙生冰草	*Agropyron desertorum*
蒙古冰草(沙芦草)	*Agropyron mongolicum*
巨序剪股颖冷蒿(小白蒿)	*Artemisia frigida*
无芒雀麦	*Bromus inermis*
无芒隐子草	*Cleistogenes songorica*
糙隐子草	*Cleistogenes squarrosa*

续表

中华隐子草	Cleistogenes chinensis
丛生隐子草	Cleistogenes caespitosa
披碱草	Elymus dahurica
垂穗披碱草	Elymus nutans
羊茅	Festuca ovina
紫羊茅	Festuca rubra
木地肤	Kochia prostrata
溚草	Koeleria cristata
草地早熟禾	Poa pratensis
细弱早熟禾	Poa nemoralis
珠芽蓼	Polygonum viviparum
圆穗蓼	Polygonum macrophyllum
山野豌豆	Vicia amoena
良等牧草	
蓍状亚菊	Ajania achilloides
多根葱（碱韭）	Allium polyrhizum
华北米蒿	Artemisia giraldii
圆头蒿（白沙蒿）	Artemisia sphaerocephala
荩草	Arthraxon hispidus
白羊草	Bothriochloa ischaemum
卵囊苔草	Carex lithophila
异穗苔草	Carex heterostachya
糙喙苔草	Carex scabrirostris
矮生嵩草	Kobresia humilis
嵩草	Kobresia bellardii
胡枝子	Lespedeza bicolor

续表

达乌里胡枝子	*Lespedeza davurica*
尖叶胡枝子	*Lespedeza hedysaroides*
赖草	*Leymus secalinus*
硬质早熟禾	*Poa sphondylodes*
阿拉善鹅冠草	*Roegneria kanashiror*
长芒草	*Stipa bungeana*
甘青针茅	*Stipa przewalskyi*
大针茅	*Stipa grandis*
短花针茅	*Stipa breviflora*
中等牧草	
芨芨草	*Achnatherum splendens*
灌木亚菊	*Ajania fruticulosa*
短叶假木贼	*Anabasis brevifolia*
盐蒿(差不嘎蒿)	*Artemisia halodendron*
黑沙蒿(油蒿)	*Artemisia ordosica*
猪毛蒿	*Artemisia scoparia*
野古草	*Arundinella hirta*
大拂子茅	*Calamagrostis macrolepis*
拂子茅	*Calamagrostis epigejos*
沙拐枣	*Calligonum mongolicum*
柠条锦鸡儿	*Caragana korshinskii*
小叶锦鸡儿	*Caragana microphylla*
藏青锦鸡儿	*Caragana tibetica*
芒尖苔草	*Carex doniana*
角果藜	*Ceratocarpus arenarius*
驼绒藜	*Ceratoides latens*

续表

甘草	*Glycyrrhiza uralensis*
圆果甘草	*Glycyrrhiza squamulosa*
梭梭	*Haloxylon ammodendron*
女蒿	*Hippolytia trifida*
牛枝子	*Lespedeza potaninii*
银穗草	*Leucopoa albida*
荻	*Miscanthus sacchariflorus*
刺叶柄棘豆（猫头刺）	*Oxytropis aciphylla*
中亚白草	*Pannisetum centrasiaticum*
芦苇	*Phragmites australis*
尼泊尔蓼（头花蓼）	*Polygonum nepalense*
二裂委陵菜	*Potentilla bifurca*
沙鞭（沙竹）	*Psammochloa villosa*
中亚细柄茅	*Ptilagrostis pelliotii*
红砂	*Reaumuria soongarica*
大油芒	*Spodiopogon sibiricus*
百里香	*Thymus mongolicus*
低等牧草	
蒙古蒿	*Artemisia mongolica*
灰苞蒿	*Artemisia roxburghiana*
白莲蒿（铁杆蒿）	*Artemisia sacrorum*
细裂叶莲蒿	*Artemisia gmelinii*
星毛短舌菊	*Brachanthemum pulvinatum*
灰化苔草	*Carex cinerascens*
鹰爪柴	*Convolvulus gortschakovi*

续表

刺旋花	*Convolvulus tragacanthoides*
发草	*Deschampsia caespitosa*
草甸老鹳草	*Geranium pratense*
半日花	*Helianthemum songaricum*
大苞鸢尾	*Iris bungei*
天山鸢尾	*Iris loczyi*
马蔺	*Iris lactea* Pall. var. *chinensis*
尖叶盐爪爪	*Kalidium cuspidatum*
盐爪爪	*Kalidium foliatum*
细枝盐爪爪	*Kalidium gracile*
栉叶蒿	*Neopallasia pectinata*
小果白刺	*Nitraria sibirica*
白刺	*Nitraria tangutorum*
星毛委陵菜	*Potentilla acaulis*
菊叶委陵菜	*Potentilla tanacetifolia*
蒙古扁桃	*Amygdalus mongolica*
木本猪毛菜	*Salsola arbuscula*
松叶猪毛菜	*Salsola laricifolia*
珍珠猪毛菜	*Salsola passerina*
地榆	*Sanguisorba officinalis*
高山地榆	*Sanguisorba alpina*
紫苞风毛菊	*Saussurea iodostegia*
苦豆子	*Sophora alopecuroides*
木碱蓬	*Suaeda dendroides*
碱蓬	*Suaeda glauca*
盐地碱蓬	*Suaeda salsa*

续表

多枝柽柳	*Tamarix ramosissima*
柽柳	*Tamarix chinensis*
四合木（油柴）	*Tetraena mongolica*
霸王	*Zygophyllum xanthoxylum*
劣等牧草	
沙冬青	*Ammopiptanthus mongolicus*
老瓜头（牛心朴子）	*Cynanchum komarovii*
膜果麻黄	*Ephedra przewalskii*
草麻黄	*Ephedra sinica*
花花柴（胖姑娘娘）	*Karelinia caspia*
黑果枸杞	*Lycium ruthenicum*
黄花棘豆（马绊肠）	*Oxytropis ochrocephala*

第二节　草场植被的生态经济类群

宁夏各地饲用植物划分为 32 个生态生活型和经济类群，简称生态经济类群，分别作简要描述。其中主要为天然草场植物，同时也包括部分农区水旱农田的杂草，并附带介绍宁夏的主要有毒有害植物。

一、丛生宽叶禾草

叶片较宽，基部呈密丛或疏丛状分蘖的多年生禾本科饲草。植株高大或中等形成草丛，有的于地下形成短或长的根茎。分布广泛，以草甸、草甸草原为最多，主要有赖草（*Leymus secalinus*）、披碱草（*Elymus dahurica*）、老芒麦（*Elymus sibiricus*）、垂穗披碱草（*Elymus nutans*）、圆柱披碱草（*Elymus cylindricus*）、无芒雀麦（*Bromus inermis*）、雀麦（*Bromus japonicus*）、直穗鹅冠草（*Roegneria turczaninovii*）、纤毛鹅冠草（*Roegneria ciliaris*）、紫穗鹅冠草（*Roegneria purpurascens*）、中

华鹅冠草（*Roegneria sinica*）、肃草（*Roegneria stricta*）、大肃草（*Roegneria strictaf major*）、细株短柄草（*Brachypodium sylvaticum* var. *gracile*）、臭草（*Melica scaborsa*）、白羊草（*Bothriochloa ischaemum*）、巨序翦股颖（*Agrostis gigantea*）、草地早熟禾（*poa pratensis*）、苇状看麦娘（*Alopecurus arundinaceus*）等。

二、丛生细叶禾草

叶子较狭细的丛生禾草，按株本高低又可分为 2 类：前者以大针茅（*Stipa grandis*）、甘青针茅（*Stipa przewalskyi*）为代表，后者包括长芒草（*Stipa bungeana*）、短花针茅（*Stipa breviflora*）、沙生针茅（*Stipa glareosa*）、戈壁针茅（*Stipa gobica*）、糙隐子草（*Cleistogenes squarrosa*）、细弱隐子草（*Cleistogenes gracilis*）、无芒隐子草（*Cleistogenes songorica*）、冰草（*Agropyron cristatum*）、蒙古冰草（*Agropyron mongolicum*）、紫羊茅（*Festuca rubra*）、羊茅（*Festuca ovina*）、毛稃紫羊茅（*Festuca rubra* subsp. *arctica*）、落草（*Koeleria cristata*）、硬质早熟禾（*Poa sphondylodes*）等。

三、夏秋季一年生小禾草

一年生禾本科草，立夏前后萌发，夏秋降雨后便迅速发育长大，但如天旱无雨，则推迟萌发，生长矮小，发育不良。此类有狗尾草（*Setaria viridis*）、金色狗尾草（*Setaria lutescens*）、断穗狗尾草（*Setaria arenaria*）、小画眉草（*Eragrostis poaeoides*）、虎尾草（*Chloris virgata*）、三芒草（*Aristida adscensionis*）、冠芒草（*Enneapogon borealis*）、锋芒草（*Tragus racemosus*）等。

四、中生豆科草

野生的中生豆科草在本区种类很多，大部分分布在南部森林草原带以及中北部山地，如黄芪属的黄芪（*Astragalus hoantchy*）、膜荚黄芪（*Astragalus membranaceus*）、毛细柄黄芪（*Astragalus capillipes*）、变异黄芪（*Astragalus variabilis*）、莲山黄芪（*Astragalus leansanicus*），棘豆属的镰形棘豆（*Oxytropis falcata*）、硬毛棘豆

（*Oxytropis hirta*）、狐尾藻棘豆（*Oxytropis myriophylla*）、云南棘豆（*Oxytropis yunnaneneis*）以及草本樨（*Melilotus suaveolenes*）。少量也分布于黄河冲积平原的低湿地草甸，如野大豆（*Glycine soja*）、天蓝苜蓿（*Medicago lupulina*）、细叶百脉根（*Lotus tenuis*）、细齿草木樨（*Melilotus dentatus*）等。另有比较耐旱的草木樨状黄芪（*Astragacus melilotoides*），主要分布于温性草原带和草甸草原带；斜茎黄芪（*Astragalus adsurgens*），主要分布于干旱草原带，少量分布于荒漠草原带的地下水位较高的生境。

五、蔓生性豆科草

蔓生性豆科草是顶生小叶变态成为卷须的一类豆科草，多为中生草本，包括歪头菜（*Vicia unijuga*）、白花歪头菜（*Vicia unijugaf* var. *albiflora*）、广布野豌豆（*Vicia cracca*）、山野豌豆（*Vicia amoena*）、三齿萼野豌豆（*Vicia bungei*）、窄叶野豌豆（*Vicia angustifolia*）、多茎野豌豆（*Vicia multicaulis*）、牧地香豌豆（*Lathyrus pratensis*）、五脉叶香豌豆（*Lathyrus quinguenervius*）等。

六、旱生矮豆科草

此类豆科草株本矮小，往往呈莲座丛或匍匐状而茎略斜生，不同程度地耐旱、耐贫瘠土壤，是广布于黄土丘陵温性草原群落的主要伴生种。有扁蓿豆（*Melissitus ruthenicus*）、二色棘豆（*Oxytropis bicolor*）、砂珍棘豆（*Oxytropis psammocharis*）、短翼岩黄芪（*Hedysarum brachypterum*）、牛枝子（*Lespedeza potanii*）、白花黄芪（*Astragalus galactites*）、糙叶黄芪（*Astragalus scaberrimus*）、皱黄芪（*Astragalus tartaricus*）、单叶黄芪（*Astragalus efoliolatus*）、狭叶米口袋（*Gueldenstaedtia stenophylla*）等。

七、秋食性豆科草

本类包括甘草（*Glycyrrhiza uralensis*）、圆果甘草（*Glycyrrhiza squamulosa*）、披针叶黄华（*Thermopsis lanceolata*）、苦豆子（*Sophora alopecuroides*）、苦马豆（*Swainsonia salsula*）

等豆科多年生草本植物。夏季生长季节,由于体内含有某些化学成分乃至有毒物质,通常家畜不食,或只采食尖梢和花。秋霜后成为家畜喜食或可食的牧草。故称之为秋食性豆科草。

八、灌木半灌木类豆科饲用植物

灌木半灌木豆科饲用植物主要包括无刺的胡枝子属(*Lespedeza*)、杭子梢属(*Campylotropis*)、岩黄芪属(*Hedysarum*)、紫穗槐属(*Amorpha*)和有刺的锦鸡儿属(*Caragana*)、刺槐属(*Robinia*)等。

属于豆科灌木类的还有沙冬青(*Ammopiptanthus mongolicus*)分布于宁夏中北部,作为沙质荒漠草原的伴生种,偶而可占据优势。本种以阿拉善左旗为分布中心,延伸至宁夏,为本地的特有种,青干时一般家畜不吃,羊只采食其花,饲用价值很低。

九、大型蒿类草本

大型蒿类草本是中高型的草本植物。一般高达 60~80 cm,在宁夏种类颇多,包括多年生和一二年生 2 类,多年生者有分布在山地的无毛牛尾蒿(*Artemisia dubia* var. *subdigitata*)、野艾蒿(*Artemisia lavandulaefolia*)、朝鲜艾蒿(*Artemisia argyi* var. *gracilis*)、牡蒿(*Artemisia japonica*)、裂叶蒿(*Artemisia tanacetifolia*)、艾蒿(*Artemisia argyi*)、茵陈蒿(*Artemisia capillaris*),以及广布于南部半阴湿山地和中北部灌区水渠旁边的蒙古蒿(*Artemisia mongolica*)。

一二年生者有分布于低湿盐碱地的一二年生的碱蒿(*Artemisia anethfolia*)、莳萝蒿(*Artemisia anethoides*),分布于温性草原、荒漠草原壤质、沙砾质或浮沙地的糜蒿(*Artemisia blepharolepis*)、猪毛蒿(*Artemisia scoparia*)、栉叶蒿(*Neopalasia pectinata*),以及作为农田杂草并大量分布在村落、田边、庭院的黄花蒿(*Artemisia annua*)、大籽蒿(*Artemisia sieversiana*)等。

十、蒿类半灌木

蒿类半灌木在宁夏草场上占有重要地位,南有铁杆蒿(*Artemisia gmelinii*)及其变种万年蒿(*Artemisia gmelinii* var. *restita*)、茭蒿(*Artemisia giraldii*),北有黑沙蒿(*Artemisia ordosica*)、白沙蒿(*Artemisia sphaerocephala*)、沙蒿(*Artemisia desertorum*),呈南北对峙的状态。

十一、蒿类小半灌木

蒿类小半灌木为旱生或强旱生的蒿类小半灌木植物,在宁夏以冷蒿(*Artemisia frigida*)、漠蒿(*Artemisia desertorum*),亚菊属(*Ajania*)的灌木亚菊(*Ajania fruticulosa*)、菁状亚菊(*Ajania achilloides*)、女蒿属(*Hippo. ytiatrifida*)等为主。

十二、湿生杂类草

湿生杂类草是生长在低洼潮湿的湿生植物类群,宁夏主要见于黄河冲积平原的低湿地及湖滨,或偶尔见于南部各县的冲沟底、水库边,往往地下水位高而有浅层积水, 也多见于引黄灌区的田渠路边, 包括蓼科的酸模叶蓼(*Polygonum lapathifolium*)、水蓼(*Polygonum hydropiper*)、两栖蓼(*Polygonum amphilium*)、节蓼(*Polygonum nodosum*),香蒲科的小香蒲(*Typha minima*)、宽叶香蒲(*Typha latifolia*),泽泻科的草泽泻(*Alisma gramineum*)、泽泻(*Alisma plantagoaquatica* var. *orientale*)、长瓣慈菇(*Sagittaria trifolia* f. *longiloba*)、华夏慈菇(*Sagittaria trifolia* var. *sinensis*)、狭叶慈菇(*Sagittaria*),天南星科的菖蒲(*Acorus calamus*),花蔺科的花蔺(*Butomus umbellatus*),灯心草科的细灯心草(*Juncus grancillimus*),莎草科的异型莎草(*Cyperus difformis*)、水莎草(*Juncellus serotinus*)、剑苞藨草 (*Scirpus ehrenbergii*)、扁秆藨草 (*Scirpus planiculmis*)、水葱 (*Scirpus tabernaemontani*)、藨草 (*Scirpus triqueter*)、乳头基荸荠(*Heleocharis mamillata*)、卵穗荸荠(*Heleocharis soloniensis*)、荸荠(*Heleocharis dulcis*),另有石竹科拟漆姑(*Spergularia marina*)等,百合科的忘忧草(*Hemerocallis citrina*)、小萱草(*Hemerocallis dumortieri*)等,也多见于引黄灌区及固原地区灌水渠道边缘。

十三、中高型中生杂类草

中高型中生杂类草可分为两组,分别生长在宁夏不同的生境中。一组是分布于六盘山及其余支脉,以及贺兰山、大罗山、天景山等山地林缘草甸中的中生杂类草,种类繁多,不胜枚举。主要的有狭叶柴胡(*Bupleurum scorzonerifolium*)、掌叶橐吾(*Ligularia przewalskii*)、蓬子菜(*Calium verum*)、异叶败酱(*Patrinia heterophyla*)、缬草(*Valeriana officinalis*)、芍药(*Paeonia lactiflora*)、草地风毛菊(*Saussurea amara*)、风毛菊(*Saussurea japonica*)、折苞风毛菊(*Saussurea recurvata*)、麻花头(*Serratula centauroides*)、白花枝子花(*Dracocephalum heterophyllum*)、绵毛水苏(*Stachys lanata*)、甘菊(*Dendranthemum lavandulaefolium*)、中国香青(*Anaphalis sinica*)、剪花火绒草(*Leontopodium calocephalnm*)、穗花马先蒿(*Pedicularis spicata*)、红轮千里光(*Tephroseris flammea*)、地榆(*Sanguisoba officialis*)、青甘野韭(*Allium przewalskianum*)、珠芽蓼(*Polygonum viviparum*)等。

另一组是分布于黄灌区水田和南部森林草原带农田、村落附近的田间杂草,包括欧亚旋覆花(*Inula Britannica*)、旋覆花(*Inula japonica*)、苍耳(*Xanthium sibiricum*)、反枝苋(*Amaranthus retroflexus*)、凹头苋(*Amaranthus ascendens*)、野西瓜苗(*Hibiscus trionum*)、冬葵(*Malva verticillata*)、苦苣菜(*Sonchus brachyoyus*)、蒙山莴苣(*Lactuca tatarica*)、抱茎苦荬菜(*Ixeris sonchifolia*),以及蔓生的打碗花(*Calystegia hederacea*)、田旋花(*Convolvulus arvensis*)等。

十四、中生矮杂类草

中生矮杂类草为株本低矮的中生杂类草,多为莲座状生活型式具匍匐枝或铺散生长。其中,海乳草(*Glaux maritima*)、蒲公英(*Taraxacum mongolicum*)、蒙古鸦葱(*Scorzonera mongolica*)、车前(*Plantago asiatica*),能耐轻度盐渍化,生长在盐化草甸土上。鹅绒委陵菜(*Potentilla anserina*)、大车前(*Plantago major*)、马齿苋(*Portulaca oleracea*)、萹蓄(*Polygonum avicularel*)、白花点地梅(*Androsace incana*)、直茎点地梅(*Androsace erecta*)、委陵菜(*Potentilla chinensis*)、翻白草(*Potentilla discolor*)、苦荬菜

(*Ixeris polycephala* cass)、紫花地丁(*Viola yedoensis*)等，见于宁夏山地草场，某些种也广泛分布于各地农田村落及路边。

十五、多刺杂类草

本类系茎劈、叶缘或花序总苞具刺的杂类草，主要是菊科的几种植物。有颇耐旱、生于沙质荒漠草原带的鳍蓟(*Olgaea leucophglla*)，有主要分布于黄土高原温性草原、森林草原带干燥山坡地的青海鳍蓟(*Olgaea tangutica*)、飞廉(*Carduus crispus*)、大蓟(*Cirsium setosum*)，有多见于中北部沙地的砂蓝刺头(*Echinops gmelini*)，以及蓟属中分布于宁夏农田村落的刺儿菜(*Cirsium segetum*)，还有偶见于海原西华山、南华山山间谷地的莲座蓟(*Cirsium esculentum*)和见于贺兰山的蝟菊(*Olgaea lomonosowii*)等。

十六、矮生耐旱杂类草

矮生耐旱杂草是一类或多或少能忍耐干旱生境的生长低矮的旱生、广旱生或中旱生杂类草，包括阿尔泰狗娃花(*Heteropappus altaicus*)、百里香(*Thymus mongolicus*)、星毛委陵菜(*Potentilla acaulis*)、二裂委陵菜(*Potentilla bifurca*)、西山委陵菜(*Potentilla sischanensis*)、多茎委陵菜(*Potentilla multicaulis*)、伏毛山莓草(*Sibbaldia adpressa*)、山苦荬(*Ixeris chinensis*)、丝叶山苦荬(*Ixeris chinensis* var. *graminifolia*)、蒙古芯芭(*Cymbaria mongolica*)、磷叶龙胆(*Gentiana squarrosa*)、火绒草(*Leontopodium leontopodioides*)、宿根亚麻(*Linum perenne*)、细叶车前(*Plantago minuta*)、蚓果芥(*Torularia humilis*)、细叶韭(*Allium tenuissimum*)、细叶鸢尾(*Iris tenuifolia*)。

十七、强旱生杂类草

此类为具有较强耐旱特性的杂类草，一般比较低矮，外形干燥，叶强烈角质化或肉质化，如兔唇花(*Lagochilusi licifolius*)、银灰旋花(*Convolvulus ammannii*)、地锦(*Euphorbia humifusa*)、草霸王(*Zygophyllum mucronatum*)、黄紫花矶松

（*Limonium aureum*）、燥原荠（*Ptilotricum canescens*）、蒺藜（*Tribulus terrestris*）。有的具肉茎叶，如碱韭（*Allium polyrhizum*）、蒙古韭（*Allium mongolicum*）、矮韭（*Allium anisopodium*）等，是组成荒漠或草原化荒漠的重要伴生植物。

十八、秋食性杂类草

如同豆科草有夏季不采食而专门秋霜后采食的秋食性豆科草一样，杂类草也有秋食性杂类草，在宁夏，包括各地普遍分布的中生植物马蔺（*Iris lactea* var. *chinensis*），见于中卫一带的粗根鸢尾（*Iris tigridia*），见于盐池的紫苞鸢尾（*Iris ruthenica*），耐旱而在中卫、同心、陶乐、灵武沙地分布较广泛的作为建群种构成杂类草荒漠草原的大苞鸢尾（*Iris bungei*）、骆驼蒿（*peganum nigellastrum*）、老瓜头（*Cynanchum komarovii*），以及分布在黄土高原干草原带的和中北部山地的骆驼蓬（*Peganum harmala*）等。

十九、一年生风滚草

一年生风滚草主要是生长在荒漠草原、草原化荒漠带的藜科一年生饲草，一般于夏季萌生，秋季时便长成大颗，成圆球状，入冬即枯死，并且根部自土中脱出，随风到处滚动，是适应风沙地区的一种特殊的植物生活类型，如猪毛菜（*Salsola collina*）、珍珠猪毛菜（*Salsola passerina*）、刺沙蓬（*Salsola pestifer*）、软毛虫实（*Corispermum puberulum*）、瘤果虫实（*Corispermum tylocarpum*）、毛果绳虫实（*Corispermum declinatum* var. *tylocarpum*）、星状刺果藜（*Bassia dasyphylla*）、地肤（*Kochia scoparia*）、碱地肤（*Kochia scoparia* var. *sieversiana*）、白茎盐生草（*Halogeton arachnoideus*）、西伯利亚滨藜（*Atriplex sibirica*）、中亚滨藜（*Atriplex centralasiatica*）、滨藜（*Atriplex patens*）、藜（*Chenopodium album*）、小白藜（*Chenopodium iljinii*）、刺藜（*Chenopodium aristatum*）等。

二十、苔嵩草

苔嵩草为莎草科苔草嵩草属植物，主要分布于六盘山一带的山地草甸草原、灌丛草甸，例如凸脉苔草（*Carex lanceolata*）、异穗苔草（*Carex heterostachya*）。分布普遍，常能构成优势种，其余尚有尖嘴苔草（*Carex leiorhyncha*）、假尖嘴苔草（*Carex laevissima*）、黄囊苔草（*Carex korshinskyi*）等，种类较多，作为广中生植物的卵穗苔草（*Carex duriuscula*）广泛分布于各地河滩、湖滨、冲沟底部的低湿地草甸、泉水露头附近，以及贺兰山、罗山山地草原，南部温性草原带甚至中北部荒漠草原带局部水分条件略好的坡地，有时可构成建群种。此外尚有见于盐池轻盐渍化低湿地的走茎苔草（*Carex reptabunda*），分布于六盘山 2 700 m 以上、贺兰山 3 100 m 左右至山巅的亚高山草甸和高寒草甸的嵩草（*Kobresia bellardii*）、矮生嵩草（*Kobresia humilis*）、高山嵩草（*Kobresia pygmaea*）以及紫喙苔草（*Carex serreana*）、干生苔草（*Carex aridula*）、鹤果苔草（*Carex cranaocarpa*）、粗喙苔草（*Carex scabrirostris*）等。

二十一、中生灌木类

中生灌木类是大量分布于本区山地草场的一类灌木类饲用植物，大多为落叶阔叶灌丛，少量为针叶灌丛。其分布于六盘山及其支脉，瓦亭梁山、小黄峁山、寺口子、马东山、泾源东山等地，以及月亮山、南华山、西华山的阴坡为最多。同时也见于贺兰山、大罗山、香山、天景山等地 2 000 m 以上的林缘和森林上限以上的亚高山带（主要是贺兰山、六盘山），在南部森林草原带之黄土丘陵阴坡常以小面积岛状分布，镶嵌在长芒草温性草原之中，主要有虎榛子（*Ostryopsis davidiana*）、川榛（*Corylus heterophylla* var. *sutchuenensis*）、毛榛（*Corylus sieboldiana* var. *mandshurica*）、西伯利亚小檗（*Berberis sibirica*）、栒子（*Cotoneaster* spp.）、绣线菊（*Spiraea* spp.）、峨嵋蔷薇（*Rosa omeiensis*）、刺梗蔷薇（*Rosa setipoda*）、小叶悬钩子（*Rubus taiwanicola*）、红花忍冬（*Lonicera rupicola* var. *syringantha*）、红脉忍冬（*Lonicera nervosa*）、牛奶子（*Elaeagnus umbellate*）、鼠李（*Rhamnus davurica*）、甘肃山楂（*Crataegus kansuensis*）、山毛桃（*Prunus davidiana*）、山杏（*Armeniaca armenicavaransu*）、银露梅

（*Potentilla glabra*）、金露梅（*Potentilla fruticosa*）等。此处分布于亚高山带的还有高山柳（*Salix cupularis*）。针叶灌木分布于山地的有杜松（*Juniperus rigida*）、爬柏（*Sabina vulgaris*）等。

二十二、旱中生、中旱生灌木

此为一类能够不同程度地忍耐干旱生态环境的灌木，与上述中生灌木比较，它们分布在比较干旱的生境，或者具有生态广域特性，可以从中生生境延续分布至半干旱的生境，包括在森林草原带的北部和温性草原带、荒漠草原带山地分布的一些耐旱的种类，为数不多。有文冠果（*Xanthoceras sorbifolia*）、蕤核（*Prinsepia uniflora*）、沙棘（*Hippophae rhamnoides*）、蒙古绣线菊（*Spiraea mongolica*）以及灰栒子（*Cotoneaster acutifolius*）、羽叶丁香（*Syringa pinnatifolia*）、华北紫丁香（*Syringa oblata*）、洋丁香（*Syringa vulgaris*）、荆条（*Vitex negundo* var. *heterophylla*）、互叶醉鱼草（*Buddleja alternifolia*）、小叶金露梅（*Potentilla parvifolia*）、酸枣（*Zizyphus jujuba* var. *spinosa*）等，作为浅水旱生植物喜见于黄河冲积平原低湿地的柽柳（*Tamarix chinensis*）、密花柽柳（*Tamarix arceuthoides*）、细穗柽柳（*Tamarix leptostachys*）。见于黄灌区耐旱耐盐碱的黑果枸杞（*Lycium ruthenicum*）、土库曼枸杞（*Lycium turcomanicum*），广布于黄灌区及黄土丘崖坡、村落附近的枸杞（*Lycium chinensis*）等。

二十三、垫状刺灌木

此为宁夏半荒漠地带植物的一种特殊生活型，本身为小灌木或小半灌木，生长低矮，枝条自茎部密集分枝，植体上部呈半圆形，同时，因小枝顶端或托叶变态呈刺状而成满身带刺的坐垫状生活型，这是此地旱生植物长期对干旱风沙生境的一种适应现象，以猫头刺（*Oxytropis aciphylla*）、刺旋花（*Convolvulus tragacanthoides*）为最典型。此外尚可列举藏青锦鸡儿（*Caragana tibetica*）、刺针枝蓼（*Atraphaxis pungens*）等。

二十四、沙生灌木

生长在宁夏中北部沙地的灌木,除去豆科的种(因豆科已列入灌木、半灌木类豆科饲用植物), 包括沙木蓼 (*Atraphaxis bracteata*)、蒙古沙拐枣(*Calligonum mongolicum*)、梭梭 (*Haloxylon ammodendron*)、黄柳 (*Salix gordejevii*)、沙柳(*Salix cheilophila*)、乌柳(*Salix cheilophila*)、霸王(*Zygophyllum xanthoxylon*)等。

二十五、盐柴类小半灌木

盐柴类小半灌木生长在干旱生境,是在含一定数量石膏、碳酸钙和其他盐类土壤上的小半灌木,往往生长矮小,叶子干燥或略带肉质化,体内含大量可溶盐分, 有碱味, 是分布于本区中北部半荒漠地带的重要饲用植物,以红砂(*Reaumuria soongarica*)、 珍珠猪毛菜 (*Salsola passerina*)、 松叶猪毛菜 (*Salsola laricifolia*)、木本猪毛菜(*Salsola arbuscula*)分布较多,其中又以红砂为最广泛。此外还有长叶红砂(*Reaumuria trigyna*)、驼绒藜(*Ceratoides latens*)、合头草(*Sympegma regelii*)、短叶假木贼(*Anabasis brevifolia*)、伏地肤(*Kochia prostrata*)等。

二十六、肉质盐生植物

耐盐性很强的肉质盐生植物, 多属藜科, 有肉质茎、小半灌木的盐爪爪(*Kalidium foliatum*)、 尖叶盐爪爪 (*Kalidium cuspiolatum*)、细枝盐爪爪(*Kalidium gracile*)和一年生的肉叶植物灰绿碱蓬(*Suaeda glauca*)、盐地碱蓬(*Suaeda salsa*)、角果碱蓬(*Suaeda corniculata*)、白茎盐生草(*Halogeton arachnoideus*)等,在黄河冲积平原清水河谷地及盐池、同心等丘陵间的低洼地形上广泛分布,有时也可见于南部黄土高原的盆地中央、盐湖四周和冲沟底部。另外盐角草(*Salicornia europaea*)少量地见于黄河平原低洼积水的盐碱地。

二十七、乔木类

乔木类指落叶阔叶和针叶大小乔木所生产的枝叶饲料,野生者在宁夏主要见于贺兰山、大罗山、六盘山和南华山灵光寺、水冲寺局部地区。树种有山杨（*Populus davidiana*）、黄花柳（*Salix caprea*）、拟五芯柳（*Salix paraplesia*）、卷边柳（*Salix siuzevii*）、深山柳（*Salix phylicifolia*）、白桦（*Betula platyphylla*）、牛皮桦（*Betula albosinensis* var. *septentrionalis*）、红桦（*Betula albosinensis*）、辽东栎（*Quercus wutaishanica*）、灰榆（*Ulmus glaucescens*）、椿榆（*Ulmus davidiana* var. *japonuca*）、华椴（*Tilia chinensis*）、少脉椴（*Tilia paucicostata*）、槭（*Acer* spp.），以及山楂（*Crataegus pinnatifida*）、小叶花楸（*Sorbus microphylla*）、甘肃海棠（*Malus kansuensis*）、细弱海棠（*Malus transitoria*）、山荆子（*Malus baccata*）、木梨（*Pyrus xerophila*）、盘腺樱桃（*Cerasus discadenia*）等。针叶树主要有青海云杉（*Picea crassifolia*）、油松（*Pinus tabulaeformis*）、华山松（*Pinus armandii*）、侧柏（*Platycladus orientalis*）。宁夏南部森林草原带，有残留在黄土丘陵阴坡沟谷的河北杨（*Populus hopeiensis*）。各地造林和园艺栽培的有小叶杨（*Populus simonii*）、加拿大杨（*Populus canadensis*）、新疆杨（*Populus bolleana*）、箭杆杨（*Populus nigra* var. *thevestina*）、银白杨（*Populus alba*）、毛白杨（*Populus tomentosa*）、旱柳（*Salix matsudana*）、垂柳（*Salix babylonica*）、沙枣（*Elaeagnus angustifolia*）、桑（*Morus alba*）、榆（*Ulmus pumila*）、圆柏（*Sabina chinensis*）以及苹果（*Malus pumila*）、花红（*Malus asiatica*）、白梨（*Pyrus bretschneideri*）、杏（*Armeniaca vulgaris*）、李（*Prunus salicina*）、枣（*Ziziphus jujuba*）、核桃（*Juglans regia*）等。

二十八、竹类

竹类植物主要指宁夏六盘山林区分布的箭竹（*Fargesia nitida*），生于阴湿的落叶阔叶林下或灌丛中。

二十九、蕨类

宁夏蕨类植物以凤尾蕨科的蕨（*Pteridium aquilinum* var. *latiusculum*）为主，常大片地或小片岛状地分布于六盘山、月亮山、南华山等山地阴坡。

宁夏其他的蕨类植物有银粉背蕨（*Aleuritopteris argentea*）、铁线蕨（*Adiantum*

capillus)、中华蹄盖蕨(*Athyrium sinense*)、网眼瓦韦(*Lepisorus clathratus*)、北京石韦(*Pyrrosia pekinensis*)等,主要分布在六盘山林区,在宁夏饲用意义不大。

三十、寄生植物

寄生植物本身无叶绿素,是以根或吸盘附生于其他植物吸收营养的一类植物,宁夏主要有分布于温性草原及荒漠草原的列当(*Orobanche coerulescens*)、黄花列当(*Orobanche pycnostachya*),分布于半荒漠地带、寄生于唐古特白刺根上的多年生草本锁阳(*Cynomorium songaricum*),以及分布于平罗、陶乐、灵武沙带及盐碱低洼地寄生于盐爪爪、白刺根部的肉苁蓉(*Cistanche deserticola*)、迷肉苁蓉(*Cistanche ambigua*)。寄生植物中还有偶尔寄生在各地蒿类植物或豆科植物上的菟丝子(*Cuscuta chinensis*)、南菟丝子(*Cuscuta australia*)、大菟丝子(*Cuscuta europaea*)等。

三十一、水生植物

水生植物是生于水中的饲用植物。主要分布在黄灌区各县的湖泊和沟渠中,有眼子菜(*Potamogeton franchetii*)、马来眼子菜(*Potamogeton malaianus*)、龙须眼子菜(*Potamogeton pectinatus*)、浮叶眼子菜(*Potamogeton natans*)、穿叶眼子菜(*Potamogeton perfoliatus*)、大茨藻(*Najas marina*)、小茨藻(*Najas minor*)、狸藻(*Utricularis vulgaris*)、狐尾藻(*Myriophyllum verticillatum*)、穗状狐尾藻(*Myriophyllum spicatum*)、杉叶藻(*Hippuris vulgaris*)、金鱼藻(*Ceratophyllum demersum*)、东北金鱼藻(*Ceratophyllum manshuricum*)、荇菜(*Limnanthemum nymphoides*)、紫背浮萍(*Spirodela polyrrhiza*)和蕨类植物槐叶苹(*Salvinia natans*)等。

三十二、菌藻类低等植物

菌藻类低等植物在宁夏草场上为数不少,某些种在群落组成中占有显著地位。不过它们常常是作为地被植物,曲状生在地表,因而多被忽视,或长期干缩而休眠,遇雨而生,短暂出现,最著名的有在半荒漠地带大量分布的念珠藻科的发菜(*Nostoc flagelliforme*)和地耳(*Nostoc commune*),以及生于山地的各种蘑菇、生于森林草原带的马勃科植物马勃菌(*Lycoperdon* spp.)等。此外还有生于山地松杉林下和黄土丘陵阴坡的苔藓类,生于温性草原、荒漠草原的壳状地衣等。

第三节　有引种驯化前途的植物

宁夏天然草场上有丰富的野生饲用植物,例如,据不完全统计,宁夏的饲用植物中,饲用价值优良等的 180 种,占全区饲用植物的 13.9%,中等以上的 453 种,占全区饲用植物的 35.1%。盐池有饲用植物约 231 种,饲用品质比较好的 164 种,占盐池饲用植物的 71%。固原地区常见的饲用植物 381 种,饲用品质比较好的有 161 种,占固原饲用植物的 42.3%。分布在各地的优良野生饲用植物,最能适应各地不同的生境条件,属于各种不同生存环境的乡土草种,因此,具有培养驯化的广阔前途。通过采种、引种、驯化、培育,针对本区南北阴湿、半阴湿、半干旱、风沙半旱区山地、丘陵、平原、壤质、沙质、砾质、盐碱土等不同生境,育成不同的优质、高产、稳产的培育品种,供给不同地区,作为建立人工或半人工草地的草种。各地比较有驯化培育前途的野生饲用植物及其有关生物学特性见表 2-7-2。

表 2-7-2　宁夏各地有驯化培育价值的草种

名　称	分　布	生长年限	生长型	适宜栽培的环境条件	适宜建立的草地类型
赖草	全区	多年生	根茎丛生	荒漠草原带、灌溉的撂荒地、平原荒地	半人工放牧地
披碱草	黄灌区阴湿山区	—	疏丛	草原带丘陵、平原、荒漠草原带灌溉地	人工或半人工刈牧草地
垂穗披碱草	阴湿山区	—	—	阴湿山区	—
老芒麦	阴湿山区	—	—	阴湿山区	—

续表

名　称	分　布	生长年限	生长型	适宜栽培的环境条件	适宜建立的草地类型
圆柱披碱草	全区	—	—	草原带丘陵、平原、荒漠草原带灌溉地	—
无芒雀麦	阴湿山区	—	根茎丛生	—	—
雀麦	—	—	—	—	—
直穗鹅冠草	—	—	—	—	—
肃草	—	—	疏丛	—	—
大肃草	—	—	—	—	—
紫穗鹅冠草	—	—	—	—	—
细株短柄草	—	—	丛生	阴湿山区	—
白羊草	半阴湿山区地、丘陵	—	密丛	阴湿、半阴湿山区	人工或半人工放牧地
巨序剪股颖	阴湿山区	—	疏丛	阴湿山区	—
草地早熟禾	—	—	根茎疏丛	阴湿山区、干旱地区灌溉地	人工或半人工刈牧草地
苇状看麦娘	—	—	疏丛	—	—
中亚白草	全区	—	根茎丛生	半干旱地区撂荒地、干旱地区灌溉沙质地	—
长芒草	干草原、森林草原、荒漠草原带	多年生	密丛下繁	半干旱地区山地、丘陵、平原	半人工放牧地
戈壁针茅	荒漠草原带	—	—	半干旱、干旱地区丘陵、平原	—
甘青针茅	半阴湿山地	—	—	半阴湿、阴湿山区	半人工或人工刈牧草地
糙隐子草	干草原、森林草原带	—	—	半阴湿、半干旱地带	半人工放牧地
细弱隐子草	荒漠草原带	—	—	干旱、半干旱地带	—
无芒隐子草	草原化荒漠带	—	—	干旱、半干旱地带	—
冰草	干草原带	—	根茎疏丛	半干旱地区旱地、干旱地区灌溉地	人工、半人工刈牧草地
蒙古冰草	荒漠草原带	—	—	—	—

续表

名　称	分　布	生长年限	生长型	适宜栽培的环境条件	适宜建立的草地类型
紫羊茅	阴湿山地	—	密丛	阴湿山地,干旱地区灌溉地	人工、半人工放牧地
羊茅	草原带半阴湿、半干旱丘陵山地	—	—	—	—
毛稃羊茅	阴湿山地	—	—	半阴湿、半干旱山地丘陵,干旱地区灌溉地	人工、半人工放牧地
落草	草原带半阴湿半干旱山地	—	疏丛	—	—
金色狗尾草	全区	一年生	—	荒漠草原带灌溉地	半人工刈牧草地
虎尾草	荒漠草原带	—	—	—	—
三芒草	—	—	—	—	—
小画眉草	全区	—	疏丛矮小	—	—
多茎野豌豆	阴湿山区	多年生	缠绕	阴湿山地、干旱地区灌溉地	人工、半人工刈牧草地
牧地香豌豆	阴湿山区	多年生	缠绕	阴湿山地、干旱地区灌溉地	人工、半人工刈牧草地
山蠶豆	—	—	—	—	—
扁蓿豆	森林草原、干草原带	—	矮丛生	半阴湿、半干旱地区旱地,干旱地区灌溉地	半人工放牧地
二色棘豆	—	—	莲座丛	—	—
沙珍棘豆	荒漠草原带	—	—	半干旱地区旱地、干旱地区灌溉地	—
短翼岩黄芪	森林草原、干草原带	—	近乎莲座丛	半阴湿、半干旱地区	—
兴安胡枝子	森林草原、干草原带	—	—	—	—
白花黄芪	干草原、荒漠草原带	—	莲座丛	半干旱、干旱地区	—
糙叶黄芪	—	—	—	—	—
牛枝子	全区	—	铺散或斜升		

续表

名 称	分 布	生长年限	生长型	适宜栽培的 环境条件	适宜建立的 草地类型
皱黄芪	干草原带、荒漠草原带	—	矮丛生	半干旱、干旱地区	半人工放牧地
单叶黄芪	干草原带		莲座丛	半阴湿、半干旱地区	
米口袋	干草原、森林草原带		—	—	—
甘草	荒漠草原带	—	中高草本	半干旱、干旱地区，沙质土	人工、半人工刈牧草地
胡枝子	阴湿山区		大灌木	阴湿、半阴湿地区	
多花胡枝子	—		中灌木		—
杭子梢	—				
尖叶胡枝子	阴湿山区	多年生	中灌木	阴湿、半阴湿地区	人工、半人工刈牧草地
花棒	北部沙区	—	大灌木	干旱风沙区、沙地	半人工、人工放牧地
羊柴	—		中灌木		半人工、人工刈牧草地
红花岩黄芪	阴湿、半阴湿山地		—	阴湿、半阴湿地区	—
费尔干若黄芪	半干旱地区山地		—	半干旱地区	
中间锦鸡儿	北部沙区	—	大灌木	干旱风沙区、黄土丘陵	半人工、人工放牧地
柠条锦鸡儿	—		中灌木		—
小叶锦鸡儿	盐池干草原			干草原带	半人工放牧地（作生物围栏）
甘蒙锦鸡儿	干草原、森林草原带，贺兰山地	—		干草原带	—
矮锦鸡儿	—		—		—
黑沙蒿	荒漠草原带			干旱风沙区	防风固沙林带、半人工草地
白沙蒿	—		大灌木		
沙蒿	—		中灌木		

续表

名　称	分　布	生长年限	生长型	适宜栽培的环境条件	适宜建立的草地类型
漠蒿	森林草原、干草原带	—	小半灌木	半阴湿、半干旱地区	半人工放牧地
冷蒿	干草原、荒漠草原带	—	小半灌木	干旱、半干旱地区	—
菁状亚菊	—	—	—	干旱、半干旱地区	半人工放牧地
灌木亚菊	—	—	—	—	—
女蒿	盐池干草原带	多年生	小半灌木	半干旱地区	半人工放牧地
珠芽蓼	阴湿、半阴湿山地	—	中高草本	亚高山地	半人工刈牧草地
头花蓼	—	—	—	—	—
沙木蓼	中北部沙区	—	小半灌木	干旱风沙区	半人工放牧地
针枝蓼	荒漠草原区	—	—	中北部干旱区	—
大苞鸢尾	中北部沙区	—	多年生丛生草本	—	人工、半人工刈牧草地
马蔺	全区	—	—	盐碱低地	人工、半人工刈牧草地
沙葱	中北部沙区	—	—	干旱风沙区	半人工放牧地
多根葱	中北部荒漠草原、草原化荒漠	—	—	干燥砾石坡地	—
矮韭	荒漠草原带	—	丛生矮草本	砾质山丘、坡地	—
骆驼蓬	干草原、森林草原带	—	矮丛生	干草原梁坡、平地	半人工刈牧草地
软毛虫实	全区	一年生	铺散生长	半固定、固定沙地	半人工刈牧草地
绳虫实	—	—	—	—	—
瘤果虫实	—	—	—	—	—
蝶果虫实	中部沙区	—	—	—	—
刺蓬	全区	—	铺散或呈大丛	半固定、固定沙地，流沙	—
猪毛菜	全区	—	—	半固定、固定沙地，黄土丘陵撂荒地	—

续表

名　称	分　布	生长年限	生长型	适宜栽培的环境条件	适宜建立的草地类型
碱地肤	荒漠草原	—	—	—	—
驼绒藜	荒漠草原、草原化荒漠	一年生	小半灌木	盐沙地	半人工、人工刈牧草地
木地肤	干草原、荒漠草原带	—	—	沙砾质平原、坡地	—
冠芒草	荒漠草原带	—	矮小丛生	荒漠草原带灌溉地	半人工刈牧草地
细齿草木樨	黄河河漫滩	—	高丛生	灌溉地	人工刈牧草地
草木樨状黄芪	全区	多年生	—	半干旱、干旱地区丘陵、平原	半人工刈牧草地
斜茎黄芪	荒漠草原带	—	铺散或斜升状	—	—
歪头菜	阴湿山地	—	中高、单茎	阴湿山地、干旱地区灌溉地	人工、半人工刈牧草地
白花歪头菜	—	—	—	—	—
广布野豌豆	阴湿山地、黄灌区	—	缠绕	—	—
毛山野豌豆	阴湿山地	—	—	—	—
山野豌豆	—	—	—	—	—
三齿萼野豌豆	阴湿山地、黄灌区	一年生	—	—	—
窄叶野豌豆	阴湿山地	一年生	—	阴湿山地、干旱地区灌溉地	人工、半人工刈牧草地
珍珠	荒漠草原、草原化荒漠	多年生	小半灌木	轻盐碱沙砾质平原、坡地	半人工、人工放牧地
松叶猪毛菜	荒漠草原、草原化荒漠				
蒙古沙拐枣	中北部沙区	—	中灌木	干旱风沙地	—
沙柳	—	—	大灌木	—	—
乌柳	—	—	—	—	—
黄柳	—	—	—	—	—

第四节　草场有毒有害植物

据不完全统计,宁夏农区、半农半牧区天然草场上,毒害草约135种,分属28科,可分为以下5大类。

一、家畜经常误食中毒的主要有毒植物

因含有各种有毒成分,采食一定数量可造成家畜中毒,可分为急性中毒、慢性中毒2种类型。

(1)能引起急性中毒的有分布于南华山、月亮山及六盘山山地的伏毛铁棒锤(*Aconitum flavum*)(宁夏土名草芽子),分布于中北部贺兰山、香山、罗山与南部黄土丘陵山地的醉马草(*Achnatherum inebrians*)(宁夏土名狗尿扫),可使大家畜或山绵羊,尤其是羔羊采食后立即发病。

(2)慢性积累中毒的有分布于黄河河漫滩地和南部黄土丘陵山地冲沟底部的小花棘豆(*Oxytropis glabra*)(宁夏土名醉马草),分布于南华山、月亮山及六盘山北端的黄花棘豆(*Oxytropis ochrocephala*)(宁夏土名马绊肠),分布于北部陶乐、灵武一带沙地的变异黄芪（*Astragalus variabilis*），分布于黄土丘陵的北方獐牙菜(*Swertia diluta*)(宁夏土名乏羊草)等。这类毒草,可以用人工挖除或喷施选择性除莠剂来消灭。

二、家畜能辨认不食的主要有毒植物

此类毒草因分布广泛、在天然草场上有较大的丰富度以及本身含有造成家畜中毒的有毒成分,应属宁夏的主要毒草。但是当地家畜多能辨认,并不采食,所以未曾发现过误食中毒的病例。属于此类的有广布于南部黄土丘陵的狼毒(*Stellera camaejasme*)、分布于六盘山、月亮山、南华山山地的蕨(*Pteridium aquilinum* var. *latiusculun*)以及分布于中北部沙地的老瓜头(*Cynanchum komarovii*)等。在不影

响水土保持和防风固沙的前提下，也应该设法清除，促使草场更新。

三、次要的有毒植物

本身含有毒成分，根据文献记载应属有毒植物范畴，但在宁夏还分布不广，在天然草场上参与度不大，可称为次要的毒草。此类包括多种，例如问荆（*Equisetum arvens*）、犬问荆（*Equisetum palustre*）、草麻黄（*Ephedra sinica*）、辽东栎（*Quercus wutaishanica*）、水蓼（*Polygonum hydropiper*）、皱叶酸模（*Rumex crispus*），毛茛科的等叶花葶乌头（*Aconitum scaposum* var. *hupehanum*）、牛扁（*Aconitum barbatum* var. *puberulum*）、高乌头（*Aconitum sinomontanum*）、松潘乌头（*Aconitum sungpanense*）、甘青金盏花（*Adonis babroviana*）、草玉梅（*Anemone rivularis*）、小花草玉梅（*Anemone rivularis* var. *flore−minore*）、大火草（*Anemone tomentosa*）、芹叶铁线莲（*Clematis aethusifolia*）、黄花铁线莲（*Clematis intricata*）、驴蹄草（*Caltha palustris*）、翠雀（*Delphinium grandiflorum*）、腺毛翠雀（*Delphinium grandiflorm* var. *gilgianum*）、蒙古白头翁（*Pulsatilla ambigua*）、白头翁（*Pulsatilla chinensis*）、细叶白头翁（*Pulsatilla turczaninovii*）、长叶碱毛茛（黄戴戴）（*Halerpestes ruthenica*）、水葫芦苗（*Halerpestes sarmrntosa*）、高原毛茛（*Ranunculus tanguticus*）、毛茛（*Ranunculus japonicus*）、茴茴蒜（*Ranunculus chinensis*）、香唐松草（*Thalictrum foetidum*）、瓣蕊唐松草（*Thalictrum petaloideum*）、箭头唐松草（*Thalictrum simplex*）、展枝唐松草（*Thalictrum squarrosum*），罂粟科的白屈菜（*Chelidonium majus*）、灰绿黄堇（*Corydalis adunca*）、野罂粟（*Papaver nud caule*），豆科的沙冬青（*Ammopiptanthus mongolicus*），大戟科的一叶萩（*Flueggea suffruticosa*）、地构叶（*Speranskia tuberculata*）、大戟（*Euphorbia pekinensis*）、钩腺大戟（*Euphorbia sieboldiana*）、乳浆大戟（*Euphorbia esula*）、泽漆（*Euphorbia helioscopia*）、甘遂（*Euphorbia kansui*），十字花科的菥蓂（*Thlaspi arvense*）、宽叶独行菜（*Lepidium latifolium*），亚麻科的宿根亚麻（*Linum perenne*）、野亚麻（*Linum stelleroides*），卫矛科的卫矛属（*Euonymu* L.），瑞香科的黄瑞香（*Daphne giraldii*），龙胆科的龙胆属（*Gentiana* L.）、扁蕾（*Gentianopsis barbata*）、椭圆叶花锚（*Halenia elliptica*），萝摩科的

杠柳（*Periploca sepium*），唇形科的夏至草（*Lagopsis supina*）、益母草（*Leonurus japonicus*）、串铃草（*Phlomis mongolica*），茄科的曼陀罗（*Datura stramonium*）、天仙子（*Hyoscyamus niger*）、龙葵（*Solanum nigrum*），玄参科的马先蒿属（*Pedicularis* L.），紫葳科的角蒿（*Incarvillea sinensis*）、黄花角蒿（*Incarvillea sinensis* var. *przewalskii*），菊科的苍耳（*Xanthium sibiricum*）、狼把草（*Bidens tripartita*），禾本科的抱草（*Melica virgata*）、羽茅（*Achnatherum sibiricum*），百合科的藜芦（*Veratrum nigrum*）、玉竹（*Polygonatum odorat*）、知母（*Anemarrhena asphodeloides*），泽泻科的泽泻（*Alisma plantago-aquatica*），天南星科的天南星（*Arisaema erubescens*），水麦冬科的海韭菜（*Triglochin maritimum*）、水麦冬（*Triglochin palustre*）。

四、既是家畜能吃的饲草，又在一定生育时期有毒的植物

这类植物包括青绿时有毒，但干枯后毒性消逝的植物，例如苦马豆（*Swainsonia salsula*）、苦豆子（*Sophora alopecuroides*）、披针叶黄华（*Thermopsis lanceolata*）、马蔺（*Iris lactea* var. *chinensis*）、大苞鸢尾（*Iris bungei*）、粗根鸢尾（*Iris tigridia*）、独行菜（*Lepidium apetalum*）、柱毛独行菜（*Lepidium ruderale*）、匍根骆驼蓬（*Peganum nigellastrum*），也包括鲜草可食，然而吃多了则可出现中毒症状的一些植物，例如宿根亚麻（*Linum perenne*）、野亚麻（*Linum stelleroides*）、盐角草（*Salic ornia europaea*）、焮麻（*Urtica cannabina*）、宽叶荨麻（*Urtica laetevirens*）等。

五、有害植物

有害植物指果实具针尖式钩刺，能刺伤家畜皮肤、口腔，造成外伤，或使皮革产品降低品质，或粘于羊毛毛被内，给毛纺工业带来危害的植物。例如颖果基盘尖端具硬尖，能穿透羊只皮肤，造成内外伤及使皮革受损的，有分布于黄土丘陵低山的大针茅（*Stipa grandis*），分布于山地的甘青针茅（*Stipa przewalskyi*），分布于贺兰山一带的克氏针茅（*Stipa krykovii*），分布于宁夏北部半荒漠地带的三芒草（*Aristida adscensionis*）等。果实具钩刺容易粘着羊毛的，有分布于宁夏各地的苍耳（*Xanthium sibiricum*)、鹤虱（*Lappula myosotis*）、大果琉璃草（*Cynoglossum divaricatum*）、狼把草（*Bidens tripartite*）、小花鬼针草（*Bidens parviflora*），主要分布在半荒漠地带的锋芒草（*Tragus racemosus*），分布在山地山沟的山牛蒡（*Arctium lappa*）、仙鹤草（*Agrimonia eupatoria*）等。

此外尚有习见于薄层沙地、山麓及各地农田、路边的蒺藜（*Tribulus terrestris*），其果实具带刺的棱角，易扎入畜蹄造成蹄伤。分布在河滩地、灌区渠埂田边的芦苇、假苇拂子茅，在晚秋打贮干草的时候，花序密生长毛，家畜采食后，会团聚在瘤胃中形成毛球或造成肠梗阻等，对羔羊、犊牛影响更为严重。

葱属（*Allium*）、蒿属（*Artemisia*）和某些含有芳香物质的唇形科、伞形科植物、蓼科植物，山酢浆草（*Oxalis acetosella* subsp. *griffithii*）等含一定量的有机、无机酸类的植物，会使牛、羊奶产生不良气味和味道，严格讲对于产奶家畜也属于有害植物的范畴。

对于宁夏的主要有害植物，应设法防止它们滋生蔓延，造成草场退化。

第八章　草场类型

第一节　草原类型

一、温性草甸草原类

温性草甸草原类草原是生长在半湿润生境,由多年生中旱生、旱中生植物为建群种所组成的草原类型,有时候建群种可以为一定程度能耐旱的广中生植物。草群中常混生一定数量的广旱生植物及中生植物,分布于宁夏六盘山及小黄峁山、瓦亭梁山、月亮山、南华山等山地,出现在海拔 1 800~1 900 m 以上的阴坡、半阴坡、半阳坡。另外,也分布在黄土丘陵南部的森林草原带,出现在丘陵阴坡,在这里与阳坡的干草呈复合区存在。在多数情况下阴坡已经开垦,则可见于田埂、梯田隔坡及小片荒地上。年降雨量为 500~650 mm,干燥度<1~1.2。土壤为山地灰褐土、山地暗灰褐土或黑垆土。

温性草甸草原面积为 418 579.3 亩,占草原总面积的 1.31%。本类包括 6 个草原组 11 个草原型,主要由铁杆蒿、牛尾蒿、异穗苔、甘草针茅等作为建群种。其中以牛尾蒿为建群种,以铁杆蒿为优势种的中生蒿类,分布在泾源西部六盘山山地和原州区黄峁山一带,生境较湿润,是本类中偏湿润的一组。以铁杆蒿为建群种的中旱生蒿类半灌木组,分布于原州区西部、南部,隆德东部,西吉东北部的近六盘山地区,海原南华山,泾源东部等地。以异穗苔为建群种的小型莎草组,分布于月亮山、六盘山山地。甘青针茅草甸草原面积最小,见于固原西部六盘山余脉山地。

草层高 35~50 cm，盖度 67%~95%，草群包含的植物较多，1 m² 有植物 35 (24~42) 种，平均亩产鲜草 370 kg，干鲜比 1:2.4，可利用率 52%。本类草原共有 6 个草原组，11 个草原型，多属三、四等一、二级草原，退化现象不严重。

二、温性草原类

温性草原类（干草原类）草原是由具旱生多年生草本植物或有时为旱生蒿类半灌木、小半灌木为建群种组成的草原类型，常常有丛生禾草在群落中占据优势，分布于宁夏南部广大的黄土丘陵地区。其北界为东自盐池青山乡营盘台沟，向西经大水坑、青龙山东南，沿大罗山南麓，经窑山、李旺以南，至海原庙山以北，甘盐池北山三个井一线。以此线与北部的荒漠草原为界，在干草原的分布区内年降水量为 300~500 mm，土壤主要为黑垆土类，包括普通黑垆土、浅黑垆土或侵蚀黑垆土类等。分布宁夏区内，自固原冯庄至王洼—河川—固原—西吉大坪、田坪一线以北，干草原草场分布于黄土丘陵阴阳坡。此线以南，则主要分布于阳坡、半阳坡与阴坡的草甸草原呈复区存在。

其中，以长芒草为建群种的低丛生禾草组是分布最广的地带性草场类型，广泛分布于宁夏黄土高原地区的丘陵、低山。旱生蒿类半灌木组成的茭蒿和铁杆蒿干草原，是南部草原带的重要草场类型，分布于海原的东北部、南部、西南部，原州区东部，西吉东北部、西北部，隆德北部、东北部以及同心窑山附近。旱生小半灌木组的冷蒿干草原，作为长芒草草原受强烈风蚀和过度放牧演替而成的次生类型，分布在干草原区的北部，自西吉西部，原州区东部、北部，至盐池南部一带。在旱生多年生杂类草组中，星毛委陵菜、百里香干草原分布于南部森林草原带，阿尔泰狗娃花草原则分布于北部，包括固原北部至同心东部一带。旱生豆科草组主要分布于宁夏盐池、同心境内，以牛枝子、甘草为主。

温性草原 6 843 817.59 亩，占宁夏草原总面积的 21.46%，包括 5 个草原组，22 个草原型。干草原类草原平均盖度 55%~92%，1 m² 有植物 20 种，草层高度因组而异，为 12~30 cm，亩产鲜草 120 kg，干鲜比 1:2.3，可利用率为 65%。

三、温性荒漠草原类

温性荒漠草原类草原是以强旱生多年生草本植物与强旱生小半灌木、小灌木为优势种的草原类型。在草群中,多年生强旱生草本植物在数量上一般超过小灌木、小半灌木。同时,一年生的荒漠性草本植物在群落中常会起到明显的作用。本类是宁夏中北部占优势的地带性草原,包括海原北部,同心、盐池中北部,以及引黄灌区各县的大部分地区。就地貌而言,占据了鄂尔多斯台地边缘部分,同心山间盆地和包括中卫香山在内的各个剥蚀中低山地, 黄河冲积平原阶地,以及贺兰山南北两端的浅山及大部分洪积扇和山前倾斜平原,西北以贺兰山为界,向北直达石嘴山市落石滩,总面积 20 019 940.81 亩,占宁夏草原总面积的62.77%,是宁夏草原面积最大的类型。

荒漠草原分布地区属半干旱气候,比干草原的分布区干燥,年降水量 200~300 mm,土壤以灰钙土、淡灰钙土为主,在南部与干草原交接处有少量的浅黑垆土。本类包括 13 个草原组 71 个草原型,其中,以低丛生禾草短花针茅为建群种的荒漠草原为最主要的类型, 与宁夏干草原带的长芒草干草原呈南北对峙,共同构成了宁夏南北部天然草原的主体。

短花针茅在各种不同的生境,分别与强旱生蒿类小半灌木、旱生豆科草、旱生杂类草或强旱生小半灌木、小灌木等组成各种不同的荒漠草原类型,广布于海原、同心北部,盐池中部、北部,以及黄灌区各县的黄河阶地、高原、盆地、山地和山麓洪积扇地区。另外,以细弱隐子草为建群种的荒漠草原面积较小,分布于同心喊叫水及盐池惠安堡一带。

以刺旋花、猫头刺、川青锦鸡儿为建群种的垫状刺灌木荒漠草原分布在本带相对更为干燥的生境,以中北部各地干燥的石质中低山地和贺兰山东麓洪积扇为最多,群落内经常混生大量的多年生草本植物,而其中耐旱小灌木、小半灌木的大量存在,常常与基质的石质化、沙质化或盐渍化相联系。以冷蒿、蓍状亚菊为建群种的强旱生小半灌木荒漠草原,分布在海原北部、中卫香山、南山台子,中宁烟筒山,同心小罗山、大罗山周围,盐池中部青山、鸦儿沟附近,灵武西北部,银川西部等干燥地,受强烈风蚀作用的丘陵山地上。

以盐柴类小半灌木珍珠、红砂、木本猪毛菜为建群种的荒漠草原分布在本带中部偏北部的同心北部、吴忠南部、灵武西部以及香山、烟筒山、牛首山等石质丘陵中低山和自青铜峡至石嘴山大武口一带的贺兰山洪积扇上,生境干燥,土壤不同程度地含盐,群落中除了旱生多年生草本植物外,一年生荒漠性草本植物数量相当多,是荒漠化程度较高的类型。

主要以老瓜头、骆驼蒿、多根葱、大苞鸢尾为建群种的强旱生杂类草组荒漠草原,以甘草、苦豆子、披针叶黄华建群种的旱生豆科植物组荒漠草原,以中亚白草为建群的根茎禾草组荒漠草原,以及以中间锦鸡儿、黑沙蒿为主的沙生灌木、半灌木荒漠草原等,分布于中北部各县出现不同程度沙化的地区。此外,在局部低洼地形,有时可见以卵穗苔为建群种的小型莎草组荒漠草原。

宁夏的荒漠草原类草原平均盖度 20%~50%,草层高度 4~25 cm,平均每平方米有植物 12~24 种,平均亩产鲜草 107.05 kg,干鲜比 1:1.9,可利用率一般为 49.3%。

四、温性草原化荒漠类

温性草原化荒漠类草原首先是以强旱生、超旱生的小灌木、小半灌木或灌木为优势种,并混生相当数量的强旱生多年生草本植物的草原类型,是半干旱至干旱地带的过渡性的草原类型,在宁夏出现在生境最严酷的北部地区,如沙坡头区北部、中宁北部、青铜峡西部,也局部地分散于自永宁至石嘴山西部的贺兰东麓洪积扇地区以及河东的吴忠、灵武、陶乐局部地区,在这些过渡地带里,往往与荒漠草原类草原镶嵌地存在,分布在干燥的丘陵、山地阴坡,强砾石质、石质、沙质或盐渍化的生境。面积 3 253 709.2 亩,占宁夏草原总面积的10.2%,包括 4 个草原组,16 个草原型,其中以盐柴类小半灌木组面积最大,分布在石嘴山、陶乐的北部,灵武、吴忠南部,青铜峡西部,中宁南部,沙坡头区北部及香山南部等地。其次为垫状刺灌木组,再次为强旱生小半灌木组和强旱生灌木组。

草原化荒漠类草场植被稀疏,草层不能郁闭,时常有大面积的裸地,平均盖度 20%~45%,1 m² 有植物 7~16 种,平均亩产鲜草 91.45 kg,一般灌木半灌木占 81.7%,多年生草本占 8%,一年生草本占 10.3%,平均亩产干草 47.55 kg,干鲜比 1:1.92,可利用率 38%。

五、温性荒漠类

温性荒漠类(干荒漠类)草原是在极端严酷的生境条件下形成的典型荒漠草原,以超旱生的灌木、半灌木、小灌木、小半灌木、小乔木或适当雨季生长发育的短营养期一年生植物为主要建群种。植被稀疏,区系简单,盖度低,草层不能郁闭,常有大量裸露的地面。

宁夏干荒漠草原主要是发育在过分盐渍化的盐土或轻度碱化(半白僵土)土壤上,干旱区的沙地或洪积区新积土上的一些草原。分布在宁夏中、北部干旱地区,如银北灌区及贺兰山洪积扇、盐池惠安堡,青铜峡西部,灵武东部、西部,固原彭堡,沙坡头、陶乐的沙区草地,以局部生境的严峻化为依附,呈隐域性出现。

总面积 464 494.63 亩,占宁夏草场总面积的 1.46%,包括 5 个草原组,10 个草原型,其中以盐爪爪、西伯利亚白刺等盐生灌木组为主,占干荒漠草场面积的 46.1%。一般盖度为 15%~30%,草层高度各组不同,为 10~40 cm,1 m² 有植物 2~17 种。平均亩产鲜草 101.5 kg。重量组成中往往灌木或一年生草本占绝对优势,而多年生草本植物退居极不显著的地位。

六、山地草甸类

山地草甸类草原是在山地中等湿润的环境下生成的,以中生植物占优势的草原类型,草群以中生植物为主体,根据具体的环境条件,可混生数量不等的旱中生、中旱生或少量的旱生植物而使山地草甸有时候带有草原化的特征。生长山地草甸的土壤为山地草甸土、山地灰褐土等,主要分布在宁夏六盘山及其支脉瓦亭梁山、小黄峁山,以及月亮山、南华山、大罗山、贺兰山等山地。大都在森林分布带内,往往因为森林遭到破坏而次生成为各种山地草甸草原。维持山地草甸赖以发育的中生环境,是地势升高导致的地形雨增加与较高的大气湿度,一般不与地下水的补给发生联系,当上升至亚高山带,在寒冷而湿润的生境下,山地草甸以耐寒中生植物占优势,并混生一定数量的中生植物而形成亚高山草甸,发育在森林分布的上限附近,在六盘山发育完好,直达山脉的峰巅,而在贺兰山则几乎与蒿、苔草高寒草甸相混交,亚高山草甸表现得不十分明显。

山地草甸总面积 893 542.27 亩,占宁夏草场总面积的 2.8%,包括 8 个草原组,14 个草原型。其中面积最大的是中生杂草组,以风毛菊、紫苞风毛菊为建群种;其次为小型莎草组,以异穗苔为建群种;再次为蕨组。

本类草场平均盖度为 90%~99%,草层高度一般为 25~40 cm,较高的达 60~100 cm,1 m² 有植物 15(18~23)种,亩产鲜草平均为 563 kg,平均可利用率为 43%。

表 2-8-1 宁夏草地资源类型表

类编码	类中文	组编码	组中文	型编码	型中文	KEY
1	温性草甸草原类	A	小型莎草组	1	具牛尾蒿的异穗苔、大针茅型	1A1
1		A		2	异穗苔、白莲蒿型	1A2
1		A		3	异穗苔、杂类草型	1A3
1		B	中旱生蒿类半灌木组	4	白莲蒿、风毛菊型	1B4
1		B		5	白莲蒿、狭叶艾型	1B5
1		B		6	白莲蒿、杂类草型	1B6
1		B		7	白莲蒿、紫苞风毛菊型	1B7
1		C	中禾草组	8	阿拉善鹅观草、宽叶多序岩黄芪型	1C8
1		D	中生灌木杂类草组	9	虎榛子、白莲蒿型	1D9
1		E	中生蒿类草本组	10	具白莲蒿的牛尾蒿、大针茅型	1E10

续表

类编码	类中文	组编码	组中文	型编码	型中文	KEY
1		F	中生蒿类草木组	11	具白莲蒿的蒙古蒿、杂类草型	1F11
2	温性草原类	A	低丛生禾草组	12	具白莲蒿的长芒草、甘肃蒿型	2A12
2		A		13	具白莲蒿的长芒草、早熟禾型	2A13
2		A		14	长芒草、百里香型	2A14
2		A		15	长芒草、甘青针茅型	2A15
2		A		16	长芒草、甘肃蒿型	2A16
2		A		17	长芒草、牛枝子型	2A17
2		A		18	长芒草、星毛委陵菜型	2A18
2		A		19	长芒草、杂类草型	2A19
2		A		20	长芒草、早熟禾型	2A20
2		B	旱生蒿类半灌木组	21	白莲蒿、冷蒿型	2B21
2		B		22	白莲蒿、长芒草型	2B22
2		B		23	茭蒿、大针茅型	2B23
2		B		24	茭蒿、星毛委陵菜型	2B24
2		B		25	茭蒿、长芒草型	2B25
2		B		26	具白莲蒿的茭蒿、大针茅型	2B26
2		B		27	具白莲蒿的茭蒿、长芒草型	2B27
2		C	旱生蒿类小半灌木组	28	冷蒿、短花针茅型	2C28
2		C		29	冷蒿、长芒草型	2C29
2		D	旱生杂类草组	30	百里香、星毛委陵菜型	2D30
2		E	中禾草组	31	大针茅、甘肃蒿型	2E31
2		E		32	大针茅、杂类草型	2E32
2		E		33	大针茅、长芒草型	2E33
3	温性荒漠草原类	A	低丛生禾草组	34	短花针茅、半灌木型	3A34

续表

类编码	类中文	组编码	组中文	型编码	型中文	KEY
3		A		35	短花针茅、藏青锦鸡儿型	3A35
3		A		36	短花针茅、红砂型	3A36
3		A		37	短花针茅、荒漠锦鸡儿型	3A37
3		A		38	短花针茅、冷蒿型	3A38
3		A		39	短花针茅、牛枝子型	3A39
3		A		40	短花针茅、薯状亚菊型	3A40
3		A		41	短花针茅、松叶猪毛菜型	3A41
3		A		42	短花针茅、隐子草型	3A42
3		A		43	具刺叶柄棘豆的短花针茅、红砂型	3A43
3		A		44	具刺叶柄棘豆的短花针茅、冷蒿型	3A44
3		A		45	具刺叶柄棘豆的短花针茅、薯状亚菊型	3A45
3		A		46	具红砂的短花针茅、薯状亚菊型	3A46
3		A		47	具红砂的短花针茅、珍珠猪毛菜型	3A47
3		A		48	具荒漠锦鸡儿的短花针茅、矮锦鸡儿型	3A48
3		A		49	具柠条锦鸡儿的短花针茅、薯状亚菊型	3A49
3		A		50	具柠条锦鸡儿的针茅、杂类草	3A50
3		A		51	具松叶猪毛菜的短花针茅、矮锦鸡儿型	3A51
3		A		52	具珍珠猪毛菜的隐子草、短花针茅型	3A52
3		A		53	隐子草、大苞鸢尾型	3A53
3		B	垫状刺灌木组	54	半日花、刺旋花型	3B54

续表

类编码	类中文	组编码	组中文	型编码	型中文	KEY
3		B		55	藏青锦鸡儿、刺叶柄棘豆型	3B55
3		B		56	藏青锦鸡儿、菁状亚菊型	3B56
3		B		57	藏青锦鸡儿、珍珠猪毛菜型	3B57
3		B		58	刺旋花、短花针茅型	3B58
3		B		59	刺旋花、红砂型	3B59
3		B		60	刺旋花、菁状亚菊型	3B60
3		B		61	刺叶柄棘豆、刺旋花型	3B61
3		B		62	刺叶柄棘豆、短花针茅型	3B62
3		B		63	刺叶柄棘豆、黑沙蒿型	3B63
3		B		64	刺叶柄棘豆、老瓜头型	3B64
3		B		65	具松叶猪毛菜的刺旋花、短花针茅型	3B65
3		C	根茎禾草组	66	白草、甘草型	3C66
3		C		67	白草、黑沙蒿型	3C67
3		C		68	白草、苦豆子型	3C68
3		C		69	具刺叶柄棘豆的白草、老瓜头型	3C69
3		D	旱生豆科草组	70	甘草、杂类草型	3D70
3		D		71	具锦鸡儿的牛枝子型	3D71
3		D		72	苦豆子、杂类草型	3D72
3		D		73	牛枝子、杂类草型	3D73
3		E	旱生灌木组	74	具蒙古扁桃的薄皮木、菁状亚菊型	3E74
3		E		75	蒙古扁桃、短花针茅型	3E75
3		E		76	蒙古扁桃、菁状亚菊型	3E76
3		E		77	蒙古扁桃、杂类草型	3E77

续表

类编码	类中文	组编码	组中文	型编码	型中文	KEY
3		E		78	杂灌木、薔状亚菊型	3E78
3		F	旱中生灌木组	79	具蒙古扁桃的狭叶锦鸡儿、薔状亚菊型	3F79
3		F		80	酸枣、短花针茅型	3F80
3		F		81	狭叶锦鸡儿、短花针茅型	3F81
3		G	强旱生灌木组	82	具柠条锦鸡儿的沙冬青、沙蒿型	3G82
3		H	强旱生小半灌木组	83	具白莲蒿的冷蒿、短花针茅型	3H83
3		H		84	具藏青锦鸡儿的冷蒿、短花针茅型	3H84
3		H		85	具刺叶柄棘豆的冷蒿、大苞鸢尾型	3H85
3		H		86	具麻黄的薔状亚菊、短花针茅型	3H86
3		H		87	冷蒿、大苞鸢尾型	3H87
3		H		88	冷蒿、牛枝子型	3H88
3		H		89	漠蒿、短花针茅型	3H89
3		H		90	薔状亚菊、红砂型	3H90
3		H		91	薔状亚菊、珍珠猪毛菜型	3H91
3		H		92	星毛短舌菊、薔状亚菊型	3H92
3		I	强旱生杂类草组	93	大苞鸢尾、刺叶柄棘豆型	3I93
3		I		94	老瓜头、杂类草型	3I94
3		I		95	骆驼蒿、杂类草型	3I95
3		J	沙生半灌木组	96	黑沙蒿、苦豆子型	3J96
3		J		97	黑沙蒿、杂类草型	3J97
3		J		98	具锦鸡儿的黑沙蒿型	3J98
3		J		99	具沙冬青的黑沙蒿、杂类草型	3J99

续表

类编码	类中文	组编码	组中文	型编码	型中文	KEY
3		K	小型莎草组	100	具珍珠猪毛菜的卵穗苔、隐子草型	3K100
3		L	盐柴类小半灌木组	101	红砂、刺叶柄棘豆型	3L101
3		L		102	红砂、卵穗苔型	3L102
3		L		103	珍珠猪毛菜、卵穗苔型	3L103
3		M	有刺灌木组	104	具蒙古扁桃的荒漠锦鸡儿型、菨状亚菊	3M104
7	温性草原化荒漠类	A	垫状刺灌木组	105	刺叶柄棘豆、红砂型	7A105
7		A		106	刺叶柄棘豆、杂类草型	7A106
7		A		107	具刺针枝蓼的刺叶柄棘豆、隐子草型	7A107
7		B	强旱生灌木组	108	刺针枝蓼、红砂型	7B108
7		B		109	具杂灌木的沙冬青、短花针茅型	7B109
7		C	强旱生小半灌木组	110	具菨状亚菊的麻黄、短花针茅型	7C110
7		C		111	麻黄、针茅型	7C111
7		D	盐柴类小半灌木组	112	红砂、小禾草型	7D112
7		D		113	红砂、珍珠猪毛菜型	7D113
7		D		114	具刺叶柄棘豆的珍珠猪毛菜、红砂型	7D114
7		D		115	具红砂的珍珠猪毛菜、多根葱型	7D115
7		D		116	具沙冬青的列氏合头草、红砂型	7D116
7		D		117	具珍珠猪毛菜的松叶猪毛菜、红砂型	7D117
7		D		118	列氏合头草、红砂型	7D118
7		D		119	松叶猪毛菜、红砂型	7D119
7		D		120	松叶猪毛菜、珍珠猪毛菜型	7D120

续表

类编码	类中文	组编码	组中文	型编码	型中文	KEY
8	温性荒漠类	A	大型禾草组	121	芦苇型	8A121
8		B	沙生半灌木组	122	白沙蒿型	8B122
8		C	沙生灌木组	123	唐古特白刺型	8C123
8		D	盐生灌木组	124	芨芨草、西伯利亚白刺型	8D124
8		D		125	芨芨草、盐爪爪型	8D125
8		D		126	具碱蓬的盐爪爪、白刺型	8D126
8		D		127	西伯利亚白刺、碱蓬型	8D127
8		D		128	西伯利亚白刺、盐爪爪型	8D128
8		D		129	盐爪爪型	8D129
8		E	一年生盐生植物组	130	碱蓬、西伯利亚白刺型	8E130
16	山地草甸类	A	蕨组	131	蕨、杂类草型	16A131
16		B	冷中生灌木杂类草组	132	具蒿草的鬼箭锦鸡儿、苔草型	16B132
16		C	小型莎草组	133	具灌木的苔草型	16C133
16		C		134	苔草、杂类草型	16C134
16		D	杂类草组	135	具灌木的珠芽蓼、蒿草型	16D135
16		E	中生灌木杂类草组	136	具灌木的栒子、苔草型	16E136
16		E		137	具虎榛子的杂类草型	16E137
16		F	中生蒿类草本组	138	牛尾蒿、风毛菊型	16F138
16		F		139	牛尾蒿、杂类草型	16F139
16		G	中生禾草组	140	紫羊茅、珠芽蓼型	16G140
16		H	中生杂类草组	141	风毛菊、杂类草型	16H141
16		H		142	具金露梅的风毛菊、苔草型	16H142
16		H		143	紫苞风毛菊、风毛菊型	16H143
16		H		144	紫苞风毛菊、紫羊茅型	16H144

第二节　草场分布的地带性

一、天然草原分布的地带性规律

在宁夏 6.64 万 km² 的土地上,从南到北分布着上述 6 类草原,它们以一定的格局互相组合在不同的地域生境中,形成一定的生态地理分布规律。所谓草原植被,正是不同草原类型的植物群落按一定规律相互组合于一定地域的总称。

草原类型按不同地区、不同生境组合的地理规律,主要受地球不同经纬度和海拔高度所具有的热量和水分 2 个环境因素所制约。在地球水平表面,地理纬度自赤道向两极逐渐增加,由于太阳入射高度角的减小和昼夜长短的变化,使地面所承受的太阳辐射热量逐渐减少;大致纬度每增加 1°,年平均气温约下降 0.5℃,因而在地球的南北半球都分为热带、亚热带、暖温带、温带、寒温带和寒带,相应地生长发育着不同的土壤和植被。地球水平表面的水分状况则随距海洋远近、大气环流、洋流冷暖等因素而变化。我国领域的大部分主要受东南太平洋季风的影响,大气的水分状况由沿海向内陆递减,气候的干燥度等值线大致沿着东北—西南的走向,倾斜地由东南和东部沿海地区渐向内陆增加,气候由湿润趋于干燥。而以大兴安岭—燕山—吕梁山—六盘山—青藏高原东缘等接连断的山系,形成了一道阻挡东南方向湿润气流的最后屏障。此线以南,为季风影响区,气候湿润,天然森林在水平带上可以自然分布;此线以北,东南太平洋季风的影响已甚微弱。而来自西、北、南等方向的海洋湿气团,更是远离迢迢,不能到达(仅新疆西北部、西藏南部可蒙受一定程度的影响),冬春季节的大半年中受蒙古—西伯利亚高压气团的控制,气候干燥而寒冷,呈明显的大陆性气候。植被的分布,随着上述东北—西南走向的大气干燥度等值线的递增,自东向西通过一条狭窄的森林草原过渡带,向内陆渐次为干草原带、荒漠草原带、草原化荒漠带和干荒漠带。以上大部分地区,主要是由半干旱的草原、草原、干旱的半荒漠草原和极度干旱的荒漠草原所占据。我国国土西南部的青藏高原,因地势强烈抬升而具独特的高原气候条件,其广阔的天然草原,虽与上述我国境内各草原带有延续的地带性联系,然而又独具高寒植被的特点。

概略地讲,以上即是我国的草原植被沿着地理的经、纬方向水平分布的地带性规律。除此之外,地球表面热量与水分的组合,还往往依具体地理部位、地势的高低而发生有规律的变化,大致海拔每升高 100 m,大气温度即下降 $0.4\sim$ $0.7℃$。致使地面升高的高原山地等环境,特别是山地,因气温降低,蒸发减少,空气的相对湿度增加,以及由于阻挡季风湿气流而形成地形雨,使山地生境自下至上趋于湿润,此现象在半干旱或干旱地区尤其明显,因此形成了与地势抬升发生直接联系的草原植被垂直带状分布的地带性规律。

在植物地理学中,一般将上述地球植被水平分布的规律性(包括纬度地带性和经度地带性)以及山地植被垂直分布的规律性(垂直地带性)总称为"三向地带性",其中除了经度地带性规律有时受大气环流和洋流性质的影响,而在地球的不同位置发生偏离外, 它们是形成陆地植被地带性分异的普遍性规律,当然也是决定草原的地理地带性分布的普遍性规律。

除此而外,鉴于草原发展的生境条件是复杂多变的,处在同一大气候笼罩下的草原植被,由于地壳的地质构造,地形(特别是中小地形引起的排水状况)、地表组成物质(基质的沙化或石质、砾石化等)、土壤、水文(地表水与潜水)、盐碱、局部气候及其他有关生态因素的差异,往往出现一系列与反映大气候的地带性植被不尽相同的或完全不同的类型, 形成超地带分布的隐域性的草原,并有可能沿局部地段一定的地形或地理区域呈有规律的演替。例如积水洼地由外向内发生草原由草原或荒漠向草甸、沼泽的渐变,草原带的沙带外围草原由草原向半固定沙地植被,半流动、流动沙地植被的渐变等,形成草原分布的非地带性规律。

一般来讲,草原作为陆地植被的一部分,其分布的水平带性和垂直带性,毫无例外地遵循地球植被分布的基本规律。其中垂直带性常受所处水平带的制约和影响,对于水平带而言有一定的从属性。隐域分布的草原类型,既然属于非地带性植被,在草原的分带中对于所处水平带来讲,更是具有从属性质。

宁夏草原的分布,也反映了上述植被分布的一般性地理分布规律。

二、宁夏草原的水平带性

宁夏地域面积较小,其地理纬度,南北仅有 3°53′之差,全区基本上同属于中纬度温带的南端,因而决定草原植被水平带性分布的纬度地带性因素在草原上不起明显作用。与此同时,由于宁夏地势南高北低,两端相差 900~1 000 m,使热量的分布呈现与地球气候带相倒置的特殊情况,年平均气温自南端隆德、西吉的 5℃至中北部灵武、中宁的 9℃,相差 4℃左右,致使由南北纬度差带来的微小差别被地势南高北低引起的热量逆差所抵销,因此更使热量在地理纬度上对于草原分布的影响甚不显著。而经度的地理性规律,因东南季风的微弱影响,顺着东北—西南走向的迎风面,即与东南季风在垂直的方向,由东南向西北形成多条斜向的年降水量与干燥度的等值线。宁夏大致年降水量,南部 550~450 mm,中部 350~250 mm,北部 180 mm;干燥度,南部<1,中部 3~4,北部 5~5.5,造成地带性土壤和相应的草原类型的水平分布也渐次递变,就草原类型而言沿着东北—西南向的迎风斜面,在南北约 450 km 的距离内,由湿润的草甸草原向半干旱的干草原(典型草原)、荒漠草原乃至干旱的草原荒漠明显带状地过渡。这种地带性分布,乍看起来似乎是沿南北向的,似乎是以纬度因子的作用为主导,实质上是以发生东北—西南走向偏斜的经向地带性因素的作用为主,有时候某地局部地势升高,可能在小范围对生境干湿起到一定的作用。例如在南部黄土丘陵的草原,可能会由于处在高丘陵上部,而出现垂直地带性分布与水平地带性分布的综合作用,造成草原分布地带的复杂性。然而,这种干扰毕竟是局部的、相对的、有局限性的,不能完全掩盖宁夏草原明显偏斜向经向地理分布规律性。

在宁夏的草原水平分带中,自东南向西北,依次可以划分为草甸草原带、干草原带、荒漠草原带、草原化荒漠带等,其中干草原带、荒漠草原带 2 个草原带占据宁夏草原的最大面积,构成了本区天然草原的主体。

1. 森林草原草原带

也可以称做草甸草原草原带。位于宁夏南部,包括原州区南半部,西吉、海原南部以及泾源、隆德 2 县全部,地处黄土高原,海拔 1 800~2 000 m,年降水量 550~400 mm。地带性土壤为黑垆土,一部分为山地灰褐土。自本草原带向南,跨越甘肃的渭河,即与我国的落叶阔叶林带相连接;向北接干草原带,本地带实际是森林带向草原带的一个狭窄过渡带。历史上此地带的丘陵阴坡曾经是密布灌丛和岛状森林,若干世纪以来,历经人为破坏,形成了现代的草原植被,阴坡主要以铁杆蒿、牛尾蒿、甘青针茅、长芒草及多量中生杂类草组成的草甸草原,与阳坡含一定中生杂类草的长芒草、茭蒿、漠蒿、百里香、星毛委陵菜等干草原相结合。在水分条件稍好的丘陵坡地上,不时地还可遇到小面积残留下来的沙棘、蕤核、文冠果、蒙古绣线菊、山毛桃等中生灌丛,不过都是饱经人为摧残破坏,而勉强残存的群落片断了。偶尔还可见到野生的乔木疏林或残株,例如河北杨、甘肃山楂、鄂李等,是受到人们特殊保护而留下来的。这些中生乔灌木的存在,可作为历史的"见证人"证明本地带在历史上曾经拥有名副其实的森林草原景观。虽然大量的丘陵阴坡多已开垦,然而从田边地埂及保留的小片荒丘坡地来看,本带草甸草原普遍地出现在大量的丘陵阴坡和半阴坡,属水平分布的地带性和景观性植被,加上上述野生乔、灌木经多年的人畜破坏仍能顽强残留等现象,应当将本草原带划归森林草原带。

2. 干草原草原带

也可称作典型草原草原带,包括原州区北部,海原中北部,西吉西部以及盐池、同心南部等地,占据了宁夏南部黄土高原的北半部。海拔高度 1 400~1 800 m,气候为典型的半干旱气候,年降水量 300~400 mm,地带性土壤以浅黑垆土、侵蚀黑垆土为主,北部边缘有少量灰钙土。地带性草原为干草原,以长芒草、短花针茅、冷蒿、糙隐子草、阿尔泰狗娃花、大针茅等为主要建优植物,草原受人为破坏严重,许多丘陵、滩地已开垦为农田、林地,现存草原多为次生植被。

此带的北界,大约与 300 mm 年平均降水等值线相吻合,在同心东部略向北移,抵罗山山麓。向北即与荒漠草原草原带相连接。

3. 荒漠草原草原带

分布在上述干草原带的西北部。本草原带包括盐池、同心的中北部,海原北部,以及沿黄河两岸各县的黄河阶地、丘陵、盆地和贺兰山东麓洪积扇和山前倾斜平原地带。年降水量为 200~300 mm,地带性土壤为灰钙土、淡灰钙土。草原植被以荒漠草原为主体,包括短花针茅与长芒草、戈壁针茅、沙生针茅、冷蒿、菩状亚菊、刺旋花、猫头刺、川青锦鸡儿、荒漠锦鸡儿、狭叶锦鸡儿、木本猪毛菜、珍珠草、红砂等相结合的荒漠草原,以及由骆驼蒿、多根葱、大苞鸢尾、牛枝子、蒙古冰草、细弱隐子草为建优种的荒漠草原。本带北部的沙带和沙化的地段上,由黑沙蒿、中亚白草、甘草、苦豆子、中间锦鸡儿等草原所占据。组成草群的多为强旱生和广超旱生植物。耐旱的小灌木、小半灌木在草群中的比重由南向北逐渐增加。本带的南部,有时候荒漠草原与干草原交错地分布,在丘陵低山阴阳坡呈现按坡向的复合,北部则常常与草原化荒漠草原镶嵌地分布,说明了本草原带属于从干草原带向荒漠带的过渡地带。

4. 荒漠草原带

宁夏北部边缘地带,包括中卫、中宁 2 县的黄河以北部分,青铜峡市西南角,以及石嘴山市北端,陶乐的鄂尔多斯台地部分,年降水量 180~190 mm,土壤为淡灰钙土。由于气候进一步干旱,在贺兰山低山丘陵及山前洪积坡地、黄河阶地上,发育了以强旱生、超旱生小灌木、小半灌木或灌木的珍珠、红砂、列氏合头草、木本猪毛菜、猫头刺、沙冬青、木贼麻黄及唐古特白刺、柠条锦鸡儿为建群种的草原化荒漠、干荒漠草原。草群中伴生大量荒漠性一年生禾本科或藜科等草本植物,同时又或多或少地具有多年生强旱生草本层片,使本带的荒漠草原带着明显的草原化色彩。本带与贺兰山以西的东阿拉善草原化荒漠带相连接,在植被分带上已进入了我国的荒漠地带,属于中纬度温带荒漠植被区的东边缘。

三、宁夏草原的垂直带性

宁夏是一个以丘陵和平原为主的省区,在丘陵和平原之上,自南至北有大小不等的一些中、低山。比较重要的有国内外知名的贺兰山、六盘山,其次有大罗山、香山、南华山、西华山、月亮山、云雾山,再次有小罗山、青龙山、牛首山、烟筒山、米钵山、天景山、黄崥山、瓦亭梁山、炭山、麻黄山、卫宁北山、马鞍山、猪头岭、红山等。这些山地,一方面受到山体大小和高度、走向、中小地形、基质等的影响,另一方面又受到所处水平地带的制约,而决定了是否存在着草原垂直带状分异及其垂直带谱结构,以及每一带的草原类型组合。大致高、中山地都具有各自特有的植被垂直带谱,彼此间并不完全一样,然而大体上约属于我国西北内陆干旱区山地植被的垂直带分布类型。鉴于宁夏南北气候和基带水平植被带的差别,大概可以再划分为 2 个山地垂直带系列。

(一)森林草原与干草原草原带山地垂直带系列

森林草原与干草原草原带山地垂带包括宁夏南部的六盘山及其支脉,位于原州区的黄崥山、瓦亭梁山,海原的南华山,西吉的月亮山等。上述山地处于森林草原带或森林草原带与干草原带的交界。现以六盘山山地植被垂直分带为代表进行分析。

六盘山坐落在宁夏南部的黄土高原上,是一座石质的中山,基带海拔 1 700~1 800 m,峰脊海拔 2 100 m 以上,主峰 2 942 m,相对高差 300~942 m。基带为丘陵沟壑地貌,水平地带性草原为丘陵阴坡的草甸草原和阳坡的干草原相结合的草原植被。山中年雨量 650~700 mm,自下而上的植被垂直带谱如下。

1. 阳坡

1 700~1 900 m,低山干草原带,由旱生植物长芒草、茭蒿、百里香、星毛委陵菜、铁杆蒿等组成的干草原,土壤为黑垆土。

1 900~2 200 m,低山草甸草原带,由铁杆蒿、牛尾蒿、异穗苔、甘青针茅等组成的草甸草原,土壤为山地灰褐土。

2 200~2 600 m,由驴耳风毛菊、大披针苔、紫苞风毛菊、地榆、细株短柄草、唐松草、巨序剪股颖、蕨、紫羊茅、垂穗披碱草、无芒雀麦及其他多种中生杂类草山草甸，土壤为山地灰褐土。

2 600~2 942 m，由箭叶锦鸡儿及紫羊茅、紫苞风毛菊、发草、珠芽蓼、苔草、马先蒿等组成的亚高山灌丛草甸和山地草甸，土壤为山地草甸土。

2. 阴坡

1 700~1 900 m，由铁杆蒿、牛尾蒿、异穗苔、风毛菊、甘青针茅组成的草甸草原，山地灰褐土。

1 800~2 700 m，低中山落叶阔叶林带以杨、桦、栎和多种槭树为主的山地落叶、阔叶次生林，局部山陵崖坡有华山松与落叶阔叶林混交。下木或森林破坏地段有以箭竹、川榛、满榛、荚蒾、忍冬、茶藨子、五加、峨嵋蔷薇、小檗、绣线菊等中生杂灌木丛及下层中生杂类草，组成灌丛草甸。

2 700~2 942 m，亚高山灌丛草甸及山地草甸带。

(二)荒漠草原带山地垂直带系列

以大罗山、贺兰山为代表，处于荒漠草原带或荒漠草原带与干草原带接壤的边缘地带。

1. 大罗山

大罗山是位于同心县境荒漠草原带的南部，与干草原带交界处的一座中山，基带海拔1 900 m左右，山脊海拔2 500 m，主峰海拔2 624 m，相对高差724 m。虽山体较小，海拔较低，然而植被垂直分带仍很明显，且森林植被占据优势，自下向上植被垂直带谱如下。

(1)阳坡。

1 900~2 400 m，长芒草、漠蒿、冷蒿、铁杆蒿、大针茅为建优植物的干草原带，土壤为山地灰钙土。

2 400~2 624 m，中山山地草甸带，由苔草、大披针苔、星毛委陵菜、小红菊、火绒草、狼毒、扁蓿豆、蓬子菜、长芒草等组成的山地草甸，因为生境较干旱而常具草原化的特征，土壤为山地灰褐土。

（2）阴坡。

1 900~2 100 m，低山干草原带，以铁杆蒿、长芒草、漠蒿为主的干草原，土壤为山地灰钙土，伴生较多量的中旱生或中生植物。

2 100~2 200 m，中山中生灌丛带，以虎榛子、峨嵋蔷薇、小叶忍冬、紫丁香、绣线菊、灰栒子、山柳等为主。灌丛生长稠密，郁闭度达100%，土壤为山地灰褐土。

2 200~2 625 m，山地针叶林带，其中2 200~2 400 m为油松亚带，土壤为山地灰褐土；2 400~2 500 m为油松、青海云杉混交林亚带，土壤为山地灰褐土；2 500 m以上为青海云杉纯林亚带，土壤为山地中性灰褐土。

2. 贺兰山

贺兰山是位于宁夏西北边缘的山地。山体较大，在宁夏南北长约160 km，可分北、中、南3段。汝箕沟以北、三关口以南的南北2段基本上属于石质砾石质中低山丘陵，中段为石质高山。整个山体坐落在荒漠草原与草原化荒漠草原带交界线上。基带海拔在本区的东麓为1 250~1 500 m，在阿拉善左旗的西麓为1 700 m，山脊2 400~3 000 m，主峰3 556 m，与大罗山同处于荒漠草原带，一个在此带的南端，一个在此带的北部，二者具有颇为类似的土壤和植被垂直带谱。

贺兰山山体的北、南2段山势较矮，气候干旱，基带的半荒漠植被类型向山地延伸，山坡及沟谷主要为灌丛化的荒漠草原、草原化荒漠或偏旱生灌木为建优种的灌丛草原，看不出垂直带状的分异。主峰位于中段，山峰高耸，气候湿凉，植被、土壤均呈明显垂直带状分布。

（1）阳坡。

1 500~2 000 m，低山灌丛化山地草原、灌丛草原带短花针茅、长芒草、菁状亚菊、冷蒿、刺旋花、木贼麻黄荒漠草原或具荒漠锦鸡儿、狭叶锦鸡儿、蒙古扁桃灌丛化荒漠草原或干草原，土壤为山地灰钙土。

2 000~2 400 m，低中山灰榆疏林带，土壤为山地灰褐土。

2 400~3 000 m,中山中生灌丛,山杨疏林带,林带为灰栒子、丁香、小叶金老梅疏灌丛,局部为山杨疏林。

3 000~3 556 m,亚高山、高山植被带,土壤为山地草甸土。

3 000~3 400 m,箭叶锦鸡儿、高山柳亚高山灌丛与珠芽蓼、嵩草亚高山草甸复合的亚带。

3 400~3 556 m,嵩苔草矮生嵩草、紫喙苔草、鹤果苔草。

（2）阴坡。

1 500~1 800 m,低山灌丛化山地草原、灌丛草原带,蒙古扁桃、灰栒子、小叶金老梅、小叶忍冬、绣线菊、狭叶锦鸡儿、荒漠锦鸡儿灌丛化草原或灌丛草原,下层为铁杆蒿、牛尾蒿草甸草原或冷蒿、长芒草草原,土壤为山地灰钙土。

1 800~2 000 m,低山灰榆疏林带,下木为灰栒子、丁香、小叶金老梅灌丛与铁杆蒿、牛尾蒿、著状亚菊、阿拉善鹅观草、西山委陵菜组成的草甸草原,土壤为山地灰钙土。

2 000~3 100 m,中山针叶林带,土壤为山地灰褐土,2 600 m 以上为山地中性灰褐土。

2 000~2 200 m,油松纯林亚带。

2 200~2 400 m,油松、青海云杉混交林亚带。

2 400~3 100 m,青海云杉纯林亚带。

3 100~3 556 m,亚高山、高山植被带,土壤为山地草甸土。

3 100~3 400 m,亚高山灌丛草甸亚带,箭叶锦鸡儿、高山柳亚高山灌丛与珠芽蓼、嵩草亚高山草甸复合。

3 400~3 556 m,嵩草、苔草高寒草甸亚带。

将上述处于半湿润区森林草原带的六盘山和处于半干旱区与荒漠草原带的大罗山、贺兰山等山地草原植被垂直带谱进行比较,可看出以下几点规律:

一是山体的基带,在六盘山为阴坡的草甸草原与阳坡的干草原相结合,大罗山、贺兰山都是荒漠草原。

二是低山带的植被,六盘山为干草原和草甸草原或草甸草原与落叶阔叶林相结合。大罗山则由山地干草原所占据。在贺兰山情况比较复杂,为具多量灌丛的干草原或荒漠草原与灌丛草原的复合体,另外还多了一个在阴阳山坡上都有分布的灰榆疏林草原带。

三是三山的中山带阴坡同为山地森林带,但是处在森林草原带的六盘山为以杨、桦、辽东栎为主的温性落叶阔叶林。处在荒漠草原带的大罗山、贺兰山为寒温性的油松、青海云杉针叶林。山地森林的下限,六盘山为 1 800 m,贺兰山为 2 000 m,大罗山由于山体较小,上升至 2 200 m。

四是山地的亚高山、高山带,即森林上限,在六盘山为 2 600(阳坡)~2 700 m(阴坡),在贺兰山为 3 000 m(阳坡)~3 100 m(阴坡),此与山地森林本身的生态习性有直接的关系。与此同时,受山体绝对高度的制约,六盘山山顶只有亚高山带,植被相应为亚高山灌丛和亚高山草甸。贺兰山顶峰除了 3 000~3 400 m 亚高山带分布着亚高山灌丛、草甸植被外,上部尚有面积不大的嵩苔草高寒草甸,分布于高山带,直至山巅。大罗山则因高度有限,山顶未达亚高山带,因此云杉林一直分布到山顶阳坡,为山地草甸所占据,缺少亚高山植被。

五是从植被的性质进行理论分析,三山的山地植被中属于草原的部分,六盘山包括低山区阴阳坡的干草原、草甸草原,中山区阳坡的山地草甸和亚高山的灌丛和草甸草原等。大罗山包括低山区阴、阳坡的干草原和中山山地草甸草原。在贺兰山包括低山区阴、阳坡的灌丛化山地草原和灌丛草原、灰榆疏林草原等,以及亚高山、高山带的亚高山草甸和高寒草甸草原。其中六盘山和大罗山山地阳坡自山脚至山顶都可作天然草原,唯有贺兰山有 2 400~3 000 m 中山阳坡的中生密灌丛、山杨疏林带,使山地牧场拦腰中断。实际上宁夏沿山一带的群众历来的习惯也是只利用低山区放牧家畜,在林间或亚高山、高山草原放牧的情况很少见的。

四、非地带性草原的分布

在宁夏草原各水平带的局部,常因生境条件的种种特化现象,发育着一些隐域出现的草原类型。这些草原与所在草原带的地带性草原性质明显不同,是为非地带性草原,主要包括以下 4 方面。

(1)河漫滩低湿地草甸草原、发育在黄河两岸的有季节性水泛条件的滩地。少量见于清水河等较大河流的局部低平地,以假苇拂子茅、芦苇、赖草、稗草等为主,也出现于贺兰山洪积扇扇缘带和各地丘陵、平原局部低洼地,生长着卵穗苔、角果碱蓬、芨芨草、芦苇、赖草、马蔺等。土壤为浅色草甸土、盐化草甸土。常伴随不同程度的盐渍化。

(2)黄河冲积平原局部积水洼地,或沙漠湖盆区,排水不良,土壤为沼泽土或湖土,发育了以水葱、狭叶香蒲、芦苇、扁杆藨草、针蔺等湿生植物,组成沼泽类草原,或为水生植被。

(3)干草原或荒漠草原带内基质为盐土或轻白僵土(柱状碱土)的干旱生境,分布有盐爪爪、细枝盐爪爪、西伯利亚白刺、红砂、珍珠、刺旋花、猫头刺等隐域分布的干荒漠,或草原化荒漠草原。

(4)北部沙区的流动或半固定沙丘链或平铺沙地上,分布有柠条锦鸡儿、白沙蒿等干荒漠草原,出现于非典型荒漠带,属于因基质特化所产生的非地带性草原,镶嵌地穿插于地带性的草原化荒漠或荒漠草原之中。此外,宁夏中北部分布面积广阔的有黑沙蒿、甘草、苦豆子、披针叶黄华、中亚白草等的草原,常常是荒漠草原沙化后次生形成的, 也有人认为应属于半隐域性的沙地草原类型。

第三节　草原资源统计

表 2-8-2　宁夏草原资源统计表

类中文	组中文	型中文	伴生植物
山地草甸类	蕨组	蕨、杂类草型	伴生短柄草、大针茅、铁杆蒿、风毛菊、歪头菜、柴胡、小米草、短翼岩黄芪、牻牛儿苗等。有时有毒草狼毒、黄花棘豆分布
		蕨、杂类草型汇总	
	蕨组汇总		
	冷中生灌木杂类草组	具蒿草的鬼箭锦鸡儿、苔草型	六盘山以珠芽蓼、苔草、早熟禾、中国香青、东方草莓、白花枝子花、鹅绒委陵菜、鹅观草、大针茅、苔草、艾、风毛菊、百里香、秦艽、柴胡等为主,在贺兰山有地榆、小丛红景天、早熟禾、珠芽蓼、紫苞风毛菊、小蒿草、矮蒿草、蒿草、苔草、禾叶风毛菊等
		具蒿草的鬼箭锦鸡儿、苔草型汇总	
	冷中生灌木杂类草组汇总		
	小型莎草组	具灌木的苔草型	
		具灌木的苔草型汇总	
		苔草、杂类草型	伴生大量的中生杂类草,主要有紫苞风毛菊、翼茎风毛菊、中国香青、短柄草、风毛菊、扁蓿豆、铁杆蒿、草地风毛菊、蕨等,异穗苔、扁蓿豆等
		苔草、杂类草型汇总	
	小型莎草组汇总		
	杂类草组	具灌木的珠芽蓼、蒿草型	
		具灌木的珠芽蓼、蒿草型汇总	

续表

类中文	组中文	型中文	伴生植物
	杂类草组汇总		
	中生灌木杂类草组	具灌木的枸子、苔草型	
		具灌木的枸子、苔草型汇总	
		具虎榛子的杂类草型	
		具虎榛子的杂类草型汇总	
	中生灌木杂类草组汇总		
	中生蒿类草本组	牛尾蒿、风毛菊型	紫羊茅、火绒草、大针茅、狼毒、并头黄芩、远志、扁蓿豆、山萝卜、紫苞风毛菊、唐松草、地榆、黄花棘豆、蒲公英、短柄草、苇状看麦娘、直穗鹅观草、垂穗披碱草、歪头草、长叶百蕊草等。有狼毒、黄花棘豆等毒草分布
		牛尾蒿、风毛菊型汇总	
		牛尾蒿、杂类草型	伴生铁杆蒿、苔草、长芒草、茵陈蒿、牛枝子、小红菊、阿尔泰狗娃花、狭叶艾蒿、鹅绒委陵菜、蒲公英、紫花地丁、风毛菊、短柄草、异叶败酱
		牛尾蒿、杂类草型汇总	
	中生蒿类草本组汇总		
	中生禾草组	紫羊茅、珠芽蓼型	苔草、紫苞风毛菊、中国马先蒿、早熟禾、毛茛、七重楼、卷耳、苇状看麦娘、花锚、艾、龙胆、风毛菊、东方草莓、中国香青等
		紫羊茅、珠芽蓼型汇总	
	中生禾草组汇总		
	中生杂类草组	风毛菊、杂类草型	常见植物有珠芽蓼、紫苞风毛菊、驴耳朵风毛菊、铁杆蒿、扁蓿豆、蕨、短柄草、紫花地丁、鹅绒委陵菜、小红菊、广布野豌豆、柴胡、唐松草、马先蒿、地榆、紫羊茅、歪头菜、花锚、黄花棘豆等。有毒草狼毒、黄花棘豆、花锚分布

续表

类中文	组中文	型中文	伴生植物
		风毛菊、杂类草型汇总	
		具金露梅的风毛菊、苔草型	
		具金露梅的风毛菊、苔草型汇总	
		紫苞风毛菊、风毛菊型	伴生植物有苔草、早熟禾、女萎菜、中国香青、飞廉、蒲公英、车前、马先蒿、直穗鹅观草、柴胡、山黧豆、乳花点地梅等
		紫苞风毛菊、风毛菊型汇总	
		紫苞风毛菊、紫羊茅型	蕨、珠芽蓼、柴胡、紫苞风毛菊、美头火绒草、东方草莓、紫花地丁、扁蓿豆、艾、狼毒、卷耳、苇状看麦娘、毛茛等
		紫苞风毛菊、紫羊茅型汇总	
	中生杂类草组汇总		
山地草甸类汇总			
温性草甸草原类	小型莎草组	具牛尾蒿的异穗苔、大针茅型	长芒草、细株短柄草、垂穗鹅观草、牛尾蒿、早熟禾、唐松草、紫羊茅、蓬子菜、异叶青兰、乳白香青等,时有灌木虎榛子稀疏散生其间。有毒草黄花棘豆分布
		具牛尾蒿的异穗苔、大针茅型汇总	
		异穗苔、白莲蒿型	紫羊茅、风毛菊、大披针苔草、小红菊、牡蒿、扁蓿豆、白羊草、蓬子菜。有毒草黄花棘豆、伏毛铁棒锤分布,蕨本身也属有毒植物
		异穗苔、白莲蒿型汇总	
		异穗苔、杂类草型	
		异穗苔、杂类草型汇总	
	小型莎草组汇总		

续表

类中文	组中文	型中文	伴生植物
	中旱生蒿类半灌木组	白莲蒿、风毛菊型	驴耳风毛菊、乳白香青、大披针茅、苔草、百里香、大针茅、柴胡、牛尾蒿、蕨。有毒草蕨、狼毒、獐牙菜等分布
		白莲蒿、风毛菊型汇总	
		白莲蒿、狭叶艾型	铁杆蒿、狭叶艾、扁蓿豆、牡蒿、紫羊茅、驴耳风毛菊、大披针苔草、青甘韭。有黄花棘豆、狼毒、大戟等主要毒草分布
		白莲蒿、狭叶艾型汇总	
		白莲蒿、杂类草型	短柄草、牛尾蒿、大披针苔草、艾、长芒草、中国香青、鹅观草、驴耳风毛菊、蓬子菜、山萝卜、百里香、乳花点地梅、小红花、阿尔泰狗娃花。常见有毒草狼毒,有时有少量的黄花棘豆分布
		白莲蒿、杂类草型汇总	
		白莲蒿、紫苞风毛菊型	
		白莲蒿、紫苞风毛菊型汇总	
	中旱生蒿类半灌木组汇总		
	中禾草组	阿拉善鹅观草、宽叶多序岩黄芪型	
		阿拉善鹅观草、宽叶多序岩黄芪型汇总	
	中禾草组汇总		
	中生灌木杂类草组	虎榛子、白莲蒿型	
		虎榛子、白莲蒿型汇总	
	中生灌木杂类草组汇总		
	中生蒿类草本组	具白莲蒿的牛尾蒿、大针茅型	牛尾蒿、牡蒿、细株短柄草、大针茅、甘青针茅、长芒草、苔草、阿尔泰狗娃花、蓬子菜、溚草、二裂委陵菜、多裂蒌陵菜、鳞叶龙胆、蒙古芯芭。有毒草黄花棘豆、狼毒等分布

续表

类中文	组中文	型中文	伴生植物
		具白莲蒿的牛尾蒿、大针茅型汇总	
	中生蒿类草本组汇总		
	中生蒿类草本组	具白莲蒿的蒙古蒿、杂类草型	
		具白莲蒿的蒙古蒿、杂类草型汇总	
	中生蒿类草本组汇总		
温性草甸草原类汇总			
温性草原化荒漠类	垫状刺灌木组	刺叶柄棘豆、红砂型	伴生种有小画眉草、刺旋花、牛枝子、锋芒草、草霸王、虎尾草、戈壁天门冬、蒺藜、无芒隐子草、骆驼蒿、细叶车前、地锦、白茎盐生草、黄芪等
		刺叶柄棘豆、红砂型汇总	
		刺叶柄棘豆、杂类草型	
		刺叶柄棘豆、杂类草型汇总	
		具刺针枝蓼的刺叶柄棘豆、隐子草型	
		具刺针枝蓼的刺叶柄棘豆、隐子草型汇总	
	垫状刺灌木组汇总		
	强旱生灌木组	刺针枝蓼、红砂型	多年生草本有短花针茅、多根葱、兔唇花、银灰旋花、中亚白草等,一年生草本有三芒草、草霸王、锋芒草、小画眉草、狗尾草、地锦、虎尾草等
		刺针枝蓼、红砂型汇总	
		具杂灌木的沙冬青、短花针茅型	伴生种主要有著状亚菊、蒙古扁桃、刺旋花、木本猪毛菜、川青锦鸡儿、狭叶锦鸡儿、冠芒草、三芒草、砂引草、鹤虱、远志

续表

类中文	组中文	型中文	伴生植物
		具杂灌木的沙冬青、短花针茅型汇总	
	强旱生灌木组汇总		
	强旱生小半灌木组	具蓍状亚菊的麻黄、短花针茅型	刺旋花、细弱隐子草、阿尔泰狗娃花、狗尾草、冬青叶兔唇花
		具蓍状亚菊的麻黄、短花针茅型汇总	
		麻黄、针茅型	伴生植物有蓍状亚菊、白茎黄芪、猫头刺、刺旋花、地锦、细弱隐子草、狗尾草、茵陈蒿、木本猪毛菜
		麻黄、针茅型汇总	
	强旱生小半灌木组汇总		
	盐柴类小半灌木组	红砂、小禾草型	伴生珍珠、刺旋花、无芒隐子草、戈壁针茅、狗尾草、蓍状亚菊、地锦、锋芒草、刺蓬等
		红砂、小禾草型汇总	
		红砂、珍珠猪毛菜型	伴生种有刺蓬、冠芒草、短花针茅、蓍状亚菊、卵穗苔、无芒隐子草、木本猪毛菜、草霸王、多根葱、猪毛菜、狭叶米口袋、星状刺果藜、狗尾草等
		红砂、珍珠猪毛菜型汇总	
		具刺叶柄棘豆的珍珠猪毛菜、红砂型	
		具刺叶柄棘豆的珍珠猪毛菜、红砂型汇总	
		具红砂的珍珠猪毛菜、多根葱型	伴生种有白茎盐生草、虎尾草、星状刺果藜、草霸王、刺蓬、地锦、银灰旋花、大苞鸢尾、细弱隐子草、卵穗苔、锋芒草、小画眉草、冠芒草等
		具红砂的珍珠猪毛菜、多根葱型汇总	

续表

类中文	组中文	型中文	伴生植物
		具沙冬青的列氏合头草、红砂型	
		具沙冬青的列氏合头草、红砂型汇总	
		具珍珠猪毛菜的松叶猪毛菜、红砂型	
		具珍珠猪毛菜的松叶猪毛菜、红砂型汇总	
		列氏合头草、红砂型	伴生种有无芒隐子草、刺蓬、草霸王、戈壁天门冬、银灰旋花、猪毛蒿、狗尾草、皱黄芪、冠芒草、猫儿眼等
		列氏合头草、红砂型汇总	
		松叶猪毛菜、红砂型	
		松叶猪毛菜、红砂型汇总	
		松叶猪毛菜、珍珠猪毛菜型	
		松叶猪毛菜、珍珠猪毛菜型汇总	
	盐柴类小半灌木组汇总		
温性草原化荒漠类汇总			
温性草原类	低丛生禾草组	具白莲蒿的长芒草、甘肃蒿型	
		具白莲蒿的长芒草、甘肃蒿型汇总	
		具白莲蒿的长芒草、早熟禾型	糙隐子草、皱黄芪、宿根亚麻、披针叶黄华、阿尔泰狗娃花、狼毒、硬质早熟禾、蚓果芥。有毒草狼毒分布
		具白莲蒿的长芒草、早熟禾型汇总	

续表

类中文	组中文	型中文	伴生植物
		长芒草、百里香型	阿尔泰狗娃花、漠蒿、短花针茅、冷蒿、西山委陵菜、硬质早熟禾、二裂委陵菜、星毛委陵菜、二色棘豆、鳞叶龙胆、披针叶黄华、狼毒等
		长芒草、百里香型汇总	
		长芒草、甘青针茅型	
		长芒草、甘青针茅型汇总	
		长芒草、甘肃蒿型	蒿、短翼岩黄芪、冷蒿、多茎委陵菜、糙隐子草、蚓果芥、兔唇花、细叶韭、阿尔泰狗娃花、二裂委陵菜、西山委陵菜、柴胡、细叶鸢尾
		长芒草、甘肃蒿型汇总	
		长芒草、牛枝子型	漠蒿、猪毛蒿、短花针茅、糙隐子草、冷蒿、二裂委陵菜、阿尔泰狗娃花、银灰旋花、甘草、披针叶黄华、多基委陵菜、细叶车前、山苦荬、宿根亚麻
		长芒草、牛枝子型汇总	
		长芒草、星毛委陵菜型	大针茅、铁杆蒿、阿尔泰狗娃花、冷蒿、糙隐子草、猪毛蒿、银灰旋花、秦艽、百里香、二裂委陵菜等。有狼毒、淡味獐牙菜分布
		长芒草、星毛委陵菜型汇总	
		长芒草、杂类草型	茭蒿、铁杆蒿、短花针茅、菁状亚菊、硬质早熟禾、卵穗苔、阿尔泰狗娃花、二裂委陵菜、扁蓿豆、赖草、骆驼蒿
		长芒草、杂类草型汇总	
		长芒草、早熟禾型	长芒草、冷蒿、星毛委陵菜、牛枝子、甘草、小红菊、铁杆蒿、漠蒿、猪毛蒿、扁蓿豆、阿尔泰狗娃花、二裂委陵菜、糙隐子草、平车前等；在盐池同心一带常有砂珍棘豆、蒙古冰草。有毒草淡味獐牙菜或黄花棘豆分布

续表

类中文	组中文	型中文	伴生植物
		长芒草、早熟禾型汇总	
	低丛生禾草组汇总		
	旱生蒿类半灌木组	白莲蒿、冷蒿型	猪毛蒿、委陵菜、蒙古芯芭、长芒草、二裂委陵菜、短翼岩黄芪、鳞叶龙胆、细叶鸢尾。有毒草狼毒、淡味獐牙菜
		白莲蒿、冷蒿型汇总	
		白莲蒿、长芒草型	长芒草、铁杆蒿、百里香。有毒草狼毒及淡味獐牙菜分布
		白莲蒿、长芒草型汇总	
		茭蒿、大针茅型	长芒草、短花针茅、西山委陵菜、漠蒿、箸状亚菊、阿尔泰狗娃花、白花枝子花、短翼岩黄芪、糙隐子草、远志、蒙古芯芭
		茭蒿、大针茅型汇总	
		茭蒿、星毛委陵菜型	茭蒿、阿尔泰狗娃花、蒲公英、小蓟、星毛委陵菜、糙叶黄芪、柴胡、狗尾草、糙隐子草、扁蓿豆、鳞叶龙胆、米口袋、二色棘豆、硬质早熟禾、百里香、风毛菊、细叶韭等
		茭蒿、星毛委陵菜型汇总	
		茭蒿、长芒草型	长芒草、短花针茅、甘青针茅、冷蒿、星毛委陵菜、宿根亚麻、黄芩、柴胡、中国香青
		茭蒿、长芒草型汇总	
		具白莲蒿的茭蒿、大针茅型	星毛委陵菜、冷蒿、蓬子菜、阿尔泰狗娃花、多茎委陵菜、沙参、漠蒿、百里香、淡味獐牙菜
		具白莲蒿的茭蒿、大针茅型汇总	
		具白莲蒿的茭蒿、长芒草型	蒿、冷蒿、长芒草、西山委陵菜、短花针茅、箸状亚菊、大针茅、阿尔泰狗娃花、二裂委陵菜、蒙古芯芭、皱黄芪、糙隐子草、伏毛山莓草、硬质早熟禾、蚓果芥、宿根亚麻。有时还有荒漠锦鸡儿散生在草层中。有毒草狼毒分布

续表

类中文	组中文	型中文	伴生植物
		具白莲蒿的茭蒿、长芒草型汇总	
	旱生蒿类半灌木组汇总		
	旱生蒿类小半灌木组	冷蒿、短花针茅型	长芒草、阿尔泰狗娃花、赖草、蓍状亚菊、短花针茅、铁杆蒿、细叶韭、糙隐子草、单叶黄芪、披针叶黄华、二裂委陵菜、扁蓿豆、宿根亚麻、糙叶黄芪、银灰旋花等。有毒草淡味獐牙菜、狼毒分布
		冷蒿、短花针茅型汇总	
		冷蒿、长芒草型	铁杆蒿、星毛委陵菜、牛枝子、阿尔泰狗娃花、西山委陵菜、二裂委陵菜、糙隐子草、火绒草、单叶黄芪、狭叶山苦荬、石竹、远志、硬质早熟禾、白花枝子花、蓝刺头等
		冷蒿、长芒草型汇总	
	旱生蒿类小半灌木组汇总		
	旱生杂类草组	百里香、星毛委陵菜型	阿尔泰狗娃花、星毛委陵菜、多茎委陵菜、二裂委陵菜、牛枝子、平车前、紫花地丁、直茎点地梅、狭叶米口袋、糙隐子草、狭叶山苦荬、鳞叶龙胆、淡味獐牙菜、赖草、猪毛蒿等。有狼毒、淡味獐牙菜等毒草分布
		百里香、星毛委陵菜型汇总	
	旱生杂类草组汇总		
	中禾草组	大针茅、甘肃蒿型	阿尔泰狗娃花、蒲公英、小蓟、星毛委陵菜、糙叶黄芪、柴胡、狗尾草、糙隐子草、扁蓿豆、鳞叶龙胆、米口袋、二色棘豆、硬质早熟禾、百里香、风毛菊、细叶韭等
		大针茅、甘肃蒿型汇总	

续表

类中文	组中文	型中文	伴生植物
		大针茅、杂类草型	芒草、短花针茅、细株短柄草、阿尔泰狗娃花、菭状亚菊、西山委陵菜、二裂委陵菜、皱黄芪、蒙古芯芭
		大针茅、杂类草型汇总	
		大针茅、长芒草型	菭状亚菊、阿尔泰狗娃花、赖草、硬质早熟禾、隐子草、皱黄芪、星毛委陵菜、细叶韭、扁蓿豆、宿根亚麻、蚓果芥、长芒草、伏毛山草、火绒草、风毛菊、漠蒿、乳花点地梅。毒草有狼毒
		大针茅、长芒草型汇总	
	中禾草组汇总		
温性草原类汇总			
温性荒漠草原类	低丛生禾草组	短花针茅、半灌木型	
		短花针茅、半灌木型汇总	
		短花针茅、藏青锦鸡儿型	长芒草、菭状亚菊、刺旋花、乳花点地梅、披针叶黄华、短翼岩黄芪、木本猪毛菜、猪毛蒿、多根葱等
		短花针茅、藏青锦鸡儿型汇总	
		短花针茅、红砂型	大针茅、铁杆蒿、星毛委陵菜、猪毛蒿、珍珠、细弱隐子草、锋芒草、多根葱、蒙古芯芭、菭状亚菊、猫头刺、银灰旋花等。有时有狼毒、醉马草等毒草分布
		短花针茅、红砂型汇总	
		短花针茅、荒漠锦鸡儿型	长芒草、菭状亚菊、铁杆蒿、大针茅、黄花松、赖草、葱等
		短花针茅、荒漠锦鸡儿型汇总	
		短花针茅、冷蒿型	长芒草、牛枝子、大苞鸢尾、漠蒿、兔唇花、糙隐子草、猫头刺、细叶韭、短翼岩黄芪、阿尔泰狗娃花、蚓果芥、宿根亚麻、西山委陵菜等。有毒草老瓜头分布

续表

类中文	组中文	型中文	伴生植物
		短花针茅、冷蒿型汇总	
		短花针茅、牛枝子型	大针茅、牛枝子、阿尔泰狗娃花、皱黄芪、猪毛蒿、宿根亚麻、细弱隐子草、菁状亚菊等
		短花针茅、牛枝子型汇总	
		短花针茅、菁状亚菊型	
		短花针茅、菁状亚菊型汇总	
		短花针茅、松叶猪毛菜型	
		短花针茅、松叶猪毛菜型汇总	
		短花针茅、隐子草型	伴生长芒草、甘草、猪毛蒿、牛枝子、短翼岩黄芪、骆驼蒿、猫头刺、鳍蓟、细叶车前、银灰旋花等。有毒草老瓜头分布
		短花针茅、隐子草型汇总	
		具刺叶柄棘豆的短花针茅、红砂型	短花针茅、多根葱、阿尔太娃花、猫头刺、中亚白草、珍珠、戈壁针茅、草霸王、猪毛蒿等
		具刺叶柄棘豆的短花针茅、红砂型汇总	
		具刺叶柄棘豆的短花针茅、冷蒿型	长芒草、牛枝子、大苞鸢尾、漠蒿、兔唇花、糙隐子草、猫头刺、细叶韭、短翼岩黄芪、阿尔泰狗娃花、蚓果芥、宿根亚麻、西山委陵菜等。有毒草老瓜头分布
		具刺叶柄棘豆的短花针茅、冷蒿型汇总	
		具刺叶柄棘豆的短花针茅、菁状亚菊型	牛枝子、短翼岩黄芪、菁状亚菊、刺蓬、川青锦鸡儿、细弱隐子草、银灰旋花、小画眉草、锋芒草、栉叶蒿、骆驼蒿等
		具刺叶柄棘豆的短花针茅、菁状亚菊型汇总	

续表

类中文	组中文	型中文	伴生植物
		具红砂的短花针茅、蓍状亚菊型	长芒草、刺旋花、拟芸香、糙叶黄芪、皱黄芪、阿尔泰狗娃花、细叶韭、星毛短舌菊等
		具红砂的短花针茅、蓍状亚菊型汇总	
		具红砂的短花针茅、珍珠猪毛菜型	蓍状亚菊、细弱隐子草、多根葱、细叶车前、小画眉草、锋芒草、冠芒草、刺蓬、草霸王、星状刺果藜、地锦等
		具红砂的短花针茅、珍珠猪毛菜型汇总	
		具荒漠锦鸡儿的短花针茅、矮锦鸡儿型	
		具荒漠锦鸡儿的短花针茅、矮锦鸡儿型汇总	
		具柠条锦鸡儿的短花针茅、蓍状亚菊型	短花针茅、珍珠、红砂外，还有无芒隐子草、刺蓬、草霸王、锋芒草、冠芒草、小画眉草、栉叶蒿、多根葱、短翼岩黄芪、卵穗苔、细叶车前等
		具柠条锦鸡儿的短花针茅、蓍状亚菊型汇总	
		具柠条锦鸡儿的针茅、杂类草	
		具柠条锦鸡儿的针茅、杂类草汇总	
		具松叶猪毛菜的短花针茅、矮锦鸡儿型	
		具松叶猪毛菜的短花针茅、矮锦鸡儿型汇总	
		具珍珠猪毛菜的隐子草、短花针茅型	
		具珍珠猪毛菜的隐子草、短花针茅型汇总	
		隐子草、大苞鸢尾型	
		隐子草、大苞鸢尾型汇总	

续表

类中文	组中文	型中文	伴生植物
	低丛生禾草组汇总		
	垫状刺灌木组	半日花、刺旋花型	珍珠、红砂、锋芒草、冠芒草、隐子草
		半日花、刺旋花型汇总	
		藏青锦鸡儿、刺叶柄棘豆型	猪毛蒿、长芒草、中亚白草、牛枝子、远志、刺蓬、棉蓬、狭叶米口袋、老瓜头、细叶车前、狗尾草、小画眉草、地锦、星状刺果藜、泽漆等。主要毒草有老瓜头分布
		藏青锦鸡儿、刺叶柄棘豆型汇总	
		藏青锦鸡儿、菁状亚菊型	短花针茅、冷蒿、长芒草、银灰旋花、隐子草、刺蓬、单叶黄芪、小画眉草、细叶车前等
		藏青锦鸡儿、菁状亚菊型汇总	
		藏青锦鸡儿、珍珠猪毛菜型	
		藏青锦鸡儿、珍珠猪毛菜型汇总	
		刺旋花、短花针茅型	木本猪毛菜、细弱隐子草、长芒草、兔唇花、沙葱、草霸王，有时有大针茅、短翼岩黄芪、中亚紫木
		刺旋花、短花针茅型汇总	
		刺旋花、红砂型	有牛枝子、细弱隐子草、多根葱、糙叶黄芪、远志，一年生草本有草霸王、刺蓬、小画眉草、地锦、蒺藜、三芒草等，小半灌木中分别还有猫头刺、木本猪毛菜等。时有毒草老瓜头分布
		刺旋花、红砂型汇总	
		刺旋花、菁状亚菊型	披针叶黄华、蒙古芯芭、蚓果芥、猪毛蒿、荆芥、短翼岩黄芪、中亚白草、皱黄芪、长芒草等

续表

类中文	组中文	型中文	伴生植物
		刺旋花、薯状亚菊型汇总	
		刺叶柄棘豆、刺旋花型	
		刺叶柄棘豆、刺旋花型汇总	
		刺叶柄棘豆、短花针茅型	骆驼蒿、银灰旋花、短翼岩黄芪、沙生针茅、牛枝子、细叶车前、刺蓬、蒺藜、小画眉草、地锦、软毛虫实、猪毛蒿等
		刺叶柄棘豆、短花针茅型汇总	
		刺叶柄棘豆、黑沙蒿型	甘草、老瓜头、川青锦鸡儿、牛枝子、单叶黄芪、软毛虫实、冠芒草、小画眉草、地锦等。主要毒草有老瓜头分布
		刺叶柄棘豆、黑沙蒿型汇总	
		刺叶柄棘豆、老瓜头型	牛枝子、无芒隐子草、戈壁针茅、刺蓬、狭叶锦鸡儿等。为沙化草场，毒草老瓜头占据优势
		刺叶柄棘豆、老瓜头型汇总	
		具松叶猪毛菜的刺旋花、短花针茅型	
		具松叶猪毛菜的刺旋花、短花针茅型汇总	
	垫状刺灌木组汇总		
	根茎禾草组	白草、甘草型	小画眉草、狗尾草、地锦、软毛虫实等
		白草、甘草型汇总	
		白草、黑沙蒿型	
		白草、黑沙蒿型汇总	
		白草、苦豆子型	伴生黑沙蒿、赖草、刺蓬、地锦、沙米、狗尾草、小画眉草等
		白草、苦豆子型汇总	

续表

类中文	组中文	型中文	伴生植物
		具刺叶柄棘豆的白草、老瓜头型	伴生种有甘草、沙米、地锦、猪毛蒿、狗尾草、小画眉草、蒺藜、刺蓬、软毛虫实等。有时有毒草老瓜头、乳浆大戟分布
		具刺叶柄棘豆的白草、老瓜头型汇总	
	根茎禾草组汇总		
	旱生豆科草组	甘草、杂类草型	
		甘草、杂类草型汇总	
		具锦鸡儿的牛枝子型	
		具锦鸡儿的牛枝子型汇总	
		苦豆子、杂类草型	
		苦豆子、杂类草型汇总	
		牛枝子、杂类草型	
		牛枝子、杂类草型汇总	
	旱生豆科草组汇总		
	旱生灌木组	具蒙古扁桃的薄皮木、菨状亚菊型	伴生植物有木本猪毛菜、菨状亚菊、短花针茅、中亚白草、狗尾草、冬青叶兔唇花、地锦
		具蒙古扁桃的薄皮木、菨状亚菊型汇总	
		蒙古扁桃、短花针茅型	菨状亚菊、猫头刺、戈壁针茅、骆驼蒿、茵陈蒿、冬青叶兔唇花、列氏合头草、多根葱等
		蒙古扁桃、短花针茅型汇总	
		蒙古扁桃、菨状亚菊型	灌木层有沙冬青，小叶金老梅、狭叶锦鸡儿、小叶锦鸡儿等，下层半灌木和草本有菨状亚菊、短花针茅、多根葱、小画眉草、狗尾草、猪毛蒿、鸢尾等
		蒙古扁桃、菨状亚菊型汇总	

续表

类中文	组中文	型中文	伴生植物
		蒙古扁桃、杂类草型	常伴生灌木、小灌木有狭叶锦鸡儿、荒漠锦鸡儿、甘蒙锦鸡儿、薄皮木、川青锦鸡儿、刺旋花、猫头刺、班子麻黄、木本猪毛菜等。条件较好时有小叶金露梅、互生叶醉鱼草、酸枣、枸子、忍冬、丁香、鼠李等中生灌木混生。下层的草本和小灌木、小半灌木层，主要有短花针茅、戈壁针茅、蓍状亚菊、银灰旋花、细弱隐子草、兔唇花、多根葱、骆驼蒿、中亚白草等，有时夹生一部分中生草本植物和牛尾蒿、蒙古糙苏、一枝黄花等。耐旱的一年生植物层片相当发育，主要有冠芒草、三芒草、狗尾草、小画眉草、刺沙蓬、星状刺果藜地锦、蒺藜等
		蒙古扁桃、杂类草型汇总	
		杂灌木、蓍状亚菊型	女蒿、蒙古扁桃、狭叶锦鸡儿、牛尾蒿、铁杆蒿、蓍状亚菊、木本猪毛菜、狗尾草等
		杂灌木、蓍状亚菊型汇总	
	旱生灌木组汇总		
	旱中生灌木组	具蒙古扁桃的狭叶锦鸡儿、蓍状亚菊型	伴生薄皮木及少量的灰榆等
		具蒙古扁桃的狭叶锦鸡儿、蓍状亚菊型汇总	
		酸枣、短花针茅型	牛枝子、糙叶黄芪、骆驼蒿、沙拐枣、猫头刺、三芒草、稗、蒺藜、猪毛蒿、大蓟等
		酸枣、短花针茅型汇总	
		狭叶锦鸡儿、短花针茅型	伴生木本猪毛菜、蓍状亚菊、鬼见愁等
		狭叶锦鸡儿、短花针茅型汇总	
	旱中生灌木组汇总		
	强旱生灌木组	具柠条锦鸡儿的沙冬青、沙蒿型	

续表

类中文	组中文	型中文	伴生植物
		具柠条锦鸡儿的沙冬青、沙蒿型汇总	
	强旱生灌木组汇总		
	强旱生小半灌木组	具白莲蒿的冷蒿、短花针茅型	
		具白莲蒿的冷蒿、短花针茅型汇总	
		具藏青锦鸡儿的冷蒿、短花针茅型	著状亚菊、长芒草、皱黄芪、宿根亚麻、阿尔泰狗娃花、细叶韭等
		具藏青锦鸡儿的冷蒿、短花针茅型汇总	
		具刺叶柄棘豆的冷蒿、大苞鸢尾型	
		具刺叶柄棘豆的冷蒿、大苞鸢尾型汇总	
		具麻黄的著状亚菊、短花针茅型	
		具麻黄的著状亚菊、短花针茅型汇总	
		冷蒿、大苞鸢尾型	猫头刺、短翼岩黄芪、细弱隐子草、冬青叶兔唇花、著状亚菊等
		冷蒿、大苞鸢尾型汇总	
		冷蒿、牛枝子型	
		冷蒿、牛枝子型汇总	
		漠蒿、短花针茅型	阿尔泰哇花、长芒草、冷蒿、银灰旋花、细弱隐子草等,并具有较发育的小灌木、小半灌木层片包括木本猪毛菜、荒漠锦鸡儿、珍珠、红砂等
		漠蒿、短花针茅型汇总	
		著状亚菊、红砂型	珍珠、短花针茅、冬青叶兔唇花、糙叶黄芪、细弱隐子草、猫头刺、锦鸡儿等,一年生植物在草群中有一定的丰富度,包括草霸王、蒺藜、刺蓬、锋芒草、栉叶蒿等

续表

类中文	组中文	型中文	伴生植物
		薔状亚菊、红砂型汇总	
		薔状亚菊、珍珠猪毛菜型	红砂、川青锦鸡儿、细弱隐子草、多根葱、薔状亚菊、卵穗苔、冷蒿、蚓果芥等
		薔状亚菊、珍珠猪毛菜型汇总	
		星毛短舌菊、薔状亚菊型	
		星毛短舌菊、薔状亚菊型汇总	
	强旱生小半灌木组汇总		
	强旱生杂类草组	大苞鸢尾、刺叶柄棘豆型	伴生牛枝子、短翼岩黄芪、无芒隐子草、短花针茅、长芒草、薔状亚菊、骆驼蒿、小画眉草、锋芒草、二裂委陵菜、拟芸香、刺蓬等
		大苞鸢尾、刺叶柄棘豆型汇总	
		老瓜头、杂类草型	
		老瓜头、杂类草型汇总	
		骆驼蒿、杂类草型	
		骆驼蒿、杂类草型汇总	
	强旱生杂类草组汇总		
	沙生半灌木组	黑沙蒿、苦豆子型	常见伴生种有甘草、披针叶黄华、中亚白草、牛枝子、细弱隐子草、刺蓬、冠芒草、猪毛蒿、软毛虫实等
		黑沙蒿、苦豆子型汇总	
		黑沙蒿、杂类草型	
		黑沙蒿、杂类草型汇总	
		具锦鸡儿的黑沙蒿型	甘草、刺蓬、老瓜头、星状刺果藜、小画眉草、地锦等植物
		具锦鸡儿的黑沙蒿型汇总	

续表

类中文	组中文	型中文	伴生植物
		具沙冬青的黑沙蒿、杂类草型	
		具沙冬青的黑沙蒿、杂类草型汇总	
	沙生半灌木组汇总		
	小型莎草组	具珍珠猪毛菜的卵穗苔、隐子草型	大苞鸢尾、多根葱、无芒隐子草、星状刺果藜、短花针茅、长芒草、猪毛菜、猪毛蒿、草霸王
		具珍珠猪毛菜的卵穗苔、隐子草型汇总	
	小型莎草组汇总		
	盐柴类小半灌木组	红砂、刺叶柄棘豆型	无芒隐子草、短花针茅、银灰旋花、牛枝子、狭叶米口袋、戈壁天门冬、细叶车前;大量一年生植物,如小画眉草、虎尾草、锋芒草、冠芒草、白茎盐生草、草霸王、星状刺果藜、地锦等
		红砂、刺叶柄棘豆型汇总	
		红砂、卵穗苔型	短针茅,银灰旋花、牛枝子、中亚白草、木本猪毛菜,一年生植物以冠芒草为最多,其次为狗尾草、锋芒草、刺蓬、地锦、蒺藜、三芒草等
		红砂、卵穗苔型汇总	
		珍珠猪毛菜、卵穗苔型	
		珍珠猪毛菜、卵穗苔型汇总	
	盐柴类小半灌木组汇总		
	有刺灌木组	具蒙古扁桃的荒漠锦鸡儿型、蓍状亚菊	
		具蒙古扁桃的荒漠锦鸡儿型、蓍状亚菊汇总	
	有刺灌木组汇总		
温性荒漠草原类汇总			

续表

类中文	组中文	型中文	伴生植物
温性荒漠类	大型禾草组	芦苇型	
		芦苇型汇总	
	大型禾草组汇总		
	沙生半灌木组	白沙蒿型	
		白沙蒿型汇总	
	沙生半灌木组汇总		
	沙生灌木组	唐古特白刺型	
		唐古特白刺型汇总	
	沙生灌木组汇总		
	盐生灌木组	芨芨草、西伯利亚白刺型	
		芨芨草、西伯利亚白刺型汇总	
		芨芨草、盐爪爪型	
		芨芨草、盐爪爪型汇总	
		具碱蓬的盐爪爪、白刺型	
		具碱蓬的盐爪爪、白刺型汇总	
		西伯利亚白刺、碱蓬型	
		西伯利亚白刺、碱蓬型汇总	
		西伯利亚白刺、盐爪爪型	
		西伯利亚白刺、盐爪爪型汇总	
		盐爪爪型	
		盐爪爪型汇总	
	盐生灌木组汇总		
	一年生盐生植物组	碱蓬、西伯利亚白刺型	

续表

类中文	组中文	型中文	伴生植物
		碱蓬、西伯利亚白刺型汇总	
	一年生盐生植物组汇总		
温性荒漠类汇总			
总计			

第四节　各地草原资源统计

表 2-8-3　宁夏各地草原资源统计表

县(市、区)	类中文	组中文	型中文
兴庆区	温性草原化荒漠类	垫状刺灌木组	具刺针枝蓼的刺叶柄棘豆、隐子草型
		垫状刺灌木组汇总	
		盐柴类小半灌木组	具红砂的珍珠猪毛菜、多根葱型
			具沙冬青的列氏合头草、红砂型
			列氏合头草、红砂型
			松叶猪毛菜、珍珠猪毛菜型
		盐柴类小半灌木组汇总	
	温性草原化荒漠类汇总		
	温性荒漠草原类	强旱生小半灌木组	菭状亚菊、红砂型
		强旱生小半灌木组汇总	
	温性荒漠草原类汇总		
兴庆区汇总			
西夏区	山地草甸类	冷中生灌木杂类草组	具嵩草的鬼箭锦鸡儿、苔草型
		冷中生灌木杂类草组汇总	
		杂类草组	具灌木的珠芽蓼、嵩草型
		杂类草组汇总	

续表

县(市、区)	类中文	组中文	型中文
	山地草甸类汇总		
	温性草原化荒漠类	强旱生小半灌木组	具蒿状亚菊的麻黄、短花针茅型
			麻黄、针茅型
		强旱生小半灌木组汇总	
		盐柴类小半灌木组	红砂、珍珠猪毛菜型
		盐柴类小半灌木组汇总	
	温性草原化荒漠类汇总		
	温性荒漠草原类	低丛生禾草组	短花针茅、半灌木型
			短花针茅、松叶猪毛菜型
		低丛生禾草组汇总	
		垫状刺灌木组	刺旋花、短花针茅型
			具松叶猪毛菜的刺旋花、短花针茅型
		垫状刺灌木组汇总	
	温性荒漠草原类汇总		
西夏区汇总			
永宁县	温性草原化荒漠类	强旱生小半灌木组	麻黄、针茅型
		强旱生小半灌木组汇总	
		盐柴类小半灌木组	红砂、珍珠猪毛菜型
		盐柴类小半灌木组汇总	
	温性草原化荒漠类汇总		
	温性荒漠草原类	低丛生禾草组	短花针茅、隐子草型
			具红砂的短花针茅、珍珠猪毛菜型
		低丛生禾草组汇总	
		垫状刺灌木组	刺旋花、红砂型
		垫状刺灌木组汇总	

续表

县(市、区)	类中文	组中文	型中文
		强旱生小半灌木组	具麻黄的菁状亚菊、短花针茅型
		强旱生小半灌木组汇总	
		盐柴类小半灌木组	红砂、卵穗苔型
		盐柴类小半灌木组汇总	
	温性荒漠草原类汇总		
永宁县汇总			
贺兰县	山地草甸类	杂类草组	具灌木的珠芽蓼、嵩草型
		杂类草组汇总	
	山地草甸类汇总		
	温性草原化荒漠类	盐柴类小半灌木组	松叶猪毛菜、红砂型
		盐柴类小半灌木组汇总	
	温性草原化荒漠类汇总		
	温性荒漠草原类	低丛生禾草组	短花针茅、半灌木型
			短花针茅、红砂型
			短花针茅、松叶猪毛菜型
		低丛生禾草组汇总	
		垫状刺灌木组	刺旋花、短花针茅型
			具松叶猪毛菜的刺旋花、短花针茅型
		垫状刺灌木组汇总	
		旱生灌木组	蒙古扁桃、菁状亚菊型
		旱生灌木组汇总	
		旱中生灌木组	具蒙古扁桃的狭叶锦鸡儿、菁状亚菊型
		旱中生灌木组汇总	
	温性荒漠草原类汇总		

续表

县(市、区)	类中文	组中文	型中文
贺兰县汇总			
灵武市	温性草原化荒漠类	盐柴类小半灌木组	具红砂的珍珠猪毛菜、多根葱型
			松叶猪毛菜、珍珠猪毛菜型
		盐柴类小半灌木组汇总	
	温性草原化荒漠类汇总		
	温性荒漠草原类	低丛生禾草组	短花针茅、菁状亚菊型
			短花针茅、隐子草型
		低丛生禾草组汇总	
		垫状刺灌木组	藏青锦鸡儿、刺叶柄棘豆型
			刺叶柄棘豆、短花针茅型
			刺叶柄棘豆、黑沙蒿型
		垫状刺灌木组汇总	
		根茎禾草组	白草、甘草型
			白草、黑沙蒿型
		根茎禾草组汇总	
		旱生豆科草组	甘草、杂类草型
		旱生豆科草组汇总	
		强旱生小半灌木组	菁状亚菊、红砂型
		强旱生小半灌木组汇总	
		强旱生杂类草组	大苞鸢尾、刺叶柄棘豆型
			老瓜头、杂类草型
		强旱生杂类草组汇总	
		沙生半灌木组	黑沙蒿、苦豆子型
			黑沙蒿、杂类草型
			具锦鸡儿的黑沙蒿型

续表

县(市、区)	类中文	组中文	型中文
		沙生半灌木组汇总	
	温性荒漠草原类汇总		
	温性荒漠类	盐生灌木组	西伯利亚白刺、碱蓬型
		盐生灌木组汇总	
	温性荒漠类汇总		
灵武市汇总			
大武口区	温性荒漠草原类	低丛生禾草组	短花针茅、薴状亚菊型
			短花针茅、隐子草型
			具刺叶柄棘豆的短花针茅、薴状亚菊型
		低丛生禾草组汇总	
		旱生灌木组	具蒙古扁桃的薄皮木、薴状亚菊型
			蒙古扁桃、薴状亚菊型
			杂灌木、薴状亚菊型
		旱生灌木组汇总	
		旱中生灌木组	具蒙古扁桃的狭叶锦鸡儿、薴状亚菊型
		旱中生灌木组汇总	
		沙生半灌木组	黑沙蒿、杂类草型
		沙生半灌木组汇总	
		盐柴类小半灌木组	珍珠猪毛菜、卵穗苔型
		盐柴类小半灌木组汇总	
		有刺灌木组	具蒙古扁桃的荒漠锦鸡儿型、薴状亚菊
		有刺灌木组汇总	
	温性荒漠草原类汇总		
大武口区汇总			

续表

县(市、区)	类中文	组中文	型中文
惠农区	温性草原化荒漠类	强旱生灌木组	具杂灌木的沙冬青、短花针茅型
		强旱生灌木组汇总	
		盐柴类小半灌木组	红砂、珍珠猪毛菜型
			具红砂的珍珠猪毛菜、多根葱型
		盐柴类小半灌木组汇总	
	温性草原化荒漠类汇总		
	温性荒漠草原类	低丛生禾草组	短花针茅、荒漠锦鸡儿型
			短花针茅、菁状亚菊型
			短花针茅、隐子草型
			具荒漠锦鸡儿的短花针茅、矮锦鸡儿型
			具松叶猪毛菜的短花针茅、矮锦鸡儿型
		低丛生禾草组汇总	
		旱生灌木组	蒙古扁桃、短花针茅型
			蒙古扁桃、杂类草型
		旱生灌木组汇总	
		旱中生灌木组	酸枣、短花针茅型
			狭叶锦鸡儿、短花针茅型
		旱中生灌木组汇总	
		强旱生杂类草组	骆驼蒿、杂类草型
		强旱生杂类草组汇总	
		沙生半灌木组	黑沙蒿、杂类草型
		沙生半灌木组汇总	
		有刺灌木组	具蒙古扁桃的荒漠锦鸡儿型、菁状亚菊
		有刺灌木组汇总	

续表

县(市、区)	类中文	组中文	型中文
	温性荒漠草原类汇总		
惠农区汇总			
平罗县	山地草甸类	杂类草组	具灌木的珠芽蓼、蒿草型
		杂类草组汇总	
	山地草甸类汇总		
	温性草原化荒漠类	盐柴类小半灌木组	列氏合头草、红砂型
			松叶猪毛菜、红砂型
		盐柴类小半灌木组汇总	
	温性草原化荒漠类汇总		
	温性荒漠草原类	垫状刺灌木组	刺旋花、短花针茅型
		垫状刺灌木组汇总	
		旱生灌木组	蒙古扁桃、蓍状亚菊型
		旱生灌木组汇总	
		旱中生灌木组	具蒙古扁桃的狭叶锦鸡儿、蓍状亚菊型
			酸枣、短花针茅型
		旱中生灌木组汇总	
		沙生半灌木组	黑沙蒿、杂类草型
			具沙冬青的黑沙蒿、杂类草型
		沙生半灌木组汇总	
	温性荒漠草原类汇总		
	温性荒漠类	大型禾草组	芦苇型
		大型禾草组汇总	
		盐生灌木组	具碱蓬的盐爪爪、白刺型
			西伯利亚白刺、碱蓬型
		盐生灌木组汇总	

续表

县(市、区)	类中文	组中文	型中文
	温性荒漠类汇总		
平罗县汇总			
利通区	温性荒漠草原类	低丛生禾草组	短花针茅、红砂型
			具红砂的短花针茅、珍珠猪毛菜型
		低丛生禾草组汇总	
		垫状刺灌木组	刺叶柄棘豆、短花针茅型
		垫状刺灌木组汇总	
		强旱生杂类草组	老瓜头、杂类草型
		强旱生杂类草组汇总	
		沙生半灌木组	黑沙蒿、杂类草型
		沙生半灌木组汇总	
		盐柴类小半灌木组	珍珠猪毛菜、卵穗苔型
		盐柴类小半灌木组汇总	
	温性荒漠草原类汇总		
利通区汇总			
红寺堡区	温性草原类	低丛生禾草组	长芒草、杂类草型
		低丛生禾草组汇总	
		旱生蒿类半灌木组	白莲蒿、冷蒿型
		旱生蒿类半灌木组汇总	
		旱生蒿类小半灌木组	冷蒿、长芒草型
		旱生蒿类小半灌木组汇总	
	温性草原类汇总		
	温性荒漠草原类	低丛生禾草组	短花针茅、冷蒿型
			短花针茅、隐子草型

续表

县(市、区)	类中文	组中文	型中文
			具刺叶柄棘豆的短花针茅、红砂型
			具刺叶柄棘豆的短花针茅、菖状亚菊型
			具红砂的短花针茅、珍珠猪毛菜型
			具柠条锦鸡儿的短花针茅、菖状亚菊型
			具柠条锦鸡儿的针茅、杂类草
		低丛生禾草组汇总	
		垫状刺灌木组	刺旋花、菖状亚菊型
			刺叶柄棘豆、短花针茅型
			刺叶柄棘豆、老瓜头型
		垫状刺灌木组汇总	
		根茎禾草组	白草、苦豆子型
		根茎禾草组汇总	
		强旱生灌木组	具柠条锦鸡儿的沙冬青、沙蒿型
		强旱生灌木组汇总	
		强旱生小半灌木组	具白莲蒿的冷蒿、短花针茅型
			具藏青锦鸡儿的冷蒿、短花针茅型
			冷蒿、大苞鸢尾型
			冷蒿、牛枝子型
			漠蒿、短花针茅型
			菖状亚菊、珍珠猪毛菜型
		强旱生小半灌木组汇总	
		强旱生杂类草组	大苞鸢尾、刺叶柄棘豆型
			老瓜头、杂类草型

续表

县(市、区)	类中文	组中文	型中文
		强旱生杂类草组汇总	
		沙生半灌木组	黑沙蒿、苦豆子型
			黑沙蒿、杂类草型
		沙生半灌木组汇总	
		小型莎草组	具珍珠猪毛菜的卵穗苔、隐子草型
		小型莎草组汇总	
		盐柴类小半灌木组	红砂、刺叶柄棘豆型
			红砂、卵穗苔型
			珍珠猪毛菜、卵穗苔型
		盐柴类小半灌木组汇总	
	温性荒漠草原类汇总		
	温性荒漠类	沙生灌木组	唐古特白刺型
		沙生灌木组汇总	
		盐生灌木组	西伯利亚白刺、碱蓬型
		盐生灌木组汇总	
	温性荒漠类汇总		
红寺堡区汇总			
盐池县	温性草原类	低丛生禾草组	长芒草、甘肃蒿型
			长芒草、牛枝子型
			长芒草、杂类草型
		低丛生禾草组汇总	
		旱生蒿类小半灌木组	冷蒿、长芒草型
		旱生蒿类小半灌木组汇总	
		中禾草组	大针茅、长芒草型

续表

县(市、区)	类中文	组中文	型中文
		中禾草组汇总	
	温性草原类汇总		
	温性荒漠草原类	低丛生禾草组	短花针茅、冷蒿型
			短花针茅、牛枝子型
			短花针茅、蓍状亚菊型
			短花针茅、隐子草型
			具柠条锦鸡儿的针茅、杂类草
			隐子草、大苞鸢尾型
		低丛生禾草组汇总	
		垫状刺灌木组	刺叶柄棘豆、短花针茅型
		垫状刺灌木组汇总	
		根茎禾草组	白草、甘草型
			白草、黑沙蒿型
			白草、苦豆子型
		根茎禾草组汇总	
		旱生豆科草组	甘草、杂类草型
			具锦鸡儿的牛枝子型
			苦豆子、杂类草型
			牛枝子、杂类草型
		旱生豆科草组汇总	
		沙生半灌木组	黑沙蒿、苦豆子型
			黑沙蒿、杂类草型
			具锦鸡儿的黑沙蒿型
		沙生半灌木组汇总	
	温性荒漠草原类汇总		

续表

县(市、区)	类中文	组中文	型中文
	温性荒漠类	沙生灌木组	唐古特白刺型
		沙生灌木组汇总	
		盐生灌木组	芨芨草、西伯利亚白刺型
			芨芨草、盐爪爪型
			西伯利亚白刺、碱蓬型
			西伯利亚白刺、盐爪爪型
			盐爪爪型
		盐生灌木组汇总	
		一年生盐生植物组	碱蓬、西伯利亚白刺型
		一年生盐生植物组汇总	
	温性荒漠类汇总		
盐池县汇总			
同心县	温性草甸草原类	中禾草组	阿拉善鹅观草、宽叶多序岩黄芪型
		中禾草组汇总	
	温性草甸草原类汇总		
	温性草原类	低丛生禾草组	具白莲蒿的长芒草、甘肃蒿型
			长芒草、百里香型
			长芒草、牛枝子型
			长芒草、杂类草型
			长芒草、早熟禾型
		低丛生禾草组汇总	
		旱生蒿类半灌木组	白莲蒿、冷蒿型
			白莲蒿、长芒草型
			芨蒿、长芒草型
		旱生蒿类半灌木组汇总	

续表

县(市、区)	类中文	组中文	型中文
		旱生蒿类小半灌木组	冷蒿、短花针茅型
			冷蒿、长芒草型
		旱生蒿类小半灌木组汇总	
		中禾草组	大针茅、甘肃蒿型
			大针茅、长芒草型
		中禾草组汇总	
	温性草原类汇总		
	温性荒漠草原类	低丛生禾草组	短花针茅、冷蒿型
			短花针茅、牛枝子型
			短花针茅、薹状亚菊型
			短花针茅、隐子草型
			具刺叶柄棘豆的短花针茅、红砂型
			具刺叶柄棘豆的短花针茅、冷蒿型
			具刺叶柄棘豆的短花针茅、薹状亚菊型
			具红砂的短花针茅、珍珠猪毛菜型
			具柠条锦鸡儿的短花针茅、薹状亚菊型
			具柠条锦鸡儿的针茅、杂类草
			具珍珠猪毛菜的隐子草、短花针茅型
		低丛生禾草组汇总	
		垫状刺灌木组	藏青锦鸡儿、薹状亚菊型
			刺旋花、红砂型
			刺旋花、薹状亚菊型
			刺叶柄棘豆、短花针茅型

续表

县(市、区)	类中文	组中文	型中文
		垫状刺灌木组汇总	
		强旱生小半灌木组	具白莲蒿的冷蒿、短花针茅型
			具藏青锦鸡儿的冷蒿、短花针茅型
			具刺叶柄棘豆的冷蒿、大苞鸢尾型
		强旱生小半灌木组汇总	
		沙生半灌木组	黑沙蒿、杂类草型
		沙生半灌木组汇总	
		小型莎草组	具珍珠猪毛菜的卵穗苔、隐子草型
		小型莎草组汇总	
	温性荒漠草原类汇总		
同心县汇总			
青铜峡市	温性草原化荒漠类	垫状刺灌木组	刺叶柄棘豆、杂类草型
			具刺针枝蓼的刺叶柄棘豆、隐子草型
		垫状刺灌木组汇总	
		强旱生灌木组	刺针枝蓼、红砂型
		强旱生灌木组汇总	
		盐柴类小半灌木组	红砂、珍珠猪毛菜型
			具红砂的珍珠猪毛菜、多根葱型
		盐柴类小半灌木组汇总	
	温性草原化荒漠类汇总		
	温性荒漠草原类	低丛生禾草组	具红砂的短花针茅、珍珠猪毛菜型
		低丛生禾草组汇总	
		垫状刺灌木组	半日花、刺旋花型
			藏青锦鸡儿、珍珠猪毛菜型

续表

县(市、区)	类中文	组中文	型中文
			刺旋花、短花针茅型
			刺旋花、红砂型
			刺叶柄棘豆、短花针茅型
		垫状刺灌木组汇总	
		根茎禾草组	具刺叶柄棘豆的白草、老瓜头型
		根茎禾草组汇总	
		强旱生小半灌木组	蓍状亚菊、珍珠猪毛菜型
		强旱生小半灌木组汇总	
		盐柴类小半灌木组	红砂、卵穗苔型
			珍珠猪毛菜、卵穗苔型
		盐柴类小半灌木组汇总	
	温性荒漠草原类汇总		
青铜峡市汇总			
原州区	山地草甸类	蕨组	蕨、杂类草型
		蕨组汇总	
		冷中生灌木杂类草组	具蒿草的鬼箭锦鸡儿、苔草型
		冷中生灌木杂类草组汇总	
		小型莎草组	具灌木的苔草型
			苔草、杂类草型
		小型莎草组汇总	
		中生杂类草组	风毛菊、杂类草型
		中生杂类草组汇总	
	山地草甸类汇总		
	温性草甸草原类	中旱生蒿类半灌木组	白莲蒿、风毛菊型

续表

县(市、区)	类中文	组中文	型中文
		中旱生蒿类半灌木组汇总	
		中生灌木杂类草组	虎榛子、白莲蒿型
		中生灌木杂类草组汇总	
		中生蒿类草本组	具白莲蒿的牛尾蒿、大针茅型
		中生蒿类草本组汇总	
	温性草甸草原类汇总		
	温性草原类	低丛生禾草组	具白莲蒿的长芒草、甘肃蒿型
			长芒草、百里香型
			长芒草、甘青针茅型
			长芒草、星毛委陵菜型
			长芒草、杂类草型
			长芒草、早熟禾型
		低丛生禾草组汇总	
		旱生蒿类半灌木组	白莲蒿、长芒草型
			茭蒿、长芒草型
			具白莲蒿的茭蒿、长芒草型
		旱生蒿类半灌木组汇总	
		旱生蒿类小半灌木组	冷蒿、长芒草型
		旱生蒿类小半灌木组汇总	
		中禾草组	大针茅、长芒草型
		中禾草组汇总	
	温性草原类汇总		
原州区汇总			
西吉县	山地草甸类	蕨组	蕨、杂类草型

续表

县(市、区)	类中文	组中文	型中文
		蕨组汇总	
		小型莎草组	具灌木的苔草型
			苔草、杂类草型
		小型莎草组汇总	
		中生灌木杂类草组	具灌木的枸子、苔草型
		中生灌木杂类草组汇总	
	山地草甸类汇总		
	温性草甸草原类	中生灌木杂类草组	虎榛子、白莲蒿型
		中生灌木杂类草组汇总	
	温性草甸草原类汇总		
	温性草原类	低丛生禾草组	长芒草、甘青针茅型
			长芒草、星毛委陵菜型
			长芒草、杂类草型
			长芒草、早熟禾型
		低丛生禾草组汇总	
		旱生蒿类半灌木组	白莲蒿、长芒草型
			茭蒿、大针茅型
			茭蒿、星毛委陵菜型
			茭蒿、长芒草型
			具白莲蒿的茭蒿、大针茅型
			具白莲蒿的茭蒿、长芒草型
		旱生蒿类半灌木组汇总	
		旱生杂类草组	百里香、星毛委陵菜型
		旱生杂类草组汇总	
		中禾草组	大针茅、杂类草型

续表

县(市、区)	类中文	组中文	型中文
			大针茅、长芒草型
		中禾草组汇总	
	温性草原类汇总		
西吉县汇总			
隆德县	山地草甸类	冷中生灌木杂类草组	具嵩草的鬼箭锦鸡儿、苔草型
		冷中生灌木杂类草组汇总	
		中生禾草组	紫羊茅、珠芽蓼型
		中生禾草组汇总	
		中生杂类草组	紫苞风毛菊、风毛菊型
			紫苞风毛菊、紫羊茅型
		中生杂类草组汇总	
	山地草甸类汇总		
	温性草甸草原类	小型莎草组	异穗苔、白莲蒿型
			异穗苔、杂类草型
		小型莎草组汇总	
		中旱生蒿类半灌木组	白莲蒿、杂类草型
			白莲蒿、紫苞风毛菊型
		中旱生蒿类半灌木组汇总	
	温性草甸草原类汇总		
	温性草原类	低丛生禾草组	长芒草、甘青针茅型
			长芒草、星毛委陵菜型
			长芒草、杂类草型
			长芒草、早熟禾型
		低丛生禾草组汇总	
		旱生蒿类半灌木组	茭蒿、长芒草型

续表

县(市、区)	类中文	组中文	型中文
		旱生蒿类半灌木组汇总	
	温性草原类汇总		
隆德县汇总			
泾源县	山地草甸类	冷中生灌木杂类草组	具蒿草的鬼箭锦鸡儿、苔草型
		冷中生灌木杂类草组汇总	
		小型莎草组	具灌木的苔草型
			苔草、杂类草型
		小型莎草组汇总	
		中生蒿类草本组	牛尾蒿、杂类草型
		中生蒿类草本组汇总	
		中生杂类草组	风毛菊、杂类草型
			紫苞风毛菊、风毛菊型
			紫苞风毛菊、紫羊茅型
		中生杂类草组汇总	
	山地草甸类汇总		
	温性草甸草原类	小型莎草组	具牛尾蒿的异穗苔、大针茅型
		小型莎草组汇总	
		中旱生蒿类半灌木组	白莲蒿、狭叶艾型
			白莲蒿、杂类草型
			白莲蒿、紫苞风毛菊型
		中旱生蒿类半灌木组汇总	
		中生蒿类草本组	具白莲蒿的牛尾蒿、大针茅型
		中生蒿类草本组汇总	
		中生蒿类草木组	具白莲蒿的蒙古蒿、杂类草型

续表

县(市、区)	类中文	组中文	型中文
		中生蒿类草木组汇总	
	温性草甸草原类汇总		
泾源县汇总			
彭阳县	山地草甸类	中生杂类草组	风毛菊、杂类草型
		中生杂类草组汇总	
	山地草甸类汇总		
	温性草甸草原类	中旱生蒿类半灌木组	白莲蒿、风毛菊型
		中旱生蒿类半灌木组汇总	
		中生蒿类草本组	具白莲蒿的牛尾蒿、大针茅型
		中生蒿类草本组汇总	
	温性草甸草原类汇总		
	温性草原类	低丛生禾草组	长芒草、百里香型
			长芒草、星毛委陵菜型
			长芒草、杂类草型
		低丛生禾草组汇总	
		旱生蒿类半灌木组	白莲蒿、长芒草型
			茭蒿、长芒草型
		旱生蒿类半灌木组汇总	
		旱生蒿类小半灌木组	冷蒿、长芒草型
		旱生蒿类小半灌木组汇总	
	温性草原类汇总		
彭阳县汇总			
沙坡头区	山地草甸类	中生灌木杂类草组	具虎榛子的杂类草型
		中生灌木杂类草组汇总	

续表

县(市、区)	类中文	组中文	型中文
	山地草甸类汇总		
	温性草原化荒漠类	盐柴类小半灌木组	红砂、小禾草型
			红砂、珍珠猪毛菜型
			具刺叶柄棘豆的珍珠猪毛菜、红砂型
			具珍珠猪毛菜的松叶猪毛菜、红砂型
			松叶猪毛菜、红砂型
		盐柴类小半灌木组汇总	
	温性草原化荒漠类汇总		
	温性草原类	旱生蒿类半灌木组	白莲蒿、冷蒿型
		旱生蒿类半灌木组汇总	
	温性草原类汇总		
	温性荒漠草原类	低丛生禾草组	短花针茅、藏青锦鸡儿型
			短花针茅、红砂型
			短花针茅、荒漠锦鸡儿型
			短花针茅、薔状亚菊型
			短花针茅、隐子草型
			具刺叶柄棘豆的短花针茅、薔状亚菊型
			具红砂的短花针茅、薔状亚菊型
			具红砂的短花针茅、珍珠猪毛菜型
		低丛生禾草组汇总	
		垫状刺灌木组	藏青锦鸡儿、薔状亚菊型
			刺旋花、短花针茅型
			刺旋花、红砂型
			刺叶柄棘豆、短花针茅型

续表

县(市、区)	类中文	组中文	型中文
			刺叶柄棘豆、黑沙蒿型
		垫状刺灌木组汇总	
		强旱生小半灌木组	星毛短舌菊、菁状亚菊型
		强旱生小半灌木组汇总	
		小型莎草组	具珍珠猪毛菜的卵穗苔、隐子草型
		小型莎草组汇总	
		盐柴类小半灌木组	珍珠猪毛菜、卵穗苔型
		盐柴类小半灌木组汇总	
	温性荒漠草原类汇总		
	温性荒漠类	沙生半灌木组	白沙蒿型
		沙生半灌木组汇总	
		一年生盐生植物组	碱蓬、西伯利亚白刺型
		一年生盐生植物组汇总	
	温性荒漠类汇总		
沙坡头区汇总			
中宁县	温性草原化荒漠类	垫状刺灌木组	刺叶柄棘豆、红砂型
			刺叶柄棘豆、杂类草型
			具刺针枝蓼的刺叶柄棘豆、隐子草型
		垫状刺灌木组汇总	
		盐柴类小半灌木组	红砂、珍珠猪毛菜型
			具刺叶柄棘豆的珍珠猪毛菜、红砂型
		盐柴类小半灌木组汇总	
	温性草原化荒漠类汇总		
	温性荒漠草原类	低丛生禾草组	短花针茅、红砂型

续表

县(市、区)	类中文	组中文	型中文
			短花针茅、菵状亚菊型
			短花针茅、隐子草型
			具刺叶柄棘豆的短花针茅、菵状亚菊型
			具红砂的短花针茅、珍珠猪毛菜型
			具珍珠猪毛菜的隐子草、短花针茅型
		低丛生禾草组汇总	
		垫状刺灌木组	刺旋花、短花针茅型
			刺旋花、红砂型
			刺叶柄棘豆、刺旋花型
			刺叶柄棘豆、短花针茅型
			刺叶柄棘豆、黑沙蒿型
			刺叶柄棘豆、老瓜头型
		垫状刺灌木组汇总	
		强旱生小半灌木组	具藏青锦鸡儿的冷蒿、短花针茅型
			菵状亚菊、珍珠猪毛菜型
			星毛短舌菊、菵状亚菊型
		强旱生小半灌木组汇总	
		小型莎草组	具珍珠猪毛菜的卵穗苔、隐子草型
		小型莎草组汇总	
		盐柴类小半灌木组	红砂、刺叶柄棘豆型
			红砂、卵穗苔型
			珍珠猪毛菜、卵穗苔型
		盐柴类小半灌木组汇总	

续表

县(市、区)	类中文	组中文	型中文
	温性荒漠草原类汇总		
中宁县汇总			
海原县	山地草甸类	蕨组	蕨、杂类草型
		蕨组汇总	
		小型莎草组	具灌木的苔草型
			苔草、杂类草型
		小型莎草组汇总	
		中生灌木杂类草组	具灌木的柗子、苔草型
		中生灌木杂类草组汇总	
		中生蒿类草本组	牛尾蒿、风毛菊型
		中生蒿类草本组汇总	
		中生杂类草组	风毛菊、杂类草型
			具金露梅的风毛菊、苔草型
		中生杂类草组汇总	
	山地草甸类汇总		
	温性草甸草原类	小型莎草组	具牛尾蒿的异穗苔、大针茅型
		小型莎草组汇总	
		中生灌木杂类草组	虎榛子、白莲蒿型
		中生灌木杂类草组汇总	
	温性草甸草原类汇总		
	温性草原类	低丛生禾草组	具白莲蒿的长芒草、甘肃蒿型
			具白莲蒿的长芒草、早熟禾型
			长芒草、甘青针茅型
			长芒草、星毛委陵菜型
			长芒草、杂类草型

续表

县(市、区)	类中文	组中文	型中文
			长芒草、早熟禾型
		低丛生禾草组汇总	
		旱生蒿类半灌木组	白莲蒿、冷蒿型
			白莲蒿、长芒草型
			茭蒿、大针茅型
			茭蒿、星毛委陵菜型
			茭蒿、长芒草型
			具白莲蒿的茭蒿、大针茅型
			具白莲蒿的茭蒿、长芒草型
		旱生蒿类半灌木组汇总	
		旱生蒿类小半灌木组	冷蒿、长芒草型
		旱生蒿类小半灌木组汇总	
		旱生杂类草组	百里香、星毛委陵菜型
		旱生杂类草组汇总	
		中禾草组	大针茅、甘肃蒿型
			大针茅、长芒草型
		中禾草组汇总	
	温性草原类汇总		
	温性荒漠草原类	低丛生禾草组	短花针茅、荒漠锦鸡儿型
			短花针茅、薔状亚菊型
			短花针茅、隐子草型
		低丛生禾草组汇总	
	温性荒漠草原类汇总		
海原县汇总			
总计			

参考文献

[1] 宁夏回族自治区统计局，国家统计局宁夏调查总队. 2018 宁夏统计年鉴 [M]. 北京:中国统计出版社,2018.

[2] 中华人民共和国农业部畜牧兽医司，全国畜牧兽医总站. 中国草地资源 [M]. 北京:中国科学技术出版社,1996.

[3] 董永平,吴新宏,戎郁萍. 草原遥感监测技术[M]. 北京:化学工业出版社, 2005.

[4] 宁夏农业勘查设计院,宁夏畜牧局,宁夏农学院. 宁夏植被[M]. 银川:宁 夏人民出版社,1988.

[5] 赵勇,于钊. 宁夏草原监测[M]. 银川:阳光出版社,2016.

[6] 赵勇,黄文广. 宁夏草原常见植物手册——草甸草原册[M]. 银川:阳光出版 社,2019.

[7] 全国畜牧总站. 草原生产力和工程效益监测操作手册[M]. 北京:中国农 业出版社,2016.

[8] 马德滋,刘惠兰,胡福秀. 宁夏植物志(第二版)[M]. 银川:宁夏人民出版 社,2007.

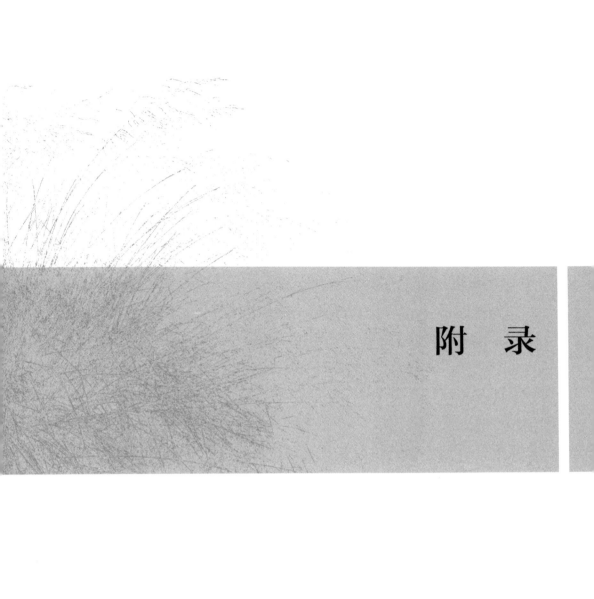

附　录

附录一

宁夏草原常见植物名录

蕨类植物门Pteridophyta

木贼科Equisetaceae

　木贼属 *Equisetum* L.

　　问荆 *Equisetum arvense* L.

　　木贼 *Equisetum hiemale* L.

　　节节草 *Equisetum ramosissimum* Desf.

凤尾蕨科 Pteridaceae

　蕨属 *Pteridium* Scop.

　　蕨（蕨菜）（变种）*Pteridium aquilinum*（L.）kuhn var. *latiusculiu*（Desv.）Underw.

裸子植物门 Gymnospermae

麻黄科 Ephedraceae

　麻黄属 *Ephedra Tourn.* et L.

　　斑子麻黄 *Ephedra rhytidosperma* Pachom.

　　中麻黄 *Ephedra intermedia* Schrenk ex Mém.

　　草麻黄 *Ephedra sinica* Stapf in Kew.

　　木贼麻黄 *Ephedra equisetina* Bge.

被子植物门 Angiospermae

双子叶植物纲 DICOTYLEDONEAE

桦木科 Betulaceae

虎榛子属 *Ostryopsis* Decne.

虎榛子 *Ostryopsis davidiana*（Baill.）Decne.

荨麻科 Urticaceae

荨麻属 *Urtica* L.

麻叶荨麻　蝎子草 *Urtica cannabina* L.

檀香科 Santalaceae

百蕊草属 *Thesium* L.

急折百蕊草 *Thesium refractum* C. A. Meyer in Bull.

蓼科 Polygonaceae

大黄属 *Rheum* L.

波叶大黄 *Rheum franzenbachii* Munt.

总序大黄 *Rheum racemiferum* Maxim in Bull.

矮大黄 *Rheum nanum* Siev ex Pall.

单脉大黄 *Rheum uninerve* Maxim in Bull.

掌叶大黄 *Rheum palmatum* L.

鸡爪大黄　唐古特大黄 *Rheum tanguticum* Maxim et Regel in Gartenfl.

酸模属 *Rumex* L.

巴天酸模 *Rumex patientia* L.

沙拐枣属 *Calligonum* L.

沙拐枣 *Calligonum mongolicum* Turcz.

针枝蓼属 *Atraphaxis* L.

刺针枝蓼 *Atraphaxis pungens*（M. B.）Jaub.

沙木蓼 *Atraphaxis bracteata* A. Los.

蓼属 *Polygonum* L.

圆叶蓼 *Polygonum intramongolicum* A. J. Li

珠芽蓼 *Polygonum viviparum* L.

拳参　石生蓼 *Polygonum bistorta* L.

西伯利亚蓼 *Polygonum sibiricum* Laxim.

尼泊尔蓼　头花蓼 *Polygonum nepalense* Meisn.

藜科 Chenopodiaceae

盐穗木属 *Halostachys* Mey.

盐穗木 *Halostachys caspica*（Bieb）C. A. Mey.

假木贼属 *Anabasis* L.

短叶假木贼 *Anabasis brevifolia* C. A. Mey.

梭梭属 *Haloxylon* Bge.

梭梭 *Haloxylon ammodendron*（C. A. Mey.）Bge.

驼绒藜属 *Ceratoides*（Tourn.）Gagnebin

驼绒藜 *Ceratoides latens*（J. F. Gmel.）Reveal et Holmgren

华北驼绒藜 *Ceratoides arborescens*（Losinsk）Tsien et C. G. Ma

猪毛菜属 *Salsola* L.

猪毛菜 *Salsola collina* Pall.

刺沙蓬 *Salsola ruthenica Iljin* in Coph.

紫翅猪毛菜 *Salsola beticolor Iljin* in Bull.

珍珠猪毛菜 *Salsola passerina* Bge.

木本猪毛菜 *Salsola arbuscula* Pall.

松叶猪毛菜 *Salsola laricifolia* Turcz.

地肤属 *Kochia* Roth

木地肤 *Kochia prostrata* (L.) Schrad.

地肤 *Kochia scoparia* (L.) Schard.

合头草属 *Sympegma* Bge.

合头草(黑柴)*Sympegma regelii* Bge.

盐爪爪属 *Kalidium* Moq.

细枝盐爪爪 *Kalidium gracile* Fenzl in Ledeb.

盐爪爪 *Kalidium foliatum* (Pall.) Moq.

尖叶盐爪爪 *Kalidium cuspidatum* (Ung.−Sternb.) Grub.

滨藜属 *Atriplex* L.

中亚滨藜 *Atriplex centralasiatica* Iljin in Act.

西伯利亚滨藜 *Atriplex sibirica* L.

碱蓬属 *Suaeda* Forsk. ex Scop.

碱蓬 *Suaeda glauca* (Bge.) Bge.

盐地碱蓬 *Suaeda salsa* (L.) Pall.

轴藜属 *Axyris* L.

轴藜 *Axyris amaranthoides* L.

沙蓬属 *Agriophyllum* Bieb.

沙蓬 *Agriophyllum squarrosum* (L.) Moq.

虫实属 *Corispermum* L.

碟果虫实 *Corispermum patelliforme* Iljin in Bull.

中亚虫实 *Corispermum heptapotamicum* Iljin in Act.

瘤果虫实 *Coryspermum tylocarpum* Hance in Jour.

雾冰藜属 *Bassia* All.

雾冰藜 *Bassia dasyphylla* (Fisch. et C. A. Mey.) Kuntze

藜属 *Chenopodium* L.

菊叶香藜 *Chenopodium foetidum* Schrad.

尖头叶藜 *Chenopodium acuminatum* Willd.

盐角草属 *Salicornia* L.

盐角草 *Salicornia europaea* L.

盐生草属 *Halogeton* C. A. Mey.

白茎盐生草 *Halogeton arachnoideus* Moq.

苋科 Amaranthaceae

苋属 *Amaranthus* L.

反枝苋 *Amaranthus retroflexus* L.

石竹科 Caryophyllaceae

裸果木属 *Gymnocarpos* Forsk.

裸果木 *Gymnocarpos przewalskii* Maxim.

卷耳属 *Cerastium* L.

卷耳 *Cerastium arvense* L.

蚤缀属 *Arenaria* L.

蚤缀 *Arenaria serpyllifolia* L.

繁缕属 *Stellaria* L.

银柴胡(变种)*Stellaria dichotoma* L. var. *lanceolata* Bge.

蝇子草属 *Silene* L.

麦瓶草 *Silene conoidea* L.

蝇子草 *Silene fortunei* Vis.

女娄菜属 *Melandrium* Roehl.

女娄菜 *Melandrium apricum*（Turcz. ex Fisch. et Mey.）Rohrb.

石竹属 *Dianthus* L.

石竹 *Dianthus chinensis* L.

瞿麦 *Dianthus superbus* L.

石头花属 *Gypsophila* L.

狭叶草原石头花 *Gypsophila davurica* Turcz. ex Fenzl. var. *angustifolia* Fenzl

毛茛科 Ranunculaceae

唐松草属 *Thalictrum* L.

丝叶唐松草 *Thalictrum foeniculaceum* Bge.

唐松草（变种） *Thalictrum aquilegifolium* L. var. *sibiricum* Regel

瓣蕊唐松草 *Thalictrum petaloideum* L.

乌头属 *Aconitum* L.

松潘乌头 *Aconitum sungpanense* Hand.−Mazz.

西伯利亚乌头（变种） *Aconitum barbatum* Pers. var. *hispidum* DC.

伏毛铁棒锤 *Aconitum flavum* Hand.−Mazz.

翠雀花属 *Delphinium* L.

翠雀 *Delphinium grandiflorum* L.

软毛翠雀 *Delphinium mollipilum* W. T. Wang

毛茛属 *Ranunculus* L.

茴茴蒜 *Ranunculus chinensis* Bge.

侧金盏花属 *Adonis* L.

甘青侧金盏花 *Adonis babroviana* Sim.

银莲花属 *Anemone* L.

大火草 *Anemone tomentosa*（Maxim.）Péi.

疏齿银莲花 *Anemone obtusiloba* D.

白头翁属 *Pulsatilla* Adans.

白头翁 *Pulsatilla chinensis*（Bge.）Regel Tent.

蒙古白头翁 *Pulsatilla ambigua* Turcz.

铁线莲属 *Clematis* L.

芹叶铁线莲 *Clematis aethusifolia* Turcz.

甘青铁线莲 *Clematis tangutica*（Maxim.）Korsh.

黄花铁线莲 *Clematis intricata* Bge.

灰叶铁线莲 *Clematis canescens*（Turcz.）W. T. Wang et M. C. Chang

小叶铁线莲 *Clematis nannophylla* Maxim.

灌木铁线莲 *Clematis fruticosa* Turcz.

小檗科 Berberidaceae

小檗属 *Berberis* L.

鄂尔多斯小檗 *Berberis caroli* Schneid.

西伯利亚小檗 *Berberis sibirica* Pall.

短柄小檗 *Berberis brachypoda* Maxim.

淫羊藿属 *Epimedium* L.

短角淫羊藿 *Epimedium brevicornus* Maxim.

罂粟科 Papaveraceae

绿绒蒿属 *Meconopsis* Vig.

五脉绿绒蒿 *Meconopsis quintuplinervia* Regel in Gart.

罂粟属 *Papaver* L.

野罂粟 *Papaver nudicaule* L.

角茴香属 *Hypecoum* L.

角茴香 *Hypecoum erectum* L.

紫堇属 *Corydalis* Vent.

灰绿黄堇 *Corydalis adunca* Maxim.

十字花科 Cruciferae

沙芥属 *Pugionium* Gaertn.

沙芥 *Pugionium cornutum*（L.）Gaertn.

菥蓂属 *Thlaspi* L.

蓂 *Thlaspi arvense* L.

独行菜属 *Lepidium* L.

独行菜 *Lepidium apetalum* Willd.

葶苈属 *Draba* L.

葶苈 *Draba nemorosa* L.

燥原荠属 *Ptilotrichum* C. A. Mey.

燥原荠 *Ptilotrichum canescens*（DC.）C. A. Mey.

连蕊芥属 *Synstemon* Botsch.

连蕊芥　陇芥 *Synstemon petrovii* Botsch.

扭果芥属 *Torularia*（Cosson）O. E. Schulz

蚓果芥 *Torularia humilis*（C. A. Mey.）O. E. Schulz

南芥属 *Arabis* L.

垂果南芥 *Arabis pendula* L.

涩芥属 *Malcolmia* R. Br.

涩荠　离蕊芥 *Malcolmia africana*（L.）R. Br.

景天科 Crassulaceae

瓦松属 *Orostachys* Fisch.

瓦松 *Orostachys fimbriatus*（Turcz.）Berger

景天属 *Sedum* L.

费菜 *Sedum aizoon* L.

虎耳草科 Saxifragaceae

虎耳草属 *Saxifraga* L.

鳞茎虎耳草 *Saxifraga cernua* L.

蔷薇科 Rosaceae

绣线菊属 *Spiraea* L.

蒙古绣线菊 *Spiraea mongolica* Maxim.

耧斗菜叶绣线菊 *Spiraea aquilegifolia* Pall.

栒子属 *Cotoneaster* B. Ehrhart

水枸子 *Cotoneaster multiflorus* Bge.

准噶尔枸子 *Cotoneaster soongoricus*（Regel et Herd.）Popov

灰枸子 *Cotoneaster acutifolius* Turcz.

蔷薇属 *Rosa* L.

峨嵋蔷薇 *Rosa omeiensis* Rolfe

黄蔷薇 *Rosa hugonis* Hemsl.

黄刺玫 *Rosa xanthina* Lindl.

美蔷薇 *Rosa bella* Rehd.

龙牙草属 *Agrimonia* L.

龙牙草 *Agrimonia pilosa* Ledeb.

地榆属 *Sanguisorba* L.

地榆 *Sanguisorba officinalis* L.

悬钩子属 *Rubus* L.

美丽悬钩子 *Rubus amabilis* Focke

覆盆子　插田泡 *Rubus coreanus* Miq.

草莓属 *Fragaria* L.

东方草莓 *Fragaria orientalis* Lozinsk.

山莓草属 *Sibbaldia* L.

伏毛山莓草 *Sibbaldia adpressa* Bge.

委陵菜属 *Potentilla* L.

银露梅 *Potentilla glabra* Lodd.

金露梅 *Potentilla fruticosa* L.

星毛委陵菜 *Potentilla acaulis* L.

匍匐委陵菜 *Potentilla reptans* L.

匍枝委陵菜 *Potentilla flagellaris* Willd.

二裂委陵菜 *Potentilla bifurca* L.

鹅绒委陵菜 *Potentilla anserina* L.

莓叶委陵菜 *Potentilla fragarioides* L.

菊叶委陵菜 *Potentilla tanacetifolia* Willd.

西山委陵菜 *Potentilla sischanensis* Bge.

多裂委陵菜 *Potentilla multifida* L.

掌叶多裂委陵菜（变种）var. *ornithopoda* Wolf

委陵菜 *Potentilla chinensis* Ser.

扁核木属 *Prinsepia* Royle

蕤核　马茹子 *Prinsepia uniflora* Batal.

桃属 *Amygdalus* L.

蒙古扁桃 *Amygdalus mongolica*（Maxim.）Ricker

豆科 Leguminosae

槐属 *Sophora* L.

苦豆子 *Sophora alopecuroides* L.

沙冬青属 *Ammopiptanthus* Cheng f.

沙冬青 *Ammopiptanthus mongolicus*（Maxim.）Cheng f.

黄华属 *Thermopsis* R. Br.

披针叶黄华 *Thermopsis lanceolata* R. Br.

苜蓿属 *Medicago* L.

野苜蓿　黄花苜蓿 *Medicago falcata* L.

草木樨属 *Melilotus* Adans.

白香草木樨 *Melilotus albus* Medic.

草木樨 *Melilotus suaveolens* Ledeb.

黄香草木樨 *Melilotus officinalis*（L.）Desr.

扁蓿豆属 *Meillotoides* Heist ex Fabr.

花苜蓿 *Meillotoides ruthenica*（L.）Sojak

野豌豆属 *Vicia* L.

　　歪头菜 *Vicia unijuga* A. Br.

　　山野豌豆 *Vicia amoena* Fisch.

　　广布野豌豆 *Vicia cracca* L.

山黧豆属 *Lathyrus* L.

　　茳芒山黧豆 *Lathyrus davidii* Hance

　　牧地山黧豆 *Lathyrus pratensis* L.

木蓝属 *Indigofera* L.

　　铁扫帚　本氏木兰 *Indigofera bungeana* Walp.

苦马豆属 *Sphaerophysa* DC. Salisb.

　　苦马豆 *Sphaerophysa salsula*（Pall.）DC.

锦鸡儿属 *Caragana* Lam.

　　甘肃锦鸡儿 *Caragana kansuensis* Pojark.

　　甘蒙锦鸡儿 *Caragana opulens* Kom.

　　短角锦鸡儿 *Caragana brachypoda* Pojark.

　　细叶锦鸡儿 *Caragana stenophylla* Pojark.

　　鬼箭锦鸡儿 *Caragana jubata*（Pall.）Poir.

　　藏青锦鸡儿 *Caragana tibetica* Kom.

　　荒漠锦鸡儿 *Caragana roborovskii* Kom.

　　柠条锦鸡儿 *Caragana korshinskii* Kom.

　　小叶锦鸡儿 *Caragana microphylla* Lam.

　　中间锦鸡儿 var. *tomentosa* Kom.

甘草属 *Glycyrrhiza* L.

　　甘草 *Glycyrrhiza uralensis* Fisch.

棘豆属 *Oxytropis* DC.

　　刺叶柄棘豆　猫头刺 *Oxytropis aciphylla* Ledeb.

镰形棘豆 *Oxytropis falcata* Bge.

狐尾藻棘豆 *Oxytropis myriophylla*（Pall.）DC.

砂珍棘豆 *Oxytropis gracilima* Bge.

二色棘豆 *Oxytropis bicolor* Bge.

鳞萼棘豆 *Oxytropis squammulosa* DC.

黄花棘豆　马绊肠 *Oxytropis ochrocephala* Bge.

小花棘豆 *Oxytropis glabra*（Lam.）DC.

黄芪属 *Astragalus* L.

胀萼黄芪 *Astragalus ellipsoideum* Ledeb.

单叶黄芪 *Astragalus efoliolatus* Hand.−Mzt. Ho

短龙骨瓣黄芪 *Astragalus parvicarinatus* S. B.

乳白花黄芪 *Astragalus galactites* Pall.

糙叶黄芪 *Astragalus scaberrimus* Bge.

细茎黄芪 *Astragalus miniatus* Bge.

直立黄芪　沙打旺 *Astragalus adsurgens* Pall.

黄芪 *Astragalus hoantchy* Franch.

草木樨状黄芪 *Astragalus melilotoides* Pall.

悬垂黄芪 *Astragalus dependens* Bge.

皱黄芪 *Astragalus tartaricus* Franch.

米口袋属 *Gueldenstaedtia* Fisch.

狭叶米口袋 *Gueldenstaedtia stenophylla* Bge.

岩黄芪属 *Hedysarum* L.

宽叶多序岩黄芪（变种）*Hedysarum polybotrys* Hand.−Mazz. var. *alaschanicum*
（B. Fedtsch.）H. C. Fu et Z. Y. Chu

短翼岩黄芪 *Hedysarum brachypterum* Bge.

红花岩黄芪 *Hedysarum multijugum* Maxim.

细枝岩黄芪　花棒 *Hedysarum scoparium* Fisch.

蒙古岩黄芪　杨柴 *Hedysarum mongolicum* Turcz.

塔落岩黄芪 *Hedysarum laeve* Maxim.

胡枝子属 *Lespedeza* Michx.

胡枝子 *Lespedeza bicolor* Turcz.

达乌里胡枝子 *Lespedeza davurica*（Laxim.）Schindl.

牻牛儿苗科 Geraniaceae

熏倒牛属 *Bieberstenia* Steph. ex Fisch.

熏倒牛 *Bieberstenia heterostemon* Maxim.

牻牛儿苗属 *Erodium* L´Herit.

牻牛儿苗 *Erodium stephanianum* Willd.

老鹳草属 *Geranium* L.

鼠掌老鹳草 *Geranium sibiricum* L.

草甸老鹳草 *Geranium pratense* L.

毛蕊老鹳草 *Geranium eriostemon* Fisch.

亚麻科 Linaceae

亚麻属 *Linum* L.

野亚麻 *Linum stelleroides* Planch.

宿根亚麻 *Linum perenne* L.

蒺藜科 Zygophyllaceae

白刺属 *Nitraria* L.

小果白刺 *Nitraria sibirica* Pall.

白刺 *Nitraria tangutorum* Bobr.

骆驼蓬属 *Peganum* L.

多裂骆驼蓬（变种）*Peganum harmala* L. var. *multisecta* Maxim.

匍根骆驼蓬 *Peganum nigellastrum* Bge.

霸王属 *Zygophyllum* L.

霸王 *Zygophyllum xanthoxylum*（Bge.）Maxim.

草霸王　蟹胡草 *Zygophyllum mucronatum* Maxim.

蒺藜属 *Tribulus* L.

蒺藜 *Tribulus terrestris* L.

四合木属 *Tetraena* Maxim.

四合木油柴 *Tetraena mongolica* Maxim.

芸香科 Rutaceae

拟芸香属 *Haplophyllum* A. Juss.

北芸香 *Haplophyllum dauricum*（L.）G.

针枝芸香 *Haplophyllum tragacanthoides* Diels

远志科 Polygalaceae

远志属 *Polygala* L.

远志 *Polygala tenuifolia* Willd.

西伯利亚远志 *Polygala sibirica* L.

大戟科 Euphorbiaceae

大戟属 *Euphorbia* L.

地锦 *Euphorbia humifusa* Willd.

泽漆 *Euphorbia helioscopia* L.

沙生大戟 *Euphorbia kozlovii* Prokh.

乳浆大戟 *Euphorbia esula* L.

甘遂 *Euphorbia kansui* Liou

卫矛科 Celastraceae

卫矛属 *Euonymus* L.

矮卫矛 *Euonymus nanus* Bieb.

卫矛 *Euonymus alatus*（Thunb.）Sieb.

鼠李科 Rhamnaceae

枣属 *Zizyphus* Mill.

酸枣（变种）*Zizyphus jujuba* Mill. var. *spinosa*（Bge.）Hu ex H. F. Chow

鼠李属 *Rhamnus* L.

小叶鼠李 *Rhamnus parvifolia* Bge.

藤黄科 Guttiferae

金丝桃属 *Hypericum* L.

突脉金丝桃 *Hypericum przewalskii* Maxim.

柽柳科 Tamaricaceae

红砂属 *Reaumuria* L.

红砂 *Reaumuria soongarica*（Pall.）Maxim.

柽柳属 *Tamarix* L.

多枝柽柳 *Tamarix ramosissima* Ledeb.

多花柽柳 *Tamarix hohenackeri* Bge.

柽柳 *Tamarix chinensis* Lour.

堇菜科 Violaceae

堇菜属 *Viola* L.

二花堇菜 *Viola biflora* L.

裂叶堇菜 *Viola dissecta* Ledeb.

瑞香科 Thymelaeaceae

瑞香属 *Daphne* L.

黄瑞香　祖师麻 *Daphne giraldii* Nitseche Beitr.

狼毒属 *Stellera* L.

狼毒 *Stellera camaejasme* L.

胡颓子科 Elaeagnaceae

沙棘属 *Hippophae* L.

沙棘黑刺 *Hippophae rhamnoides* L.

柳叶菜科 Oenotheraceae

柳叶菜属 *Epilobium* L.

柳叶菜 *Epilobium hirsutum* L.

柳兰 *Epilobium angustifolium* L.

锁阳科 Cynomoriaceae

锁阳属 *Cynomorium* L.

锁阳 *Cynomorium songaricum* Rupr.

伞形科 Umbelliferae

迷果芹属 *Sphallerocarpus* Bess.

迷果芹 *Sphallerocarpus gracilis*（Bess. ex Trevir.）K.-Pol.

柴胡属 *Bupleurum* L.

黑柴胡 *Bupleurum smithii* Wolff in Act.

红柴胡 *Bupleurum scorzonerifolium* Willd.

北柴胡 *Bupleurum chinense* DC.

棱子芹属 *Pleurospermum* Hoffm.

鸡冠棱子芹 *Pleurospermum cristatum de* Boiss.

当归属 *Angelica* L.

白芷 *Angelica dahurica*（Fisch. ex Hoffm.）Benth.

阿魏属 *Ferula* L.

沙茴香 *Ferula bungeana* Kitag.

前胡属 *Peucedanum* L.

长前胡 *Peucedanum turgeniifolium* Wolff

报春花科 Primulaceae

报春花属 *Primula* L.

胭脂花　段报春 *Primula maximowiczii* Regel

点地梅属 *Androsace* L.

直茎点地梅 *Androsace erecta* Maxim.

西藏点地梅 *Androsace mariae* Kanitz

蓝雪科 Plumbaginaceae

补血草属 *Limonium* Mill.

黄花补血草 *Limonium aureum*（L.）Hill.

细枝补血草 *Limonium tenellum*（Turcz.）O.

二色补血草 *Limonium bicolor*（Bge.）Kuntze

小蓝雪花属 *Plumbagella* Spach

小蓝雪花 *Plumbagella micrantha*（Ledeb.）Spach

木樨科 Oleaceae

丁香属 *Syringa* L.

羽叶丁香 *Syringa pinnatifolia* Hemsl.

马钱科 Loganiaceae

醉鱼草属 *Buddleja* L.

互叶醉鱼草 *Buddleja alternifolia* Maxim.

龙胆科 Gentianaceae

龙胆属 *Gentiana* L.

鳞叶龙胆 *Gentiana squarrosa* Ledeb.

秦艽 *Gentiana macrophylla* Pall.

麻花艽 *Gentiana straminea* Maxim.

达乌里龙胆 *Gentiana dahurica* Fisch.

花锚属 *Halenia* Borkh.

椭圆叶花锚 *Halenia elliptica* D. Don.

扁蕾属 *Gentianopsis* Ma

扁蕾 *Gentianopsis barbata*（Froel.）Ma

湿生扁蕾 *Gentianopsis paludosa*（Hook. f.）Ma

喉花草属 *Comastoma* Toyokuni

  皱萼喉毛花 *Comastoma polycladum*（Diels et Gilg）T. N.

肋柱花属 *Lomatogonium* A. Br.

  辐状肋柱花 *Lomatogonium rotatum*（Balf. f.）Fern.

獐牙菜属 *Swertia* L.

  淡味獐牙菜 *Swertia diluta*（Turcz.）Benth.

萝藦科 Asclepiadaceae

杠柳属 *Periploca* L.

  杠柳 *Periploca sepium* Bge.

鹅绒藤属 *Cynanchum* L.

  鹅绒藤 *Cynanchum chinense* R. Br.

  羊角子草 *Cynanchum cathayense* Tsiang

  老瓜头 *Cynanchum komarovii* Al.

  地梢瓜 *Cynanchum thesioides*（Freyn）K.

旋花科 Convolvulaceae

菟丝子属 *Cuscuta* L.

  菟丝子 *Cuscuta chinensis* Lam.

旋花属 *Convolvulus* L.

  鹰爪柴 *Convolvulus gortschakovii* Schrenk.

  刺旋花 *Convolvulus tragacanthoides* Turcz.

  银灰旋花 *Convolvulus ammannii* Desr.

紫草科 Boraginaceae

砂引草属 *Messerchmidia* L.

  砂引草 *Messerchmidia sibirica* L. var.

假紫草属 *Arnebia* Forsk.

灰毛假紫草 *Arnebia fimbriata* Maxim.

假紫草 *Arnebia guttata* Bge.

狼紫草属 *Lycopsis* L.

狼紫草 *Lycopsis orientalis* L.

紫草属 *Lithospermum* L.

紫草 *Lithospermum erythrorhizon* Sieb.

琉璃草属 *Cynoglossum* L.

大果琉璃草 *Cynoglossum divaricatum* Steph.

鹤虱属 *Lappula* V. Wolf

鹤虱 *Lappula* myosotis V. Wolf.

附地菜属 *Trigonotis* Stev.

附地菜 *Trigonotis peduncularis*（Trev.）Benth.

斑种草属 *Bothriospermum* Bge.

狭苞斑种草 *Bothriospermum kusnezowii* Bge.

多苞斑种草 *Bothriospermum secundum* Maxim.

马鞭草科 Verbenaceae

莸属 *Caryopteris* Bge.

蒙古莸 *Caryopteris mongolica* Bge.

唇形科 Labiatae

黄芩属 *Scutellaria* L.

多毛并头黄芩（变种）*Scutellaria scordifolia* Fisch. ex Schrank var. *rillosissima* C. Y. Wu et W. T. Wang

甘肃黄芩 *Scutellaria rehderiana* Diels

香薷属 *Elsholtzia* Willd.

香薷 *Elsholtzia ciliata*（Thunb.）Hyland.

密花香薷 *Elsholtzia densa* Benth.

鼠尾草属 *Salvia* L.

　　黏毛鼠尾草 *Salvia roborowskii* Maxim.

青兰属 *Dracocephalum* L.

　　甘青青兰 *Dracocephalum tanguticum* Maxim.

　　白花枝子花 *Dracocephalum heterophyllum* Benth.

　　刺齿枝子花 *Dracocephalum peragrinum* L.

　　香青兰 *Dracocephalum moldavica* L.

　　灌木青兰 *Dracocephalum fruticulosum* subsp. *psammophilum* H. C. Fu

　　毛建草 *Dracocephalum rupestre* Hance

荆芥属 *Nepeta* L.

　　康藏荆芥 *Nepeta prattii* Levl.

糙苏属 *Phlomis* L.

　　串铃草　蒙古糙苏 *Phlomis mongolica* Turcz.

　　尖齿糙苏 *Phlomis dentosa* Franch.

水苏属 *Stachys* L.

　　甘露子 *Stachys sieboldii* Miq.

野芝麻属 *Lamium* L.

　　短柄野芝麻 *Lamium album* L.

　　野芝麻 *Lamium barbatum* Sieb.

兔唇花属 *Lagochilus* Bge.

　　冬青叶兔唇花 *Lagochilus ilicifolius* Bge.

益母草属 *Leonurus* L.

　　益母草 *Leonurus japonicus* Houtt.

脓疮草属 *Panzeria* Moench

　　脓疮草 *Panzeria alaschanica* Kupr

风轮菜属 *Clinopodium* L.

风轮菜 *Clinopodium urticifolium*（Hance）C. Y.

紫苏属 *Perilla* L.

紫苏 *Perilla frutescens*（L.）Britt.

百里香属 *Thymus* L.

百里香 *Thymus mongolicus* Ronn.

薄荷属 *Mentha* L.

薄荷 *Mentha haplocalyx* Briq.

茄科 Solanaceae

茄属 *Solanum* L.

青杞　野茄子 *Solanum septemlobum* Bge.

天仙子属 *Hyoscyamus* L.

天仙子　莨菪 *Hyoscyamus niger* L.

玄参科 Scrophulariaceae

地黄属 *Rehmannia* Libosch. ex Fisch. et Mey.

地黄 *Rehmannia glutinosa*（Gaert.）Libosch.

野胡麻属 *Dodartia* L.

野胡麻 *Dodartia orientalis* L.

小米草属 *Euphrasia* L.

小米草 *Euphrasia pectinata* Ten.

马先蒿属 *Pedicularis* L.

红纹马先蒿 *Pedicularis striata* Pall.

中国马先蒿 *Pedicularis chinensis* Maxim.

藓生马先蒿 *Pedicularis muscicola* Maxim.

穗花马先蒿 *Pedicularis spicata* Pall.

轮叶马先蒿 *Pedicularis verticillata* L.

甘肃马先蒿 *Pedicularis kansuensis* Maxim.

弯管马先蒿 *Pedicularis curvituba* Maxim.

大黄花属 *Cymbaria* L.

　光药大黄花　蒙古芯芭 *Cymbaria mongolica* Maxim.

婆婆纳属 *Veronica* L.

　细叶婆婆纳 *Veronica linariifolia* Pall.

紫葳科 Bignoniaceae

角蒿属 *Incarvillea* Juss.

　角蒿 *Incarvillea sinensis* Lam.

　黄花角蒿（变种）var. *przewalskii*（Batal.）C. Y.

列当科 Orobanchaceae

列当属 *Orobanche* L.

　列当 *Orobanche coerulescens* Steph.

　欧亚列当 *Orobanche cernua Loefling* Iter.

肉苁蓉属 *Cistanche* Hoff. et Link

　沙苁蓉 *Cistanche sinensis* G.

　盐生肉苁蓉 *Cistanche salsa*（C. A. Mey.）G.

车前科 Plantaginaceae

车前属 *Plantago* L.

　细叶车前 *Plantago minuta* Pall.

　平车前 *Plantago depressa* Willd.

　大车前 *Plantago major* L.

茜草科 Rubiaceae

野丁香属 *Leptodermis* Wall.

　内蒙野丁香 *Leptodermis ordosica* H. C.

茜草属 *Rubia* L.

　茜草 *Rubia cordifolia* L.

拉拉藤属 *Galium* L.

　　北方拉拉藤　砧草 *Galium boreale* L.

　　四叶葎 *Galium bungei* Steud.

　　蓬子菜 *Galium verum* L.

忍冬科 Caprifoliaceae

　　接骨木属 *Sambucus* L.

　　　　血满草 *Sambucus adnata* Wall.

　　忍冬属 *Lonicera* L.

　　　　小叶忍冬 *Lonicera microphylla* Willd.

败酱科 Valerianaceae

　　败酱属 *Patrinia* Juss.

　　　　岩败酱 *Patrinia rupestris*（Pall.）Dufr.

　　　　糙叶败酱（亚种）*subsp. scabra*（Bge.）H. J.

　　缬草属 *Valeriana* L.

　　　　西北缬草　小缬草　小香草 *Valeriana tangutica* Batal.

川续断科 Dipsacaceae

　　川续断属 *Dipsacus* L.

　　　　续断 *Dipsacus japonicus* Miq.

　　山萝卜属 *Scabiosa* L.

　　　　华北蓝盆花 *Scabiosa tschiliensis* Grun.

桔梗科 Campanulaceae

　　党参属 *Codonopsis* Wall.

　　　　党参 *Codonopsis pilosula*（Franch.）Nannf.

　　风铃草属 *Campanula* L.

　　　　紫斑风铃草 *Campanula punctata* Lamk.

　　沙参属 *Adenophora* Fisch.

紫沙参 *Adenophora paniculata* Nannf.

长柱沙参 *Adenophora stenanthina*（Ledeb.）Kitag.

石沙参 *Adenophora polyantha* Nakai

泡沙参 *Adenophora potaninii* Korsh.

菊科 Compositae

鸦葱属 *Scorzonera* L.

叉枝鸦葱 *Scorzonera divaricata* Turcz.

假叉枝鸦葱 *Scorzonera pseudodivaricata* Lipsch.

桃叶鸦葱 *Scorzonera sinensis* Lipsch.

鸦葱 *Sorzonera austriaca* Willd.

毛连菜属 *Picris* L.

毛连菜 *Picris japonica* Thunb.

蒲公英属 *Taraxacum* Weber.

蒲公英 *Taraxacum mongolicum* Hand. −Mazz.

苦苣菜属 *Sonchus* L.

苣荬菜　甜苦苦菜 *Sonchus arvensis* L.

苦苣菜 *Sonchus oleraceus* L.

乳苣属 *Mulgedium* Cass.

乳苣　蒙山莴苣　苦苦菜 *Mulgedium tataricum*（L.）DC.

黄鹌菜属 *Youngia* Cass.

细茎黄鹌菜 *Youngia tenuicaulis*（Babc. et Stebb.）Czerep.

细叶黄鹌菜 *Youngia tenuifolia*（Willd.）Babc.

苦荬菜属 *Ixeris* Cass.

山苦荬 *Ixeris chinensis*（Thunb.）Nakai

丝叶山苦荬(变种) var. *graminifolia*（Ledeb.）H. C.

抱茎苦荬菜 *Ixeris sonchifolia*（Bge.）Hance

紫菀木属 *Asterothamnus* Novopokr.

　　中亚紫菀木 *Asterothamnus centrali-asiaticus* Novopokr.

马兰属 *Kalimeris* Cass.

　　北方马兰 *Kalimeris mongolica*（Franch.）Kitam.

狗娃花属 *Heteropappus* Less.

　　阿尔泰狗娃花 *Heteropappus altaicus*（Willd.）Novopokr.

紫菀属 *Aster* L.

　　狭苞紫菀 *Aster farreri* W. W. Smith

短星菊属 *Brachyactis* Ledeb.

　　短星菊 *Brachyactis ciliata*（Ledeb.）Ledeb.

飞蓬属 *Erigeron* L.

　　长茎飞蓬 *Erigeron elongatus* Ledeb.

橐吾属 *Ligularia* Cass.

　　大黄橐吾 *Ligularia duciformis*（C. Winkl.）Hand. -Mazz.

　　掌叶橐吾 *Ligularia przewalskii*（Maxim.）Diels

　　箭叶橐吾 *Ligularia sagitta*（Maxim.）Mattf.

　　西伯利亚橐吾 *Ligularia sibirica*（L.）Cass.

尾药菊属 *Synotis*（C. B. Clarke）C. Jeffrey et Y. L. Chen

　　术叶菊　术叶千里光 *Synotis atractylidifolia*（Ling）C.

狗舌草属 *Tephroseris*（Reichenb.）Reichenb.

　　红轮狗舌草　红轮千里光 *Tephroseris flammea*（Turcz. ex DC.）Holub

千里光属 *Senecio* L.

　　羽叶千里光　额河千里光 *Senecio argunensis* Turcz.

蟹甲草属 *Cacalia* L.

　　太白蟹甲草 *Cacalia pilgeriana*（Diels）Ling

短舌菊属 *Brachanthemum* DC.

星毛短舌菊 *Brachanthemum pulvinatum* （Hand. −Mzt.）Shih

菊属 *Dendranthemum* （DC.）Des Moul.

小红菊 *Dendranthemum chanetii* （Levl.）Shih

甘菊 *Dendranthemum lavandulaefolium* （Fisch. ex Trautv.）Kitam.

紊蒿属 *Elachanthemum* Ling et Y. R. Ling

紊蒿 *Elachanthemum intricatum* （Franch.）Ling

女蒿属 *Hippolytia* Poljak.

女蒿 *Hippolytia trifida* （Turcz.）Poljak.

亚菊属 *Ajania* Poljak.

灌木亚菊 *Ajania fruticulosa* （Ledeb.）Poljak.

细裂亚菊 *Ajania przewalskii* Poljak.

细叶亚菊 *Ajania tenuifolia* （Jacq.）Tzvel.

蒿属 *Artemisia* L.

大籽蒿 *Artemisia sieversiana* Ehrhart ex Willd.

莳萝蒿 *Artemisia anethoides* Mattf.

碱蒿 *Artemisia anethifolia* Web.

冷蒿　小白蒿 *Artemisia frigida* Willd.

黄花蒿 *Artemisia annua* L.

褐苞蒿 *Artemisia phaeolepis* Krasch.

裂叶蒿 *Artemisia tanacetifolia* L.

白莲蒿 *Artemisia sacrorum* Ledeb.

细裂叶莲蒿 *Artemisia gmelinii* Web.

万年蒿 var. *vestita* Nakai Fl.

辽东蒿 *Artemisia verbenacea* （Kom.）Kitag.

艾蒿 *Artemisia argyi* Levl.

蒙古蒿 *Artemisia mongolica* （Fisch. ex Bess.）Nakai

龙蒿　狭叶青蒿 *Artemisia dracunculus* L.

糜蒿 *Artemisia blepharolepis* Bge.

猪毛蒿 *Artemisia scoparia* Waldst.

甘肃蒿 *Artemisia gansuensis* Ling

圆头蒿　白沙蒿 *Artemisia sphaerocephala* Krasch.

黑沙蒿 *Artemisia ordosica* Krasch.

盐蒿　差不嘎蒿 *Artemisia halodendron* Turcz.

沙蒿　漠蒿 *Artemisia desertorum* Spreng.

无毛牛尾蒿（变种）*Artemisia dubia* Wall. ex Bess. var. *subdigitata*（Mattf.）Y. R. Ling

华北米蒿 *Artemisia giraldii* Pamp.

栉叶蒿属 *Neopallasia* Poljak.

栉叶蒿 *Neopallasia pectinata*（Pall.）Poljak.

蓝刺头属 *Echinops* L.

砂蓝刺头 *Echinops gmelini* Turcz.

蓝刺头 *Echinops latifolius* Tausch.

火烙草 *Echinops przewalskii* Iljin

牛蒡属 *Arctium* L.

牛蒡 *Arctium lappa* L.

鳍蓟属 *Olgaea* Iljin

鳍蓟 *Olgaea leucophylla*（Turcz.）Iljin

青海鳍蓟 *Olgaea tangutica* Iljin

飞廉属 *Carduus* L.

飞廉 *Carduus crispus* L.

蓟属 *Cirsium* Mill.

魁蓟 *Cirsium leo* Nakai et Kitag.

刺儿菜 *Cirsium segetum* Bge.

大蓟　大刺儿菜 *Cirsium setosum*（Willd.）MB.

风毛菊属 *Saussurea* DC.

紫苞风毛菊 *Saussurea iodostegia* Hance

禾叶风毛菊 *Saussurea graminea* Dunn.

小花风毛菊 *Saussurea parviflora*（Poir.）DC.

柳叶菜风毛菊 *Saussurea epilobioides* Maxim.

西北风毛菊 *Saussurea petrovii* Lipsch.

折苞风毛菊 *Saussurea recurvata*（Maxim.）Lipsch.

华北风毛菊 *Saussurea mongolica*（Franch.）Franch.

盐地风毛菊 *Saussurea salsa*（Pall.）Spreng.

草地风毛菊 *Saussurea amara*（L.）DC.

碱地风毛菊 *Saussurea runcinata* DC.

风毛菊 *Saussurea japonica*（Thunb.）DC.

苓菊属 *Jurinea* Cass.

蒙疆苓菊　地棉花 *Jurinea mongolica* Maxim.

麻花头属 *Serratula* L.

蕴苞麻花头 *Serratula stranglata* Iljin

麻花头 *Serratula centauroides* L.

顶羽菊属 *Acroptilon* Cass.

顶羽菊苦蒿 *Acroptilon repens*（L.）DC.

祁州漏芦属 *Stemmacantha* Bass

祁州漏芦 *Stemmacantha uniflora*（L.）Dittrich

火绒草属 *Leontopodium* R. Br.

矮火绒草 *Leontopodium nanum*（Hook. f. et Thoms.）Hand. −Mazz.

绢茸火绒草 *Leontopodium smithianum* Hand. −Mazz.

火绒草 *Leontopodium leontopodioides*（Willd.）Beauv.

香青属 *Anaphalis* DC.

铃铃香青 *Anaphalis hancockii* Maxim.

乳白香青 *Anaphalis lactea* Maxim.

香青 *Anaphalis sinica* Hance

旋覆花属 *Inula* L.

蓼子朴　沙地旋覆花 *Inula salsoloides*（Turcz.）Ostenf.

旋覆花 *Inula japonica* Thunb.

单子叶植物纲 MONOCOTYLEDONEAE

禾本科 Gramineae

披碱草属 *Elymus* L.

垂穗披碱草 *Elymus nutans* Griseb.

老芒麦 *Elymus sibiricus* L.

披碱草 *Elymus dahurica* Turcz.

赖草属 *Leymus* Hoch.

赖草 *Leymus secalinus*（Georgi）Tzvel.

鹅观草属 *Roegneria* C. Koch

肃草 *Roegneria stricta* Keng

阿拉善鹅观草 *Roegneria kanashiror*（Ohwi）Chang Comb.

紫穗鹅观草 *Roegneria purpurascens* Keng

冰草属 *Agropyron* Gaertn.

沙芦草 *Agropyron mongolicum* Keng

沙生冰草 *Agropyron desertorum*（Link）Schult.

冰草 *Agropyron cristatum*（L.）Beauv.

虎尾草属 *Chloris* Swartz

虎尾草 *Chloris virgata* Swartz Fl.

草沙蚕属 *Tripogon* Roem. et Schult.

中华草沙蚕 *Tripogon chinensis*（Franch.）Hack.

看麦娘属 *Alopecurus* L.

苇状看麦娘 *Alopecurus arundinaceus* Poir.

野青茅属 *Deyeuxia* Clar.

大叶章 *Deyeuxia langsdorffii*（Link.）Kunth.

拂子茅属 *Calamagrostis* Adans.

假苇拂子茅 *Calamagrostis pseudophragmites*（Hall. f.）Koel.

拂子茅 *Calamagrostis epigejos*（L.）Roth

翦股颖属 *Agrostis* L.

西伯利亚翦股颖 *Agrostis sibirica* V. Petr.

细弱翦股颖 *Agrostis capillaris* L.

巨序翦股颖　匍茎翦股颖 *Agrostis gigantea* Roth.

沙鞭属 *Psammochloa* Hitchc.

沙鞭　沙竹 *Psammochloa villosa*（Trin.）Bor.

三芒草属 *Aristida* L.

三芒草 *Aristida adscensionis* L.

针茅属 *Stipa* L.

长芒草 *Stipa bungeana* Trin ex Bge.

甘青针茅 *Stipa przewalskyi* Roshev.

大针茅 *Stipa grandis* P.

短花针茅 *Stipa breviflora* Griseb.

沙生针茅 *Stipa glareosa* Smirn.

戈壁针茅 *Stipa gobica* Roshev.

芨芨草属 *Achnatherum* Beauv.

芨芨草 *Achnatherum splendens*（Trin.）Nevski.

醉马草 *Achnatherum inebrians*（Hance）Keng

细柄茅属 *Ptilagrostis* Griseb.

细柄茅 *Ptilagrostis mongholica*（Turcz. ex Trin.）Griseb.

茅香属 *Hierochloe* R. Br.

茅香 *Hierochloe odorata*（L.）Beauv.

溚草属 *Koeleria* Pers.

溚草 *Koeleria cristata*（L.）Pers.

发草属 *Deschampsia* Beauv.

发草 *Deschampsia caespitosa*（L.）Beauv.

燕麦属 *Avena* L.

野燕麦 *Avena fatua* L.

冠芒草属 *Enneapogon* Desv. ex Beauv.

冠芒草 *Enneapogon borealis*（Griseb.）Honda

芦苇属 *Phragmites* Trin.

芦苇 *Phragmites australis*（Cav.）Trin.

隐子草属 *Cleistogenes* Keng

无芒隐子草 *Cleistogenes songorica*（Roshev.）Ohwi

细弱隐子草 *Cleistogenes gracilis* Keng

糙隐子草 *Cleistogenes squarrosa*（Trin.）Keng

丛生隐子草 *Cleistogenes caespitosa* Keng

画眉草属 *Eragrostis* Beauv.

大画眉草 *Eragrostis cilianensis*（Aill.）Link

小画眉草 *Eragrostis poaeoides* Beauv

鸭茅属 *Dactylis* L.

鸭茅 *Dactylis glomerata* L.

雀麦属 *Bromus* L.

　　无芒雀麦 *Bromus inermis* Leyss.

　　雀麦 *Bromus japonicus* Thunb.

短柄草属 *Brachypodium* Beauv.

　　小颖短柄草（变种）*Brachypodium sylvaticum*（Huds.）Beauv. var. *breviglume* Keng

羊茅属 *Festuca* L.

　　紫羊茅 *Festuca rubra* L.

　　羊茅 *Festuca ovina* L.

碱茅属 *Puccinellia* Parl.

　　碱茅 *Puccinellia distans*（L.）Parl.

早熟禾属 *Poa* L.

　　硬质早熟禾 *Poa sphondylodes* Trin.

　　细弱早熟禾 *Poa nemoralis* L.

狗尾草属 *Setaria* Beauv.

　　金色狗尾草 *Setaria glauca*（L.）Beauv.

　　狗尾草 *Setaria viridis*（L.）Beauv.

狼尾草属 *Pennisetum* Rich.

　　白草 *Pennisetum flaccidum* Griseb.

马唐属 *Digitaria* Heist.

　　马唐 *Digitaria sanguinalis*（L.）Scop.

野古草属 *Arundinella* Raddi

　　野古草 *Arundinella hirta*（Thunb.）C.

锋芒草属 *Tragus* Haller

　　锋芒草 *Tragus mongolicum* Ohwi

芒属 *Miscanthus* Anderss.

　　荻 *Miscanthus sacchariflorus*（Maxim.）Hack

大油芒属 *Spodiopogon* Trin.

　　大油芒 *Spodiopogon sibiricus* Trin.

孔颖草属 *Bothriochloa* Kuntze

　　白羊草 *Bothriochloa ischaemum*（L.）Keng

莎草科 Cyperaceae

莎草属 *Cyperus* L.

　　褐穗莎草 *Cyperus fuscus* L.

嵩草属 *Kobresia* Willd.

　　嵩草 *Kobresia bellardii*（All.）Degl.

苔草属 *Carex* L.

　　中亚苔草 *Carex stenophylloides* Krecz.

　　书带苔草 *Carex rochebruni* Franch.

　　干生苔草 *Carex aridula* Krecz.

　　扁囊苔草 *Carex coriophora* Fisch.

灯心草科 Juncaceae

灯心草属 *Juncus* L.

　　灯心草 *Juncus bufonius* L.

百合科 Liliaceae

天门冬属 *Asparagus* L.

　　青海天门冬 *Asparagus przewalskyi* Ivanova

　　攀缘天门冬 *Asparagus brachyphyllus* Trucz.

　　戈壁天冬门 *Asparagus gobicus* Ivan.

黄精属 *Polygonatum* Mill.

　　黄精　鸡头参 *Polygonatum sibiricum* Delar.

知母属 *Anemarrhena* Bge.

　　知母 *Anemarrhena asphodeloides* Bge.

葱属 *Allium* L.

    高山韭 *Allium sikkimense* Baker

    天蓝韭 *Allium cyaneum* Regel

    辉韭 *Allium strictum* Schrader Hort.

    蒙古韭　沙葱 *Allium mongolicum* Regel

    野韭 *Allium ramosum* L.

    碱韭 *Allium polyrhizum* Turcz.

    贺兰韭 *Allium eduardii* Stearn

    甘青韭 *Allium przewalskianum* Regel

    细叶韭 *Allium tenuissimum* L.

    矮韭 *Allium anisopodium* Ledeb.

    薤白 *Allium macrostemon* Bge.

百合属 *Lilium*（Tourn.）L.

    山丹　细叶百合 *Lilium pumilum* DC.

贝母属 *Fritillaria* L.

    宁夏贝母 *Fritillaria taipaiensis* P. Y. Li var. *ningxiaensis* Y. K. Yang et J. K. Wu

鸢尾科 Iridaceae

    马蔺 *Iris lactea* Pall. var. *chinensis*（Fisch.）Koidz.

准噶尔鸢属 *Iris songarica* Schrenk

    大苞鸢尾 *Iris bungei* Maxim.

    细叶鸢尾 *Iris tenuifolia* Pall.

    天山鸢尾 *Iris loczyi* Kanitz

附录二

宁夏回族自治区草原监测技术操作手册

为规范全区草原资源与生态监测工作,统一草原地面数据采集和入户访问调查的流程,特编写本操作手册。

一、前期准备

前期准备阶段的主要工作如下。

（一）明确责任机构

开展草原监测的县(区、市)要落实专门的组织机构和责任人,县(区、市)的草原监测职能部门具体负责本县(区、市)监测工作的组织和协调;开展草原监测工作的部门,要具体落实责任单位和相关工作人员。

（二）成立技术组

各县(区、市)要根据监测工作的需要,成立由草原等相关专业、有一定理论和实践经验的技术人员参加的技术组,负责本县(区、市)监测工作的技术指导。

（三）制订工作计划

各县(区、市)根据年度全区草原监测实施方案的要求,结合县(区、市)的工作任务,制定具体工作计划。

（四）确定调查路线和布点区域

根据区草原站下达的样地任务及选择原则, 在认真分析和全面了解本县(区、市)草原植被分布特征的基础上,划定样地选择区域。

（五）组建地面调查小组

为完成地面调查任务,组建若干个地面调查小组,按确定的调查路线和样地布点区域,分别开展地面数据采集和访问调查。每组一般不少于 4~6 人,且有1 名草业科学专业的技术人员。

(六)开展技术培训

为保证监测工作顺利完成,监测职能部门应对组织参加调查的人员进行必要的培训。可以集中组织,也可以先培训小组长,再由小组长对组内人员进行培训。

(七)收集有关资料

自然条件概况,包括本县(区、市)草原资源、气候、地貌、土壤等方面的情况;社会经济概况,包括人口、农牧业产值、土地利用情况等;畜牧业生产概况,包括畜群结构、饲养方式、草原建设、饲料来源等;自然与生物灾害发生情况等。

(八)物资准备

每个调查小组需准备以下器材:1 平方米样方框(2 个)、刻度测绳(1 个)、卷尺(1 个)、剪刀(2~3 把)、枝剪(2 把)、便携式天平(1 个)、野外记录本(4 个)、铅笔(4 支)、橡皮(1 块)、卷笔刀(1 个)、GPS(1 台)、数码相机(1 台)、计算器(1个)、样品袋(25 cm×30 cm,若干)、标本夹、标签(若干)、地形图、草原资源图、调查表格、生活用品(常用药品等)、交通工具,有条件的地方可准备卫星影像图。

二、样地设置

样地应选择在相应群落的典型地段。样地内要求生境条件、植物群落种类组成、群落结构、利用方式和利用强度等具有相对一致性;样地之间要具有异质性,每个样地能够控制的最大范围内,地貌、植被等条件要具有同质性,即地貌以及植被生长状况应相似。草原植被样地面积应不小于 100 hm²,荒漠植被样地面积可适当扩大,在此范围内设置样条和样方。此外还要考虑交通的便利性。

样地的设置原则:

(1)所选样地要具有该类型分布的典型环境和植被特征,植被系统发育完整,具有代表性。

（2）样地选择中，应考虑主要草地类型中优势种、建群种在种类与数量上变化趋势与规律。例如草原沙化、退化监测样地设置应能反映出梯度变化趋势。

（3）山地垂直带上分布的不同草原类型，样地应设置在每一垂直分布带的中部，并且坡度、坡向和坡位应相对一致。

（4）对隐域性草原分布的地段，样地设置应选在地段中环境条件相对均匀一致的地区。草原植被呈斑块状分布时，则应增加样地数量，减小样地面积。

（5）对于利用方式不同及利用强度不一致的草原，应考虑分别设置样地，如放牧场、季节性放牧场、休牧草场、禁牧草场，有不同培育措施的草场，存在不同利用强度的草场等，力求全面反映草原植被在不同利用状况下的差异。

（6）进行草原保护建设工程效益监测时，要同时选择工程区内样地和工程区外样地进行监测，其他条件如地貌、土壤和原生植被类型均需尽量保持一致。

（7）当草原的利用方式或培育措施发生变化时，及时选择新的与该样地相对应的对照样地，以监测上述变化造成的影响。

（8）样地一般不设置在过渡带上。

三、样方设置

样方是能够代表样地信息特征的基本采样单元，用于获取样地的基本信息。

（一）设置原则

（1）样方设置在样地内。

（2）在固定监测点围栏内设第一个监测样方，在固定监测点围栏外两侧相隔 250 m 各设 1 个监测样方，每个监测样地共设置 3 个监测样方。样方设置既要考虑代表性，又要有随机性。样方之间的间隔不少于 250 m，同一样方不同重复之间的间隔不超过 250 m。

（3）如遇河流、建筑物、围栏等障碍，可选择周围邻近地段草原类型相同，利用方式和环境状况基本一致,具有与原定点相同代表性的地点进行采样。

（4）为获得最接近真实的生物量,在被调查的样地内,尽量选择未利用的区域做测产样方。

（5）退牧还草工程项目监测,要在工程区围栏内、外分别设置样方,进行内、外植被的对比分析。内、外样方所处地貌、土壤和植被类型要一致。不同组的对照样方尽量分布在不同的工程区域。

（二）样方种类

1. 草本、半灌木及矮小灌木草原样方

样地内只有草本、半灌木及矮小灌木植物,按表 2 内容进行调查。布设样方的面积一般为 1 m²,若样地植被分布呈斑块状或者较为稀疏,应将样方扩大到 2~4 m²。草本、半灌木及矮小灌木的高度:一般草本为 80 cm 以下、半灌木及矮小灌木为 50 cm 以下(且不形成大株丛)。

2. 具有灌木及高大草本植物草原样方

样地内具有灌木及高大草本植物,且数量较多或分布较为均匀,则按表 3 内容进行调查,布设样方的面积为 100 m²。高大草本的高度一般为 80 cm 以上,灌木高度一般在 50 cm 以上。这些植物通常形成大的株丛,有坚硬而家畜不能直接采食的枝条。如果灌木或高大草本在视野范围内呈零星或者稀疏分布,不能构成灌木或高大草本层时,可忽略不计,只调查草本、半灌木及矮小灌木。

（三）样方形状

样方一般为正方形、长方形或圆形。对于具有灌木及高大草本类植物的平坦草原,样方可为正方形(10 m×10 m)。对于具有灌木及高大草本类植物的山坡地草原,也可为长方形(20 m×5 m),沿坡纵向设置。也可取半径为 5.65 m 的圆形样方。

（四）样方数量

一般情况下,1 个样地内,不少于 3 个样方。面积大、地形复杂、生态变异大,应多设样方。灌木及高大草本类植物的草原,样地内可只设置 1 个 100 m² 的样方,不做重复。

四、样地基本特征调查

样地基本特征按表 1 内容填写。

（一）样地号

以县（区、市）为单位,按样地选择顺序依次编号,同一个县（区、市）内,样地号不得重复。标准编号示例:宁夏盐池-001,以此类推。

（二）样地所在行政区

标明样地所在县（区、市）、乡（镇）村。

（三）草地类、型

指样地所在区域的草原类、型。按中国草地类型分类系统中确定的类和型的名称分别填写。类指大类,如温性荒漠草原;型指最基本的分类单元,如温性草原化荒漠珍珠—隐子草型,也可直接写成珍珠、隐子草、短花针茅（参与命名的优势种植物至少 3 种）。

（四）景观照片编号

在样地调查中，需要同时拍摄样地所在区域最有代表性的景观照片 1 张，并应对照片进行对应样地的同名编号。景观照是指最能反映样地周围特征景物的照片。

（五）草原保护建设工程

记载有无草原保护建设工程、工程类型和建成时间等基本情况。

（六）地貌

地貌通常分为平原、山地、丘陵、高原、盆地等类型,各种地貌类型的判断依据如下。

平原:地势漫平,高差很小的广阔的平坦地面,海拔一般在 200 m 以下,相对高差在 50 m 左右。

山地:按海拔高度、相对高度和坡度来确定,包括下列情况:海拔>3 000 m,

相对高度在>1 000 m 的陡峭山坡;海拔为 1 000~3 000 m,相对高度为 500~1 000 m 的山坡;海拔为 500~1 000 m,相对高度 200~500 m 的平缓山坡,与丘陵无明显界线。

丘陵:海拔高度<500 m,相对高度<200 m,坡度较小。

高原:海拔>200 m 的平原地貌。

盆地:指周围被山岭环绕,中间地势低平,似盆状地貌。

(七)坡向

分为阳坡(坡向向南)、半阳坡(坡向向东南)、半阴坡(坡向西北)、阴坡(坡向向北)(仅在地形为山地或丘陵时填写)。

(八)坡位

分坡顶、坡上部、坡中部、坡下部、坡脚(仅在地形为山地或丘陵时填写)。

(九)土壤质地

土壤的固体部分主要是由许多大小不同的矿物质颗粒组成,矿物质颗粒的大小相差悬殊,且在不同土壤中占有不同的比例,这种大小不同的土粒的比例组合叫土壤质地,一般分为以下几种类型。

砾石质:土壤中砾石含量超过 1%的土壤。

沙土:土壤松散,很难保水,无法用手捏成团,用手捏时有很重的沙性感,并发出沙沙声。

壤土:土壤孔隙适当、通透性好、保水性好,湿捏无沙沙声,微有沙性感,用手成团后容易散开。

黏土:土壤颗粒小、通透性差、水分不易渗透、容易积水,用手捏成团后不易散开。

(十)地表特征

地表特征主要包括枯落物、覆沙、土壤侵蚀状况等情况,具体判断方法如下。

枯落物情况:主要指地表有无枯枝落叶覆盖。

覆沙情况:主要指由于风积作用使表层土壤从一地移动到另一地后在地表造成的沙土堆积情况。

盐碱斑:在土壤盐碱化地区,要填写地表有无碱斑和龟裂情况。

裸地面积比例:裸地面积所占比例的估测,主要用于草原退化、沙化、盐渍化、石漠化状况的判别。

土壤侵蚀情况:由于自然或人为因素而使表层土壤受到破坏的情况。地表有无土壤侵蚀主要通过调查区域是否有植物根系裸露、表层土壤是否移动或流失、有无岛状沙丘、有无雨水冲刷痕迹等来判断。

侵蚀原因:一般在降雨量较少的西北草原地区,有植物根系裸露或表层土壤有移动痕迹为风蚀;坡度在中坡以上地区或低洼地带,有雨水冲刷痕迹为水蚀;居民点、工矿企业附近,地表裸露面积比例较大且地表多沙砾石,一般为人为活动所致;地表多牲畜粪便和有蹄类动物践踏痕迹,且地表多沙砾石覆盖、裸地比例较大,植物高度、盖度明显下降,一般为超载过牧所致。侵蚀原因以本县(区、市)实际情况判断。

(十一)水分条件

主要填写样地所在地区地表有无季节性水域和当地气象台站记载的年平均降雨量。

(十二)利用方式

草原利用方式的具体信息要通过对当地牧民或专业人员的访问获得,主要分为以下几种。

全年放牧:全年放牧利用。

冷季放牧:北方一般指冬季和春季放牧,南方一般指冬季放牧。

暖季放牧:牧草生长季节放牧。

春秋放牧:春季和秋季放牧。

禁牧:全年不放牧。

打草场:用于刈割的非放牧草地。

（十三）利用状况

指草原上家畜放牧和人类活动情况，利用状况以目视和调查为准。

未利用：指没有被放牧或打草利用的草原。

轻度利用：放牧较轻，对草地没有造成损害，植被生长发育状况良好。

合理利用：草原利用合理，草畜基本平衡，植物生长状况优良。

超载：指草原被过度利用，草原载畜量超过草畜平衡规定，幅度小于 30%，草地有退化迹象，群落的高度、盖度下降，多年生牧草比例减少。

严重超载：指草原被重度利用，草原家畜超载幅度大于 30%，草原退化现象严重，草群高度、盖度明显下降，优良牧草比例明显减少，一年生或者有害植物增加。

（十四）综合评价

为便于综合评判草原的质量，本手册将草原质量大体分为以下 3 个级别。

好：草原生态系统结构完整，植物种群组成未发生明显变化，植被盖度较高，草原退化、沙化、盐渍化不明显。

中：草原植被盖度和产草量降低，表土裸露，土壤发生盐渍化。适口性好和不耐踩踏的牧草品种减少，适口性差和耐踩踏的牧草品种增加，主要组成种群为矮化杂草以及耐践踏的灌丛。

差：植被盖度和产草量明显降低，表土大面积裸露，土壤盐渍化严重。可食牧草几乎消失，主要组成种群为可食性差的牧草及一年生杂草。

五、草本、半灌木及矮小灌木草原样方调查

样地内只有草本、半灌木及矮小灌木植物，没有灌木和高大草本植物时，只调查表 2 内容。

（一）样方编号

指样方在样地中的顺序号，比如宁夏盐池-001-03，代表宁夏盐池县 1 号样地的第三个样方，同一样地内，样方编号不能重复。

（二）样方面积

填写样方的实际面积。

（三）样方定位

GPS 记载样方的经纬度和海拔高度。经纬度统一用度格式，比如某样地 GPS 定位为 E115.044451°, N 42.279984°, A 990 m。

（四）样方照片编号

在样方调查中，每个样方需要拍摄 1 张俯视照，其编号要与样方编号相同。俯视照是指在样方中心上方垂直向地面拍摄的照片，应涵盖样方整个范围。

（五）植被盖度测定

指样方内各种植物投影覆盖地表面积的百分数。植被盖度测量采用目测法或样线针刺法。

目测法：目测并估计样方内所有植物垂直投影的面积。

样线针刺法：选择 50 m 或 30 m 刻度样线，每隔一定间距用探针垂直向下刺。若有植物，记作 1；无，则记作 0，然后计算其出现频率，即盖度。

（六）草群平均高度

测量样方内大多数植物枝条或草层叶片集中分布的平均自然高度。

（七）植物种数

样方内所有植物种的数量。

（八）主要植物种名

填写样方内优势种或群落的建群种的规范中文名称、优良牧草种类（饲用评价为优等、良等的植物）。

（九）毒害草种数

样方内对家畜有毒、有害的植物种数量。

（十）主要毒害草名称

样方内对家畜有毒、有害的主要植物的规范中文名称。

（十一）产草量测定

总产草量是指样方内草的地上生物量。通常以植被生长盛期（花期或抽穗期）的产量为准。

剪割：对草本、半灌木及高大草本，样方内植物齐地面剪割。矮小灌木及灌木只剪割当年枝条。

鲜重：将割下的植物按照可食产草量和总产草量分别测定鲜重。可食草产量是总产草量减去毒害草产量。

风干重：风干重是指植物经一定时间的自然风干后，其重量基本稳定时的重量。可将鲜草按可食用和不可食分别装袋，并标明样品的所属样地及样方号、种类组成、样品鲜重，待自然风干后再测其风干重。根据风干重可以推算该草地植物的重量干鲜比。

产草量折算：将样方内鲜草总产量和可食鲜草产量折算为单位面积内的产量，并按照干鲜比，分别折算单位面积的风干重。单位用 kg/hm²。

六、具有灌木及高大草本植物草原样方调查

所调查的样地具有灌木和高大草本植物时，应按附表 3 要求进行调查，在样地内布设 100 m² 的样方。在该样方内分别测定草本、半灌木及矮小灌木，灌木及高大草本 2 类植物的有关数据。

（一）填写样方编号和样方照片编号

样方照片编号要标明该照片所在样方号。

（二）调查方法

测定草本、半灌木及矮小灌木：100 m² 的样方内设置 3 个 1 m² 草本、半灌木及矮小灌木样方，测定内容和方法同附表 2，草本产量测量一律采用齐地面剪割，测定结果记录于表 3，取 3 个样方的平均值作为 100 m² 内草本、半灌木及矮小灌木的测定结果。

测定灌木和高大草本：对 80 cm 以上的高大草本和 50 cm 以上的灌木产量

的测定,采用测量单位面积内各种灌丛植物标准株(丛)产量和面积的方法进行。

1. 记录灌丛名称

记录灌丛的名称。

2. 株丛数量测量

记载 100 m² 样方内灌木和高大草本株丛的数量。先将样方内灌木或高大草本按照冠幅直径的大小划分为大、中、小 3 类(当样地中灌丛大小较为均一,冠幅直径相差不足 10%~20%时,可以不分类,也可以只分为大、小 2 类),并分别记数。

3. 丛径测量

分别选取有代表性的大、中、小标准株各 1 丛,测量其丛径(冠幅直径)。

4. 灌木及高大草本覆盖面积

灌丛面积按圆面积计算。

某种灌木覆盖面积=该灌木大株丛面积(一株)×大株丛数+中株丛面积(一株)×中株丛数+小株丛面积(一株)×小株丛数

灌木覆盖总面积=各类灌木覆盖面积之和

5. 灌木及高大草本产草量计算

分别剪取样方内某一灌木及高大草本大、中、小标准株丛的当年枝条并称重,得到该灌木及高大草本大、中、小株丛标准重量,然后将大、中、小株丛标准重量分别乘以各自的株丛数,再相加,即为该灌木及高大草本的产草量(鲜重)。将一定比例的鲜草装袋,并标明样品的所属样地及样方号、种类组成、样品鲜重、样品占全部鲜重的比例等,待自然风干后再测其风干重。将样方(100 m²)内的所有灌木和高大草本的产草量鲜重和干重汇总得到总灌木或高大草本产草量,并分别折算成单位面积的重量,填入表 3。

实际操作时,可视株形的大小只剪一株的 1/3 或 1/2 称重,然后折算为一株的鲜重。

6. 样方(100 m²)内总产草量

样方内总产草量包括草本、半灌木及矮小灌木重量,灌木及高大草本重量,折合成每公顷的产草量。

总产草量=草本、半灌木及矮小灌木产草量折算×(100-灌木覆盖面积)/100+灌木及高大草本产草量折算合计

七、草原保护建设工程效益调查

该项调查的目的是分析、评价草原保护建设工程实施后,项目工程区草原植被变化情况,按附表 4 内容填写。

(一)摸清情况

对本县(区、市)实施草原保护建设工程项目的情况进行详细摸底,掌握工程实施名称、面积、分布、建设时间、工程措施、投资情况等情况。

(二)样方编号和照片编号

例如,宁夏盐池-退-01-内和宁夏盐池-退-01-外,表示宁夏盐池县退牧还草工程区内、外第一组对照样方。样方编号和照片编号要一致。

(三)地面调查

退牧还草项目做 3~5 组工程区内、外对照样方,即每组包括工程区内的样方和工程区外基本等距地点的对照样方,并且每个对照组的工程区外样方应尽可能选在与工程实施前草原植被等状况基本一致的地段。不同组的工程区内、外,对照样方应尽量分布在不同的工程区域内外,应能实事求是地反映项目工程的生态和经济效益。

八、家畜补饲情况调查

在做好地面调查的同时,要通过访问调查等方式获取草食家畜饲料结构状况,以便分析县(区、市)的补饲情况。调查分为 2 级:一是以县(区、市)为单位进行调查,调查各县(区、市)总体补饲情况。二是以户为单位进行调查,入户调查

补饲情况,所选择的典型户要有代表性,既能代表不同的区域(牧区、半农半牧区、农区),又能代表不同的养殖规模(大、中、小户),还能代表不同的养殖方式(放养、舍饲和半舍饲养殖)。县(区、市)级调查结果填入表5,入户调查结果填入表6。同时调查填写上一年度末各县(区、市)和典型户的草食牲畜数据,调查内容见表5、表6。

(一)人工草地调查

对本县(区、市)的人工草地面积和产草量进行调查,产草量应折算为风干产草量。

(二)秸秆补饲调查

调查有关县(区、市)和典型户农作物秸秆用于牲畜饲料的数量。

(三)青贮饲料量

调查用于饲喂牲畜的青贮玉米或其他青贮饲料的数量。

(四)粮食补饲量

调查玉米、豆类等粮食用于补饲的数量。

(五)补饲总天数

指1年内补饲时间折合的总天数。

(六)放牧天数

1年内放牧时间的总天数。补饲总天数加放牧总天数应为365天。

九、草原生态环境状况调查

草原监测职能部门可根据本地区已有的资料或野外调查人员对调查地区草地生态状况的总体评价,按照表7的要求,填写本行政区域内的草原生态状况信息。

十、数据报送

各级草原监测职能部门对区域内的地面调查数据和访问调查数据进行整

理、审核和汇总,并按要求将有关数据、资料报告于区草原站。

（一）草原监测数据汇总表

按照《宁夏回族自治区草原监测技术操作手册》的要求,对表1~7进行汇总,按时上报数据汇总表。

（二）草原监测地面数据库及照片

将地面监测数据全部录入草原监测地面数据管理系统,通过系统产生数据库,并按系统要求对样地、样方照片进行整理,按时上报数据库和照片。

（三）文字报告

各草原监测职能部门要在调查的基础上,对区草原资源与生态状况做科学分析,形成简要文字报告并按时上报。文字报告应包括如下内容。

草原资源与生态概况:本区草原生产及与上年的比较（估测）、草原生态状况、载畜量、载畜平衡状况（估测）等。

监测工作开展情况:样地数、样方数、照片数量和容量、入户调查数、开展培训次数、参加培训人数、参加工作人数、工作起止时间、野外里程数（估测）、投入资金数等信息。

十一、参考标准

（1）天然草原等级评定依据:中华人民共和国农业行业标准《天然草原等级评定技术规范》（NY/T 1579-2007）。

（2）天然草原退化、沙化、盐渍化的分级依据:中华人民共和国国家标准《天然草原退化、沙化、盐渍化的分级指标》（GB 19377-2003）。

（3）天然草原合理载畜量的计算依据:中华人民共和国农业行业标准《天然草地合理载畜量的计算》（NY/T 635-2002）。

（4）《草地分类》（NY/T 2997-2016）。

（5）《草地资源调查技术规程》（NY/T 2998-2016）。

（6）《草原资源与生态监测技术规程》（NY/T 1233-2006）。

（7）《天然草地合理载畜量的计算》（NY/T 635-2002）。

十二、部分指标测定方法

（一）样方号

指样方在样地中的顺序号。

（二）植物高度

每种植物测量 5~10 株个体的平均高度。叶层高度指叶片集中分布的最高点距地面高度；生殖枝高度指从地面至生殖枝顶部的高度。

（三）盖度

指植物垂直投影面积覆盖地表面积的百分数。中小草本及小半灌木植物样方一般用针刺法测定：样方内投针 100 次，刺中植物次数除以 100 即为盖度。灌木及高大草本样方采用样线法测定：用 30 m 或 50 m 的刻度样线，每隔 30 cm 或 50 cm 记录垂直地面方向植物出现的次数，次数除以 100 即为盖度。应 3 次重复测定取平均值，每 2 次样线之间的夹角为 120°。

（四）鲜重与干重

从地面剪割后称量鲜重，干燥至含水量 14% 时后再称干重。

（五）频度

指某种植物个体在取样面积中出现的次数百分数。测定方法：随机设置样方 10~20 个，植物出现的样方数与全部样方数的百分数为频度。

（六）灌木及高大草本为主的草地总盖度计算方法

各种灌木或高大草本合计盖度：$\sum$（单株株丛长×单株株丛宽×π×单株投影盖度/4）/样方面积

各种灌木或高大草本合计盖度：中小草本及小半灌木样方盖度×（1-各种灌木或高大草本合计盖度）

（七）灌木与高大草本为主的草地总鲜重和总干重计算方法

各种灌木或高大草本合计重量/灌木及高大草本样方面积+中小草本及小

半灌木样方平均重量×(1−各种灌木或高大草本合计盖度)

十三、调查技巧

(一)野外调查的准备工作

调查前,除了要认真阅读手册中的相关条款,还要注意以下问题。

(1)明确调查的目的、要求、对象、范围、深度、工作时间、参加的人数,所采用的方法及预期所获的成果。

(2)对收集调查对象的资料加以熟悉,甚至是一些片段的、不完全的资料也好,县志、地区名录等等都可以收集。

(3)野外调查的样地(样方)记录总表。表的目的在于对所调查的对象特点有一个总的记录,一定要准备充足的记载表。

(二)选择样地的原则

野外调查样地和样方的选择异常重要,要求调查者必须既有对调查对象的经验知识,又有一定的专业背景。其工作的思维过程可以概括以下几点。

1. 一般了解,重点深入

要求调查者对所辖的草原有一个全面的认识,在此基础上重点深入了解地带性的和有重要生产、生态价值的草原类型。

以内蒙古草原为例:一个调查者首先需要了解内蒙古草原有 18 大类、22 个亚类、400 多个型,进一步了解草原空间分布、面积、地形地貌、各类型的物候期、建群或优势植物、利用状况等信息。

2. 全面着眼,典型着手

全面着眼解决的是调查什么的问题。其具体含义是指野外工作者应该依据野外调查任务的要求,进行反复比较,从中选取适合的调查对象的过程。全面着眼的关键就是要学会比较和取舍。选准了一个好的样地,取样就成功了一半,如果主攻方向都偏了,再好的数据,也只能是事倍功半。所以,野外工作者应该重点解决大处着眼的问题。

所谓典型着手,指的是在选准着眼点之后,遵循草原自然变化的规律,通过以点带面、以小见大的表现方法,揭示草原的真实状况。

(三)样地设置方法

1. 样地典型设置方法

即按主观要求选样。比如,同一个类的草地选择好、中、差 3 个样地,减少空间变异程度。

2. 定距或系统选样

系统选样也称等距选样,是指按照相同的间隔从调查对象总体中等距离地选取样本的一种选样方法。

采用系统选样法,首先要计算选样间距,确定选样起点,然后再根据间距顺序选取样本。选样间距的计算公式如下:

选样间距=总体规模÷样本规模

例如,如果调查草原类型的总面积是 1 000 km²,设定的样本量是 100 个,那么选样间距为 10 km(1 000÷100)。调查人员必须从 0 到 9 中选取一个随机数作为抽样起点。如果随机选择的数码是 0, 那么第一个样地号码为100(0+100),其余的 100 个样地号码依次是 109(99+10),119(109+10)……9 999(9 989+10)依此类推。

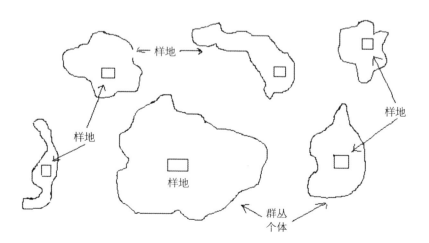

但是,使用系统选样方法要求总体必须是随机排列的,否则容易发生较大的偏差,造成非随机的、不具代表性的样地。

3. 随机选样

任意的、不规则的选样,如下图所示。

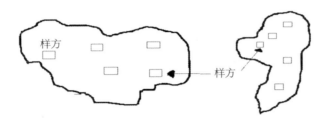

对于在同一个类型选择样地,通常采取随机取样或典型取样的方法。

(四)样方调查方法

1. 样方设置

样地内样方的设置要注意 3 个一致性:外貌结构一致性、种类成分一致性、生境特点一致性。此外,样方的 6 个特征要接近,即种类成分要接近、结构形态要接近、外貌季相要接近、生态特征要接近、群落环境要接近、外界条件要接近。只有保证做到这样,样方之间才能计算平均值。

2. 最小面积样方的确定

样方调查是野外调查最常用的研究手段。要进行样方调查,首先要确定样方面积。样方面积一般应不小于群落的最小面积。所谓最小面积,就是最少有这样大的空间,才能包含组成群落的大多数植物种类,即在拟调查的群落中选择植物生长比较均匀的地方,用绳子圈定一块小的面积。对于草本群落,最初的面积圈定为 10 cm×10 cm。登记这一面积中所有植物的种类。然后,按照一定的顺序成倍扩大,每扩大一次,就登记新增加的植物种类。开始,植物种类数随着面积扩大而迅速增加,面积逐步再扩大时植物种类不再增加,这个面积即为最小面积。

有时,所调查的样地均质性差,有各种斑块。这时,样方的最小面积中要包含各种斑块,而且按各斑块的权重大小设置最小样方。

群落类型与最小面积:一般环境条件越优越,群落的结构越复杂,组成群落的植物种类就越多,相应的最小面积就越大。如在戈壁草原,最小面积只要 1 m² 左右,包含的主要高等植物可能在 10 种以内。

（五）采集方法

1. 样方法取样

样方的大小、形状和数目,主要取决于所调查草原群落的性质。一般地,群落越复杂,样方面积越大,形状也多以方形为多,取样的数目一般也不少于 3 个。取样数目越多,取样误差越小。

野外做样方调查时,如果样方面积较大,多用样绳围起样方;如果样方面积较小,可用多个 1 m 的硬木条折叠尺,经固定摆放围起即可。

2. 样线法取样

用一条绳索系于所要调查的群落中,调查在绳索一边或两边的植物种类和个体数。样线法获得的数据在计算群落数量特征时,有其特有的计算方法。它往往根据被样线所截的植物个体数目、面积等进行估算。例如,植被盖度测定。

（六）盖度（总盖度、层盖度、种盖度）的测量

群落总盖度是指一定样地面积内原有生活着的植物覆盖地面的百分率。包括灌木层、草本层的各层植物。所以相互层之重叠的现象是普遍的,总盖度不管重叠部分。如果全部覆盖地面,其总盖度为 100%。

种盖度指各层中每个植物种所有个体的盖度,一般也可目测估计。盖度很小的种,可略而不计,或记小于 1%。

由于植物的重叠现象,故个体盖度之和不小于种盖度,种盖度之和不小于层盖度,各层盖度之和不小于总盖度。

表1　样地基本特征调查表

样地号：_____

调查日期：　　　年　　月　　日

市　　　　县（区）　　　　乡（镇）　　　　村　　　　调查人：_____

样地所在行政区		
行政编码		
草原保护建设工程	有/无	工程类型
草地类	草地型	
地貌	平原（　）、山地（　）、丘陵（　）、高原（　）、盆地（　）	
坡向	阳坡（　）、半阳坡（　）、半阴坡（　）、阴坡（　）	
坡位	坡顶（　）、坡上部（　）、坡中部（　）、坡下部（　）、坡脚（　）	
土壤质地	砾石质（　）、沙土（　）、壤土（　）、黏土（　）	
地表特征	枯落物情况（有/无）；覆沙情况（有/无）；侵蚀情况（有/无），侵蚀原因（风蚀、水蚀、冻融、超载、其他）；盐碱斑（有/无）；裸地面积比例（　　％）	
水分条件	地表有无季节性积水（有/无）；年平均降雨量　　　　mm	
利用方式	全年放牧（　）、冷季放牧（　）、暖季放牧（　）、春秋放牧（　）、打草场（　）、禁牧（　）、其他（　）	
利用状况	未利用（　）、轻度利用（　）、合理利用（　）、超载（　）、严重超载（　）	
综合评价	好（　）、中（　）、差（　）	
样地植物		

（景观照片编号（　　）　　建成时间　　具有灌木和高大草本　有/无）

注：坡向、坡位在地貌为山地或丘陵时填。标准样地编号示例：宁夏盐池—001，以此类推。

表2　草本、半灌木及矮小灌木草原样方调查表

调查日期：＿＿＿＿年＿＿月＿＿日　　　　　调查人：＿＿＿＿＿＿＿＿＿

样方编号			样方面积	m²
样方定位	东经			
	北纬			
	海拔			
样照片编号	俯视照：	枯落物/(kg·hm⁻²)		
植物盖度		草群平均高度/cm		
植物种数		毒害草种数		
主要植物种名称(样方框内全部种)		主要毒害草名称(1~2种)		

产草量测定		鲜重/(g·m⁻²)		风干重/(g·m⁻²)	
		1	平均	1	平均
	产草量				
	可食产草量				
	产草量折算	总产草量/(kg·hm⁻²)		可食产草量/(kg·hm⁻²)	
		鲜重	风干重	鲜重	风干重

备　　注	监测样点土蝗密度(　　　　)头/m²

注：样方编号示例：宁夏盐池-001-03，代表宁夏盐池县1号样地的第三个样方。照片编号和样方编号要一致。

表 3　具有灌木及高大草本植物草原样方调查表

调查日期：______年______月______日　　　　调查人：__________

样方编号		照片编号		空间定位	经度：	纬度：	海拔：

100 m^2 样方内草本及矮小灌木调查	1 m^2 草本及矮小灌木小样方	植物种数	主要植物种	平均高度/cm	产草量/g		平均产草量折算/(kg·hm^{-2})		可食产草量/g		平均可食产草量折算/(kg·hm^{-2})	
					鲜重	风干重	鲜重	风干重	鲜重	风干重	鲜重	风干重
	样方 1											
	样方 2											
	样方 3											

100 m^2 样方内灌木及高大草本调查	灌木及高大草本名称	大株丛/cm、g				中株丛/cm、g				小株丛/cm、g				覆盖面积/m^2	产草量折算/(kg·hm^{-2})		灌丛高度/cm
		丛径	鲜重	风干重	株丛数	丛径	鲜重	风干重	株丛数	丛径	鲜重	风干重	株丛数		鲜重	风干重	
	合计																
植被总盖度		总产草量	鲜重：(kg·hm^{-2})	风干重：(kg·hm^{-2})	枯落物	(kg·hm^{-2})											

注：①样方编号示例：宁夏盐池-001-01，代表宁夏盐池县 1 号样地的第一个样方。照片编号和样方编号要一致。

②灌木及高大草本植物产草量鲜重、风干重只测可食部分。

③灌木及高大草本植物覆盖面积(m^2)=Σπ×(丛径/2)2/10000

④灌木及高大草本产草量折算(kg/hm^2)=Σ 鲜重(干重)×株丛数/10

⑤总产草量=草本及矮小灌木产草量折算×(100-灌木覆盖面积)/100+灌木及高大草本产草量折算合计，这个值在将其它信息输入后软件会自动计算出来。

调查日期：＿＿＿年＿＿＿月＿＿＿日　　　调查人：＿＿＿＿＿＿

表4　工程效益对照样方调查表

工程名称		建设时间		行政区	省（区）　县（旗）　乡（苏木）　行政编码：
工程面积	hm²	项目投资	总投资　　　万元 其中中央　　万元	工程措施	

样方测定	工程区域内样方	工程区域外样方
样方编号	俯视照编号	俯视照编号
样方定位	东经：　北纬：　海拔：　m	东经：　北纬：　海拔：　m
植被特征	盖度：　%；平均高度：　cm；植物种数：	盖度：　%；平均高度：　cm；植物种数：
主要植物		
主要毒害草		
枯落物		

当年产草量测定

	工程区域内样方								产草量折算 /(kg·hm⁻²)		工程区域外样方								产草量折算 /(kg·hm⁻²)	
	鲜重/g				干重/g				鲜重	风干重	鲜重/g				干重/g				鲜重	风干重
	1	2	3	平均	1	2	3	平均			1	2	3	平均	1	2	3	平均		
总产草量																				
可食产草量																				

注：样方编号示例：宁夏盐池-退-01-02-内和宁夏盐池-退-01-02-外，表示宁夏盐池退牧还草工程区内外第一组对照样池中的第二组对照样方。

表5 _____自治区分县补饲情况及草食性畜数量统计表

填表日期：_____年_____月_____日　　　填表人：_____　　　填表单位：_____

县（旗）名称	承包草原面积	人工草地面积	人工草地产草总量	补饲秸秆等总量	青贮饲料总量	粮食补饲量	补饲总天数	放牧总天数	草食性畜存栏数/万只、万头					
									绵羊	山羊	牛	马	骆驼	其他草食性畜

注：承包草原面积，单位：hm²；人工草地（包括饲料地）面积，单位：hm²；人工草地产草总量（包括饲料作物产量），单位：折合干草；补饲秸秆等总量，单位：折合干草，t；青贮饲料总量，单位，t；粮食补饲总量，单位：t；补饲总天数，单位：天；放牧总天数，单位：天。

表6 _____自治区 _____县入户补饲情况及草食性畜数量统计表

填表日期: ____年____月____日 　　填表人: _____ 　　填表单位: _____

户主姓名及所在乡镇	承包草原面积	人工草地面积	人工草地产草总量	补饲秸秆等总量	青贮饲料总量	粮食补饲量	补饲总天数	放牧总天数	草食性畜存栏数/只、头					
									绵羊	山羊	牛	马	骆驼	其他草食畜

注:承包草原面积,单位:hm²;人工草地(包括饲料地)面积,单位:hm²;人工草地产草总量(包括饲料作物产量),单位:hm²;补饲秸秆等总量,单位:折合干草,kg;青贮饲料总量,单位:kg;粮食补饲量,单位:kg;补饲总天数,单位:天;其他草食牲畜,单位:折合干草,kg;补饲总天数,放牧总天数,单位:天。

283

表7 草原生态环境状况调查表

填表人：　　　　　　　　　　　　填表单位：

填表日期：　　　　　　　　　　　

行　政　区：　　　　市　　　　县（市）

类型	主要分布区域	分布面积/hm²	分级面积/hm²		
			轻度	中度	重度
草原退化					
草原沙化					
草原盐渍化					
草原石漠化					

附录三

国家级草原固定监测点监测工作业务手册

　　为规范国家级草原固定监测点监测工作,统一固定监测点草原地面监测数据、照片采集流程,规范资料管理和数据报送,特编写本工作手册。

一、前期准备

　　前期准备是做好监测工作的基础,前期准备阶段的主要工作有以下几方面。

(一)明确责任机构

　　承担国家级草原固定监测工作的草原监测单位要建立专门的固定监测工作领导小组和责任人,具体负责本地固定监测工作的组织和协调。每个监测点安排一名监测单位领导作为责任人负责管理和业务运行工作,指派 3~4 名技术人员具体开展固定监测工作业务。

(二)成立技术组

　　根据工作需要,成立由草原等相关专业,有一定理论和实践经验的技术人员参加的技术组,负责草原固定监测工作的技术指导。

(三)制定工作计划

　　根据自治区关于开展国家级草原固定监测的有关要求,结合本地工作任务,制定具体工作计划。

(四)开展地面调查工作

　　各固定监测点所在的县草原监测人员依据农业部《国家级草原固定监测点监测工作业务手册》,结合本地工作计划,定期开展地面调查工作。

（五）开展技术培训

为保证国家级草原监测工作顺利完成，应组织各固定监测点监测人员进行必要的培训。

二、监测工作内容

在每个固定监测点，监测人员定期对不同观测小区的植物群落特征及生产力、草原利用、生态状况指标、草原灾害等内容进行地面调查、拍照，填写有关规范性表格。具体监测内容、频率和监测方法参照表 1。

表 1　固定监测点监测内容

监测项目	监测指标	监测频度和时间	主要内容和依据方法
植物群落特征及生产力	物候期观测	4~10 月的每月 1 日和 15 日	记录返青期和凋落期时间，方法参考《草原返青期地面观测技术要求》
	群落照片	4~10 月的每月 1 日和 15 日	方法参照下一节内容
	高度	5~9 月的每月 1 日和 15 日	方法参照《宁夏回族自治区草原监测技术操作手册》
	盖度	5~9 月的每月 1 日和 15 日	
	总产草量	6~9 月的每月 1 日和 15 日	
	可食产草量	6~9 月的每月 1 日和 15 日	
辅助区草原利用	利用方式	每月中旬	参照《宁夏回族自治区草原监测技术操作手册》，根据每个点实际情况，对辅助监测场进行记录
	利用强度		
生态状况	地表观测	6~9 月的每月 1 日和 15 日	
	积雪厚度	12~2 月的每月 15 日	测 15 次，取平均值
	凋落物量	8 月 15 日	记录地表凋落物状况（g/m²）
	土壤水分	5~9 月的每月 1 日和 15 日	0~20 cm 土层深度多次测定取平均值，每年利用土钻法校准 1 次
	土壤质地、机械组成	8 月 15 日	第一年测定本底数据，以后每两年测定 1 次；对于不具备测定条件的站点，可将样品送到省级科研院所有关实验室进行测定（待测样品在进行化学测定前注意低温保存）
	土壤容重	8 月 15 日	
	土壤含盐量	8 月 15 日	

续表

监测项目	监测指标	监测频度和时间	主要内容和依据方法
生态状况	土壤 pH	8 月 15 日	第一年测定本底数据,以后每两年测定 1 次;对于不具备测定条件的站点,可将样品送到省级科研院所有关实验室进行测定(待测样品在进行化学测定前注意低温保存)
	土壤有机质	8 月 15 日	
	土壤全氮含量	8 月 15 日	
	生物多样性(记录植物种数,及盖度所占比、重量所占比,计算各自优势度)	8 月 15 日	方法参照 GB 19377–2003《天然草地退化、沙化、盐渍化的分级指标》
草原灾害	鼠虫害		根据小区设置情况按相关标准进行监测
其他社会经济指标调查(所在县的草原面积、牧户数、牲畜数、退化草原面积、人均收入等)			每年测定 1 次,方法参照《宁夏回族自治区草原监测技术操作手册》

注:由于天气等原因,监测时间可前后调整 2 天。

三、照片记录方法

获得长时期连续的、清晰的样地景观照片,能够客观反映样地所在的草原生态系统动态变化规律。在国家级草原固定监测点拍摄和保存样地照片过程中,应注意以下事项。

(一)拍摄内容

拍摄的野外监测照片为观测场地的景观照片,取景构图过程中应把观测场地中央的定位拍照标识桩充当参照物,使照片能够清晰反映样地的草原类型、地形、地貌、植被盖度和草群高度等。在不同季节、不同年份拍摄时,应当保证取景构图的一致性,从而让其他监测人员容易辨认。取景时可参考特殊地形或标志性植物(如小灌木),具体可以参考下图。另外,为清晰记录样地的盖度、群落组成等状况,还应当拍摄样地的俯视照片。

（二）拍摄技巧

在野外拍摄草原景观照片时，应当注意拍摄技巧，注意取景、聚焦、景深和用光等。

（三）照片编号

在拍摄照片时，照片中应包括打印的照片编号。照片编号应当依据固定监测点编号、小区名称、日期等有关信息，如0032-常规-2011-03-12或0032-常规-2011-03-12F，其中F代表俯视。监测人员在返回办公室后，应当对所拍摄的照片进行归类、整理，并于每年年底刻录到光盘中作为备份。

四、资料管理

（一）表格填写

在固定监测点监测过程中，监测人员应该认真填写附表1~4的有关内容，有关技术方法可参照《宁夏草原监测技术操作手册》。对于监测过程中遇到的问题及时向区固定监测技术组反映，由区级监测专家协助解决。

（二）工作记录

每个国家级草原固定监测点应配备专用的工作记录本,对每次的监测工作情况进行记录。记录内容包括监测时间、参加人员、监测内容、原始数据、特殊情况备注等。

（三）资料存储

每次野外监测工作结束后,每个监测点负责人应指定专人对样品和资料进行整理,包括样品测定、样品存储、数据输入电脑、上传数据、填写工作记录等。所有电子文档和有关数据应当每月用光盘备份一次。每个国家级草原固定监测点应配备专用资料柜对监测资料进行存储。

五、数据报送

（一）监测数据上报

各县固定监测点每月月底将地面监测数据全部录入并上报国家级草原固定监测点数据管理系统,通过系统产生数据库,并按系统要求对样地、样方照片进行整理,按时上报数据库和照片。

（二）监测数据汇总

对本地的固定监测点的地面调查数据、照片和有关资料进行整理、审核和汇总,并将有关数据、资料、报告于 9 月 20 日前报送区草原站。

（三）文字报告

各县固定监测点每年 10 月 10 日前应当报告本固定监测点的固定监测工作开展情况。

（1）本区固定监测点基本情况:地理分布、基本情况、监测点布置情况(刈割监测区、火烧管理区科研试验区的布置)。

（2）监测工作开展情况:样地数、样方数、照片数量和容量、入户调查数、开展培训次数、参加培训人数、参加工作人数、工作起止时间、野外里程数(估测)、资金使用情况等信息。

（3）草原资源与生态概况：通过固定监测点资料汇总，分析本地草原生产及与上年的比较（估测）、草原生态状况、载畜量、载畜平衡状况等。

六、附表

表1　固定监测点基本情况调查表

监测点编号：

调查日期：　　年　　月　　日　　调查人：

样地所在行政区	省（自治区）	县（旗、市）	乡（镇、苏木）	村（嘎查）
行政编码				
经纬度	经度		纬度	
海拔/m				
草地类		草地型		
	主观测场面积/亩		建成时间　　年　　月	
	具有灌木和高大草本（　）			
地貌	平原（　）、山地（　）、丘陵（　）、高原（　）、盆地（　）			
坡向	阳坡（　）、半阳坡（　）、半阴坡（　）、阴坡（　）			
坡位	坡顶（　）、坡上部（　）、坡中部（　）、坡下部（　）、坡脚（　）			
土壤质地	砾石质（　）、沙土（　）、壤土（　）、黏土（　）			
水分条件	地表有无季节性积水（有/无）；年平均降雨量　　　mm			
小区功能说明	常规监测区：　　永久观测区：　　刈割监测区：　　科研试验区：			
辅助区利用方式	全年放牧（　）、冷季放牧（　）、暖季放牧（　）、春秋放牧（　）、打草场（　）、禁牧（　）、其他（　）			
辅助区利用状况	未利用（　）、轻度利用（　）、合理利用（　）、超载（　）、严重超载（　）			
备注				

注：监测点编号由国家统一制定；小区功能说明依据每个点实际实施情况填写，如试验小区的功能及辅助区利用方式的改变等，对以上内容的年际变化进行必要说明。坡向、坡位在地貌为山地或丘陵时填写。

表2 草本、半灌木及矮小灌木草原样方调查表

调查日期: 年 月 日 调查人:

监测点编号			小区名称			
小区面积			照片编号			
样方定位	东经:	北纬:	海 拔			
植物盖度			草群平均高度/cm			
植物种数			毒害草种数			
主要植物种名称			主要毒害草名称			
土壤含水量测定	1	2	3		平均	

产草量测定		鲜重/(g·m⁻²)				风干重/(g·m⁻²)			
		1	2	3	平均	1	2	3	平均
	产草量								
	可食产草量								
		总产草量/(kg·hm⁻²)				可食产草量/(kg·hm⁻²)			
	产草量折算	鲜重		风干重		鲜重		风干重	

地表特征	枯落物情况(有/无);覆沙情况(有/无);侵蚀情况(有/无),侵蚀原因(风蚀、水蚀、冻融、超载、其他);盐碱斑(有/无);裸地面积比例(%)
备 注	记录物候期等

表3　具有灌木及高大草本植物草原样方调查表

调查日期：　　年　　月　　日　　　　调查人：

监测点编号：		小区名称：		小区编号：
照片编号：		海拔：	样方定位	经度：　　　　纬度：

主要植物种

	植物种数	平均高度/cm	大株丛/cm、g				中株丛/cm、g				小株丛/cm、g				产草量/g		平均产草量折算/(kg·hm⁻²)		可食产草量/g		平均可食产草量折算/(kg·hm⁻²)	
			丛径	鲜重	风干重	株丛数	丛径	鲜重	风干重	株丛数	丛径	鲜重	风干重	株丛数	鲜重	风干重	鲜重	风干重	鲜重	风干重	鲜重	风干重
100 m²样方内草本及矮小灌木调查　1m²草本及矮小灌木小样方　样方1																						
样方2																						
样方3																						
合计																						

100 m²样方内灌木及高大草本调查	灌木及高大草本名称	小株丛/cm、g				产草量折算/(kg·hm⁻²)		覆盖面积/m²	灌丛高度/cm
		丛径	鲜重	风干重	株丛数	鲜重	风干重		

植被总盖度	1	2	3	平均	总产草量：　鲜重（kg·hm⁻²）　风干重（kg·hm⁻²）　枯落物（kg·hm⁻²）（风干重）

土壤含水量	地表特征：覆沙情况（有/无）；覆盖情况（有/无），侵蚀情况（有/无），侵蚀原因（风蚀，水蚀，冻蚀，超载，其他）；盐碱斑（有/无）；裸地面积比例（　　　%）

备注	记录物候期等

注：①灌木及高大草本植物产草量鲜重、风干重只测可食部分。
②灌木及高大草本植物覆盖面积（m²）=∑π×（丛径/2)²/10 000。
③灌木及高大草本产草量折算（kg/hm²）=∑鲜重（干重）×株丛数/10。
④总产草量=草本及矮小灌木小灌木产草量折算×（100-灌木覆盖面积）/100+灌木及高大草本产草量折算合计，这个值在将其他信息输入后软件会自动计算出来。

表4　生态状况调查表

调查日期：　　年　月　日　　　调查人：

样方编号			小区名称		
小区面积/m²			照片编号		
样方定位	东经：		北纬：		
枯落物重量/g			海拔/m		
土壤容重			土壤含盐量		
土壤 pH			土壤有机质		
土壤全氮含量			土壤质地、机械组成		
样方内植物种名称	盖度	重量/g	多度	频度	高度/cm
备注					

注：群落组成每年测定1次；土壤理化性质可在第一年测定本底数据，以后每2年测定1
　　次；对于不具备测定条件的站点，可将样品送到科研院所有关实验室进行测定（待测
　　样品在进行化学测定前注意低温保存）。

附录四

草原综合植被盖度监测技术规程

1　范围

本规程规定了草原综合植被盖度监测的内容和方法。

本规程适用于宁夏全区各级行政区域天然草原综合植被盖度监测。

2　规范性引用文件

下列文件对本文件的应用是必不可少的。凡是注日期的引用文件,仅注日期的版本适用于本文件。凡是不注日期的引用文件,其最新版本(包括所有的修改单)适用于本文件。

NY/T 1233-2006　草原资源与生态监测技术规程

《宁夏回族自治区草原监测技术操作手册》

3　术语和定义

下列术语和定义适用于本规程。

3.1　草原综合植被盖度

指某一区域各主要草地类型的植被盖度与其所占面积比重的加权平均值。它主要定量反映大尺度范围内草原的生态质量状况,直观表现较大区域内草原植被的疏密程度。

3.2　植被盖度

样方内各种草原植物投影覆盖地表面积的百分数。

3.3 样方

样地内具有一定面积的用于定性和定量描述植物群落特征的取样点。

4 样地样方设置

4.1 样地设置

4.1.1 基本要求

监测样地设置应以县为基本单位,原则上县及以下行政区草原综合植被盖度的测算基础应以草原类型为单位,不以行政区划为单位。草原类型比较单一的县,也可以依据当地乡镇区划并结合草场分布进行样地布设。

4.1.2 设置原则

按 NY/T 1233-2006 和《宁夏回族自治区草原监测技术操作手册》要求执行。

4.1.3 样地数量

在对县按乡镇或不同类型草原面积划分权重时,县以下可设 10 个以内的权重区域(每个区域设 3~5 个样地),同一个权重区域内各样地数据可认为代表性相同,只取算术平均值,以便架构形成一套由点到面、由小行政单元到大行政单元的权重体系。草原面积较大的县,每 50 万亩至少设置 1 个监测样地,成片面积大于 10 万亩的草原,每片至少设置 3 个监测样地。

4.1.4 样地分布

每个县样地布局尽量参考当地草地资源调查资料、草地资源图及近期遥感影像等,辅助参考全区 1:50 万草地资源图。明确本县草地类型数量及每个类型设置样地数量后,应在资源图上确定每个样地的大致位置,经过实地探查后,结合代表性强、交通便利等条件,确定样地具体位置。

4.2 样方设置

4.2.1 设置原则

按 NY/T 1233-2006 和《宁夏回族自治区草原监测技术操作手册》要求执行。

4.2.2 样方种类

按《宁夏回族自治区草原监测技术操作手册》要求执行。

4.2.3 样方形状

按《宁夏回族自治区草原监测技术操作手册》要求执行。

4.2.4 样方数量

按《宁夏回族自治区草原监测技术操作手册》要求执行。

5.2 监测时间和盖度测定

5.2.1 监测时间

应选取各地草原植被生长盛期开展植被盖度监测,每年监测时间应基本相同,保证监测结果具有较好的可比性。

5.2.2 盖度测定

样地内设置样方盖度的平均值即为样地盖度。第一次在某样地测定时应同时使用目测法和针刺法,以后监测时可只采用目测法。

6 监测方法

6.1 全区草原综合植被盖度的测算

6.1.1 全区草原综合植被盖度为各市草原综合植被盖度乘以本市草原面积权重之和。

6.1.2 各市草原面积权重为该市天然草原面积占全区参与计算的市天然草原面积之和的比例。

6.1.3 具体公式

$$G=\sum_{k=1}^{n} G_k \cdot I_k$$

G:全区综合植被盖度;

G_k:某市的综合植被盖度;

I_k:某市综合植被盖度的权重;

k：某市的序号；

n：参与计算市的总数。

$$I_k=M_k/M_1+M_2+\cdots\cdots+M_n$$

M_k：某市的天然草原面积。

6.2 市级行政区草原综合植被盖度的测算

6.2.1 市级行政区域草原综合植被盖度的计算方法与全区草原综合植被盖度的计算方法相同,计算基础是各县级行政区草原综合植被盖度及其权重。

6.2.2 各县级行政区权重为各县级行政区天然草原面积占该市参与计算的县天然草原面积之和的比例。

6.2.3 地市级行政区草原综合植被盖度的测算方法可参照以上方法。

6.3 县级行政区域草原综合植被盖度的测算

6.3.1 县级行政区域草原综合植被盖度的测算方法与自治区级行政区域草原综合植被盖度的计算方法基本相同,计算基础是该县内不同类型草原的植被盖度。

6.3.2 权重为各类型天然草原面积占该县天然草原面积的比例。

6.3.3 各类型草原盖度应是该类型草原所有监测样地植被盖度的算数平均值。

6.3.4 县级以下行政区域草原综合植被盖度的测算方法可参照以上方法。

7 误差控制

7.1 合理确定县级行政单元的权重系数

应按草原面积比重架构县行政单元的权重系数,体现科学性,并相对固定。

7.2 合理设置样地

7.2.1 样地数量

各地在监测综合植被盖度时,应明确纳入监测体系的县范围以及各县的监测样地数量。

7.2.2 样地位置

各行政区域内样地的数量和位置应基本固定。每个样地盖度测量值与该草原类型平均植被盖度的误差不得大于 10%,否则该样地不参与计算。

7.3 数据验证

7.3.1 拍照验证

可通过拍摄样地景观照和样方垂直照,来分析比较当年盖度与该样地往年的照片和盖度值,以验证样地植被盖度。

7.3.2 遥感数据验证

可分析多年的监测样地实测值与时相接近的 MODIS 数据的相关性,判断监测数据的准确率。

附录五

草原返青期地面观测方案

定期观测地面草原返青状况及其动态规律,是掌握草原植被生长发育过程和时空分布差异的一项重要基础性工作。为了规范和统一全区草原返青期地面观测的内容和方法,结合全区草原资源与生态监测工作编制本《方案》。

第一节　目的和任务

根据草原的自然特点、经济特征等,对草原返青状况进行地面调查或观测度量,为全区草原返青期牧草生长状况的监测评价、草畜平衡估测、自然灾害预警等提供基础数据和资料。返青期地面观测的范围包括天然草场和人工草场。

牧草返青地面观测的主要任务是,在当年草原返青期前 15 天至完全返青结束这段时间内,通过固定观测和非固定观测的方式,实现点、面结合的总体调查,获取观测地区草原地面的返青植物种类及返青期等指标,为草原返青期遥感监测综合评价服务。

第二节　草原返青期的标准

一、草原返青的鉴别

草原返青期是指每年春季在温度和水分条件适宜时,牧草开始萌发再生的日期。各类牧草返青期鉴别如下。

(1)禾本科草类的返青:春季越冬植株露出新叶,老叶恢复弹性,由黄转青或播种植株的第一片叶露出地面。

（2）豆科牧草的返青：春季越冬植株的叶子变绿，出现新的小叶或播种植株幼苗出土，2 片子叶展开。

（3）莎草科牧草的返青：莎草科牧草多为多年生草本。春季越冬植株从根茎长出幼芽露出地面，出现淡绿色叶片。

（4）杂类草的返青：杂类草种类多，菊科、藜科、百合科、蔷薇科、伞形科、唇形科等统称为杂类草。杂类草的返青标准同禾本科或豆科。

（5）灌木、半灌木的返青：春季植株花芽突起，鳞片开裂，或叶芽露出鲜嫩的小叶。

二、草原返青期的确定

草原返青的不同时期利用样方内植物群落的返青株（丛）数占总株（丛）的百分率，或样方内植物返青盖度占植物总盖度的百分率来区分[1]：

$$返青株数百分率=\frac{进入返青期的牧草株（丛）数}{牧草总株（丛）数}\times100\%$$

或者

$$返青盖度百分率=\frac{进入返青期的植物盖度}{植物总盖度}\times100\%$$

草原返青期分为 3 个时期，即返青初期、返青普遍期和返青后期。

（1）当样方内植物开始展叶并正常发育的株（丛）占总株（丛）的百分率在 5%~15%时，或者返青盖度百分率在 5%~15%时，为返青初期。

（2）当样方内多数植物开始展叶并正常生长发育的株（丛）占总株（丛）的百分率在 40%~60%时，或者返青盖度百分率在 40%~60%时，为返青普遍期。

（3）当样方内大多数植物展叶并正常生长发育的株（丛）占总株（丛）的百分率≥80%时，或者返青盖度百分率≥80%时，为返青后期，即可结束观测。

---

[1] 第一年观测草原返青株数百分率或返青盖度百分率可根据现场观测的结果，并结合以往的经验来估测。第二年及以后，这 2 个百分率可以参照往年观测的结果来计算。

第三节　观测方法

一、固定观测

(一)观测时间

(1)根据当地草原牧草发育期出现的规律,一般逢双或隔日观测,但旬末日必须进行观测,观测时间一般定在下午。

(2)观测期一般在当年返青期前15天开始观测,到草原植被和草原牧草完全返青结束。南北不同,各地区根据本地草原返青特征和规律确定。

(3)为了对不同年份返青期进行对比分析,每年观测时间应基本保持一致。由于干旱或其他原因造成春季不返青时,应在草原返青期观测记录表备注栏中说明,同时应随时观测,尤其是降水后。

(二)样地的设置

样地选择时应遵循下列原则和要求。

(1)样地所处地貌、土壤、生产水平和草原群落组成等应能代表该地区的草原特征,具有代表性。

(2)样地可选在天然割草场、放牧场或人工草场上。垦殖过的草场不宜选作天然草原观测样地。

(3)观测样地应远离水源、居民点和道路等。在基础条件较好的区域,如临近气象站(台)、水文站、治沙站、草原实验站、生态监测站以及各类草原的自然保护区,优先布置观测样地,以利于观测、管理和维护。

(4)观测样地的面积一般不小于100 hm²。在荒漠草原或植被比较稀疏的地方,面积可以适当扩大一些;在人工草场或条件不具备或植物分布均匀的草场,面积可以适当缩小。

(5)样地选定后要做上标记。如利用网围栏或草库伦、居民地、水域、道路等做上标志。同时确定日常观测路线,每次观测都沿着同一路线进行。为了保证观测资料的连续性,样地一经选定不应轻易变动。

(三)样方的设置

(1)样方设置在样地内。沿任意方向每隔一定距离设置一个样方。选定第一个样方后,按一定方向、一定距离依次确定第二个、第三个等。样方设置既要考虑代表性,又要有随机性。样方之间的间隔不少于 250 m。

(2)样方大小。草本及矮小灌木植物布设样方或人工草地的面积一般 1 m² (1 m×1 m),若样地植被分布呈斑块状或者较为稀疏,可将样方扩大到 2~4 m²。具有灌木及高大草本植物,且数量较多或分布较为均匀,则布设样方的面积为 100 m²(10 m×10 m 或者 20 m×5 m)。

(3)样方数量。一般情况下,一个样地内,不少于 3 个样方。灌木及高大草本类植物的草原,样地内只设置一个 100 m² 的样方,不做重复。当样方失去代表性时,可在附近更换,并在备注栏注明原因。

二、非固定观测

除了固定样地观测之外,在设有固定观测样地的县(区、市),应在草原返青的关键时期,选择非固定样地 2~3 个(选择原则同固定观测样地),观测草原返青期,要认真填报草原返青期观测记录表,并及时上报。

第四节　注意事项

(1)样地和样方编号遵循《宁夏回族自治区草原监测技术操作手册》中的要求。

(2)草原返青期观测记录表中,返青期的时间记录格式为年−月−日(例如 2009−03−30)。

(3)使用 GPS 记录样方的经纬度和海拔高度。

(4)在调查中,每个样方需要在不同返青时期各拍摄一张俯视照,垂直地面进行拍摄,拍摄高度为正好将观测样方涵盖;另一张为样地景观照,应能反映样地周围特征景物。照片编号统一为在样地样方编号前加时间,例如20090330宁夏盐池县-01、20090330宁夏盐池县-01-01。

(5)各地将结果汇总后于5月21日上报1次观测结果,所有样地观测到返青期后期,再上报1次结果,共计2次。各地只上报电子汇总表格,书面表格各监测县(区、市)妥善保存。

草原返青期调查表

调查单位：

调查人：

调查日期	市、县（区）		乡（镇）、村	
样地编号	草原类型	地貌		景观照片编号
样方编号	经度	纬度	海拔/m	俯视照片编号
返青期（年－月－日）（40%~60%）			返青的主要牧草名称	

附录六

ICS B 65.020.01

B 40

中华人民共和国农业行业标准

NY/T 2997-2016

草地分类

Grassland classification

2016-11-01 发布   2017-04-01 实施

中华人民共和国农业部 发布

前　言

本标准按 GB/T 1.1—2009 给出的规则起草。

本标准由农业部畜牧业司提出。

本标准由全国畜牧业标准化技术委员会(SAC/TC 274)归口。

本标准起草单位:全国畜牧总站、农业部畜牧业司、农业部草原监理中心、中国农业科学院草原研究所、甘肃省草原技术推广总站、内蒙古草原勘查设计研究院、新疆维吾尔自治区草原站、黑龙江省草原工作站。

本标准主要起草人:贠旭江、董永平、李维薇、杨智、王加亭、尹晓飞、赵恩泽、李鹏、孙斌、毕力格·吉夫、张洪江、刘昭明。

草地分类

1　范围

本标准规定了草地类型的划分。

本标准适用于草地资源与生态状况调查、监测、评价和统计中的草地类别划分。

2　术语和定义

下列术语和定义适用于本文件。

2.1　草地　grassland

地被植物以草本或半灌木为主，或兼有灌木和稀疏乔木，植被覆盖度大于5%、乔木郁闭度小于0.1、灌木覆盖度小于40%的土地，以及其他用于放牧和割草的土地。

2.2　优势种　dominant species

草地群落中作用最大、对其他种的生存有很大影响与控制作用的植物种。

2.3　共优种　co-dominant species

多种植物在群落中的优势地位相近时为共同优势种，简称共优种。

3　草地划分

3.1　天然草地

优势种为自然生长形成，且自然生长植物生物量和覆盖度占比大于等于

50%的草地划分为天然草地。天然草地的类型采用类、型二级划分。

3.2　人工草地

优势种由人为栽培形成,且自然生长植物的生物量和覆盖度占比小于50%的草地划分为人工草地。人工草地包括改良草地和栽培草地。

4　天然草地类型划分

4.1　第一级　类

具有相同气候带和植被型组的草地划分为相同的类。全国的草地划分为9个类,见表1。

4.2　第二级　型

在草地类中,优势种、共优种相同,或优势种、共优种为饲用价值相似的植物划分为相同的草地型。全国草地共划分175个草地型,见表2。

5　人工草地类型划分

5.1　改良草地

通过补播改良形成的草地。改良草地可采用天然草地的类、型二级分类方法进一步划分类别。

5.2　栽培草地

通过退耕还草、人工种草、饲草饲料基地建设等方式形成的草地。

表1　草地类

编号	草地类	范围
A	温性草原类	主要分布在伊万诺夫湿润度(以下简称湿润度)0.13~1.0、年降水量150~500 mm 的温带干旱、半干旱和半湿润地区,多年生旱生草本植物为主,有一定数量旱中生或强旱生植物的天然草地
B	高寒草原类	主要分布在湿润度 0.13~1.0、年降水量 100~400 mm 的高山（或高原）亚寒带与寒带半干旱地区,耐寒的多年生旱生、旱中生或强旱生禾草为优势种,有一定数量旱生半灌木或强旱生小半灌木的草地
C	温性荒漠类	主要分布在湿润度<0.13、年降水量<150 mm 的温带极干旱或强干旱地区,超旱生或强旱生灌木和半灌木为优势种,有一定数量旱生草本或半灌木的草地
D	高寒荒漠类	主要分布在湿润度<0.13、年降水量<100 mm 的高山（或高原）亚寒带与寒带极干旱地区,极稀疏低矮的超旱生垫状半灌木、垫状或莲座状草本植物为主的草地
E	暖性灌草丛类	主要分布在湿润度>1.0、年降水量>550 mm 的暖温带地区,喜暖的多年生中生或旱中生草本植物为优势种,有一定数量灌木、乔木的草地
F	热性灌草丛类	主要分布在雨季湿润度>1.0、旱季湿润度 0.7~1.0、年降水量>700 mm 的亚热带和热带地区,热性多年生中生或旱中生草本植物为主,有一定数量灌木、乔木的草地
G	低地草甸类	主要分布在河岸、河漫滩、海岸滩涂、湖盆边缘、丘间低地、谷地、冲积扇扇缘等地,受地表径流、地下水或季节性积水影响而形成的,以多年生湿中生、中生或湿生草本为优势种的草地
H	山地草甸类	主要分布在湿润度>1.0、年降水量>500 mm 的温性山地,以多年生中生草本植物为优势种的草地
I	高寒草甸类	主要分布在湿润度>1.0、年降水量>400 mm 的高山（或高原）亚寒带与寒带湿润地区,耐寒多年生中生草本植物为优势种,或有一定数量中生灌丛的草地

附 录

表 2 草地型

序号	类编号	草地类	型编号	草地型	优势植物及主要伴生植物
1			A01	芨芨草，旱生禾草	芨芨草（Achnatherum splendens）
2			A02	沙鞭	沙鞭（Psammochloa villosa）
3			A03	贝加尔针茅	贝加尔针茅（Stipa baicalensis）、羊草（Leymus chinensis）、线叶菊（Filifolium sibiricum）、白莲蒿（Artemisia sacrorum）、菊叶委陵菜（Potentilla tanacetifolia）
4			A04	具灌木的贝加尔针茅	贝加尔针茅、羊草、隐子草（Cleistogenes ssp.）、线叶菊、西伯利亚杏（Armeniaca sibirica）
5			A05	大针茅	大针茅（S. grandis）、糙隐子草（Cl. squarrosa）、达乌里胡枝子（Lespedeza davurica）
6			A06	羊草	羊草、贝加尔针茅、家榆（Ulmus pumila）
7			A07	羊草，旱生杂类草	羊草，针茅（S. spp.）、糙隐子草、冷蒿（A. frigida）
8	A	温性草原类	A08	具灌木的旱生针茅	大针茅、长芒草（S. bungeana）、西北针茅（S. sareptana var. krylovii）、针茅，糙隐子草、锦鸡儿（Caragana ssp.）、北沙柳（Salix psammophila）、灰枝紫菀（Aster poliothamnus）、白刺花（Sophora davidii）、砂生槐（S. moorcroftiana）、金丝桃叶绣线菊（Spiraea hypericifolia）、新疆亚菊（Ajania fastigiata）、西伯利亚杏
9			A09	西北针茅	西北针茅、糙隐子草、冷蒿、羊茅（Festuca ovina）、早熟禾（Poa annua）、青海苔草（Carex qinghaiensis）、甘青针茅（S. przewalskyi）、大苞鸢尾
10			A10	具小叶锦鸡儿的旱生禾草	羊草、大针茅、冰草、西北针茅、冷蒿、糙隐子草、锦鸡儿、小叶锦鸡儿（C. microphylla）
11			A11	长芒草	长芒草、冰草（Agropyron cristatum）、糙隐子草、星毛委陵菜（P. acaulis）
12			A12	白草	白草（Pennisetum flaccidum）、中亚白草（P. centrasiaticum）、糙隐子草、画眉草（Eragrostis pilosa）、银蒿（A. austriaca）
13			A13	具灌木的白草	白草、中亚白草、砂生槐

续表

序号	类编号	草地类	型编号	草地型	优势植物及主要伴生植物
14			A14	固沙草	固沙草(Orinus thoroldii)、青海固沙草(O. kokonorica)、西北针茅、白草、锦鸡儿(C. sinica)
15			A15	沙生针茅	沙生针茅(S. glareosa)、糙隐子草、高山绢蒿(Serphidium rhodanthum)、短叶假木贼(Anabasis brevifolia)、合头藜(Sympegma regelii)、蒿叶猪毛菜(S. abrotanoides)、灌木短舌菊(Brachanthemum fruticulosum)、红砂(Reaumuria songarica)
16			A16	短花针茅	短花针茅(S. breviflora)、无芒隐子草(Cl. songorica)、冷蒿、牛枝子(L. potaninii)、蓍状亚菊(A. achilloides)、刺叶柄棘豆(Oxytropis aciphylla)、刺旋花(Convolvulus tragacanthoides)、博洛塔绢蒿(S. borotalense)、米蒿(A. dalai-lamae)、大苞鸢尾(Iris bungei)
17	A	温性草原类	A17	石生针茅	石生针茅(S. tianschanica var. klemenzii)、戈壁针茅(S. tianschanica var. gobica)、无芒隐子草、冷蒿、松叶猪毛菜(S. laricifolia)、蒙古扁桃(Amygdalus mongolica)、灌木亚菊(A. fruticulosa)、女蒿(Hippolytia trifida)
18			A18	具锦鸡儿的针茅	石生针茅、镰芒针茅(S. caucasica)、短花针茅、沙生针茅、无芒隐子草、柠条锦鸡儿(C. korshinskii)、锦鸡儿(C. ssp.)
19			A19	针茅	针茅(S. capillata)、天山针茅(S. tianschanica)、新疆亚菊、白羊草(Bothriochloa ischaemum)
20			A20	针茅、绢蒿	镰芒针茅、东方针茅(S. orientalis)、新疆针茅(S. sareptana)、昆仑针茅(S. robarowskyi)、草原苔草(C. liparocarpos)、高山绢蒿、博洛塔绢蒿、纤细绢蒿(S. gracilescens)
21			A21	糙隐子草	糙隐子草、冷蒿、达乌里胡枝子、洽草(Koeleria cristata)、山竹岩黄芪(Hedysarum fruticosum)
22			A22	具灌木的隐子草	隐子草、中华隐子草(Cl. chinensis)、多叶隐子草(Cl. polyphylla)、冷蒿、尖叶胡枝子(L. juncea)、西伯利亚杏、百里香(Thymus mongolicus)、荆条(Vitex negundo var. heterophylla)

续表

序号	类编号	草地类	型编号	草地型	优势植物及主要伴生植物
23			A23	羊茅	羊茅、沟叶羊茅(F. valesiaca)、阿拉套羊茅(F. alatavica)、草原草草、天山鸢尾(I. loczyi)
24			A24	羊茅、绢蒿	羊茅、博洛塔绢蒿
25			A25	冰草	冰草、沙生冰草(A. desertorum)、蒙古冰草(A. mongolicum)、糙隐子草、冷蒿、疏花针茅(S. penicillata)、纤细绢蒿、高山绢蒿
26			A26	具乔灌的冰草、冷蒿	冰草、沙生冰草、冷蒿、糙隐子草、达乌里胡枝子、小叶锦鸡儿、锦鸡儿、柠条锦鸡儿、家榆
27			A27	早熟禾	新疆早熟禾(P. relaxa)、细叶早熟禾(P. angustifolia)、硬质早熟禾(P. sphondylodes)、渐狭早熟禾(P. sinoglauca)、草原苔草、针茅、新疆亚菊
28	A	温性草原类	A28	藏布三芒草	藏布三芒草(Aristida tsangpoensis)
29			A29	甘草	甘草(Glycyrrhiza uralensis)
30			A30	草原苔草	草原苔草、冷蒿、天山鸢尾
31			A31	具灌木的苔草、温性禾草	脚苔草(C. pediformis)、披针叶苔草(C. lanceolata)、苔草(C. ssp.)、灌木
32			A32	线叶菊、禾草	线叶菊、羊茅、贝加尔针茅、羊茅、脚苔草、尖叶胡枝子
33			A33	碱韭、早生禾草	碱韭(Allium polyrhizum)、针茅(S. ssp.)
34			A34	冷蒿、禾草	冷蒿、西北针茅、中亚白草、长芒草、阿拉善鹅观草(Roegneria alashanica)
35			A35	蒿、早生禾草	猪毛蒿(A. scoparia)、沙蒿(A. desertorum)、华北米蒿(A. giraldii)、蒙古蒿(A. mongolica)、栉叶蒿(Neopallasia pectinata)、冷蒿、毛莲蒿(A. vestita)、山蒿(A. brachyloba)、藏白蒿(A. minor)、长芒草、甘青针茅、白草
36			A36	具锦鸡儿的蒿	冷蒿、黑沙蒿(A. ordosica)、锦鸡儿、柠条锦鸡儿

续表

序号	类编号	草地类	型编号	草地型	优势植物及主要伴生植物
37			A37	褐沙蒿、禾草	褐沙蒿(A. intramongolica)、差巴嘎蒿(A. halodendron)、锦鸡儿、家榆
38			A38	差巴嘎蒿、禾草	差巴嘎蒿、冷蒿
39			A39	具乔灌的差巴嘎蒿、禾草	差巴嘎蒿、冷蒿、家榆
40			A40	黑沙蒿、禾草	黑沙蒿、沙鞭、甘草、中亚白草、苦豆子(S. alopecuroides)
41			A41	细裂叶莲蒿	细裂叶莲蒿(A. gmelinii)、桔草(Cymbopogon goeringii)、早熟禾
42		温性草原类	A42	白莲蒿、禾草	白莲蒿、异穗苔草(C. heterostachya)、紫花鸢尾(I. ensata)、牛尾蒿(A. dubia)、草地早熟禾(P. pratensis)、百里香、冰草、达乌里胡枝子、冷蒿、长芒草
43	A		A43	具灌木的白莲蒿	白莲蒿、灌木
44			A44	亚菊、针茅	灌木亚菊、蓍状亚菊、朵伞亚菊(A. parviflora)、沙生针茅、短花针茅、长芒草、针茅、垫状锦鸡儿(C. tibetica)
45			A45	草麻黄、禾草	草麻黄(Ephedra sinica)、差巴嘎蒿、糙隐子草、小叶锦鸡儿
46			A46	刺叶柄棘豆、旱生禾草	刺叶柄棘豆、老鸹头(Cynanchum komarovii)
47			A47	达乌里胡枝子、禾草	达乌里胡枝子、长芒草
48			A48	具锦鸡儿的牛枝子	牛枝子、杆条锦鸡儿、锦鸡儿
49			A49	百里香、禾草	百里香、糙隐子草、达乌里胡枝子、长芒草
50	B	高寒草原类	B01	新疆银穗草、针茅	新疆银穗草(Leucopoa olgae)、穗状寒生羊茅(F. ovina subsp. sphagnicola)、紫花针茅(S. purpurea)
51			B02	紫花针茅	紫花针茅、昆仑针茅、黄芪(Astragalus sp.)、劲直黄芪(A. strictus)

续表

序号	类编号	草地类	型编号	草地型	优势植物及主要伴生植物
52	B	高寒草原类	B03	紫花针茅、青藏苔草	紫花针茅、青藏苔草(C. moorcroftii)
53			B04	具灌木的紫花针茅	紫花针茅、垫状驼绒藜(Ceratoides compacta)、变色锦鸡儿(C. versicolor)、锦鸡儿
54			B05	针茅、莎草	紫花针茅、丝颖针茅(S. capillacea)、三角草(Trikeraia hookeri)、嵩草(Kobresia myosuroides)、窄果苔草(C. enervis)、草沙蚕(Tripogon bromoides)、灌木
55			B06	针茅、固沙草	沙生针茅、紫花针茅、固沙草
56			B07	座花针茅	座花针茅(S. subsessiliflora)、羽柱针茅(S. subsessiliflora var. basiplumosa)、高山绢蒿
57			B08	羊茅、苔草	穗状寒羊茅、微药羊茅(F. nitidula)、寒生羊茅(F. kryloviana)、变色锦鸡儿(Littledalea przevalskyi)、高原委陵菜(P. pamiroalaica)、变色锦鸡儿
58			B09	早熟禾、垫状杂类草	昆仑早熟禾(P. litwinowiana)、羊茅状早熟禾(P. parafestuca)、粗糙点地梅(Androsace squarrosula)、棘豆(O. sp.)、四裂红景天(Rhodiola quadrifida)
59			B10	青藏苔草、杂类草	青藏苔草、灌木
60			B11	具垫状驼绒藜的青藏苔草	青藏苔草、垫状驼绒藜
61			B12	蒿、针茅	镰芒针茅(A. wellbyi)、紫花针茅、藏沙蒿(A. stracheyi)、川藏蒿(A. tainingensis)、藏白蒿(A. younghusbandii)、日喀则蒿(A. xigazeensis)、灰苞蒿(A. roxburghiana)、藏龙蒿(A. waltonii)、沙生针茅、木根香青(Anaphalis xylorhiza)、冻原白蒿
62	C	温性荒漠类	C01	大赖草、沙漠蒿	大赖草(L. racemosus)、沙漠绢蒿(Serphidium santolinum)
63			C02	猪毛菜、禾草	珍珠猪毛菜(Salsola passerina)、蒿叶猪毛菜、天山猪毛菜(S. junatovii)、松叶猪毛菜、沙生针茅
64			C03	白茎绢蒿	白茎绢蒿(S. terrae-albae)

续表

序号	类编号	草地类	型编号	草地型	优势植物及主要伴生植物
65			C04	绢蒿、针茅	白茎绢蒿、博洛塔绢蒿、新疆绢蒿（S. kaschgaricum）、纤细绢蒿、伊犁绢蒿（S. transiliense）、沙生针茅、针茅
66			C05	沙蒿	沙蒿、白沙蒿（A. blepharolepis）、白茎绢蒿、旱蒿（A. xerophytica）、驼绒藜、准噶尔沙蒿（A. songarica）
67			C06	红砂	五柱红砂（R. kaschgarica）、红砂、垫状锦鸡儿、沙冬青（Ammopiptanthus mongolicus）、木碱蓬（Suaeda dendroides）、囊果碱蓬（S. physophora）
68			C07	红砂、禾草	红砂、四合木（Tetraena mongolica）
69			C08	驼绒藜	驼绒藜（Ceratoides latens）
70	C	温性荒漠类	C09	驼绒藜、禾草	驼绒藜、沙生针茅、女蒿、阿拉善鹅观草
71			C10	猪毛菜	天山猪毛菜、蒿叶猪毛菜、东方猪毛菜（S. orientalis）、珍珠猪毛菜（S. passerina）、木本猪毛菜（S. arbuscula）、松叶猪毛菜、驼绒藜、红砂
72			C11	合头藜	合头藜
73			C12	戈壁藜、膜果麻黄	戈壁藜（Iljinia regelii）、膜果麻黄（E. przewalskii）
74			C13	木地肤、一年生藜	木地肤（Kochia prostrata）、叉毛蓬（Petrosimonia sibirica）、角果藜（Ceratocarpus arenarius）
75			C14	小蓬	小蓬（Nanophyton erinaceum）、沙生针茅
76			C15	短舌菊	蒙古短舌菊（B. mongolicum）、星毛短舌菊（B. pulvinatum）、鹰爪柴（C. gortschakovii）
77			C16	盐爪爪	圆叶盐爪爪（Kalidium schrenkianum）、尖叶盐爪爪（K. cuspidatum）、细枝盐爪爪（K. gracile）、黄毛头盐爪爪（K. cuspidatum var. sinicum）、盐爪爪（K. foliatum）

续表

序号	类编号	草地类	型编号	草地型	优势植物及主要伴生植物
78	C	温性荒漠类	C17	假木贼	盐生假木贼（A. salsa）、短叶假木贼、粗糙假木贼（A. pelliotii）、无叶假木贼（A. aphylla）、圆叶盐爪爪、裸果木（Gymnocarpos przewalskii）
79			C18	盐柴类半灌木、禾草	针茅、中亚细柄茅（Ptilagrostis pelliotii）、沙生针茅、合头藜、喀什假木贼（Kaschgaria komarovii）、短叶假木贼、高枝假木贼（A. elatior）、盐爪爪、圆叶盐爪爪
80			C19	霸王	霸王（Sarcozygium xanthoxylon）
81			C20	白刺	泡泡刺（Nitraria sphaerocarpa）、白刺（N. tangutorum）、小果白刺（N. sibirica）、黑果枸杞（Lycium ruthenicum）
82			C21	柽柳、盐柴类灌木	多枝柽柳（Tamarix ramosissima）、柽柳（T. chinensis）、盐穗木（Halostachys caspica）、盐节木（Halocnemum strobilaceum）
83			C22	绵刺	绵刺（Potaninia mongolica）、刺旋花
84			C23	沙拐枣	沙拐枣（Calligonum mongolicum）
85			C24	强旱生灌木、针茅	灌木亚菊（Asterothamnus fruticosus）、刺旋花、半日花（Helianthemum songaricum）、沙冬青、锦鸡儿、沙生针茅、戈壁针茅、短花针茅、石生针茅
86			C25	藏锦鸡儿、禾草	藏锦鸡儿（C. tibetica）、针茅、冷蒿
87			C26	梭梭	白梭梭（Haloxylon persicum）、梭梭（H. ammodendron）、沙拐枣、白刺、沙漠绢蒿
88	D	高寒荒漠类	D01	唐古特红景天	唐古特红景天（Rh. algida var. tangutica）
89			D02	垫状驼绒藜、亚菊	垫状驼绒藜、亚菊（A. pallasiana）、驼绒藜、高原芥（Christolea crassifolia）、高山绢蒿
90	E	暖性灌草丛类	E01	具灌木的大油芒	大油芒（Spodiopogon sibiricus）、栎（Quercus ssp.）
91			E02	白羊草	白羊草、中亚白羊草、黄背草（Themeda japonica）、荩草（Arthraxon hispidus）、隐子草、针茅（S. ssp.）、白茅（Imperata cylindrica）、白莲蒿

续表

序号	类编号	草地类	型编号	草地型	优势植物及主要伴生植物
92	E	暖性灌草丛类	E03	具灌木的白羊草	白羊草、胡枝子（L. bicolor）、酸枣（Ziziphus jujuba）、沙棘（Hippophae rhamnoides）、荆条、荻（Tiarrhena sacchariflora）、百里香
93			E04	黄背草	黄背草、白羊草、野古草（Arundinella anomala）、荩草
94			E05	黄背草、白茅	黄背草、白茅
95			E06	具灌木的黄背草	黄背草、酸枣、荆条、栎（Q. mongolica）、白茅、须芒草（Andropogon yunnanensis）、委陵菜
96			E07	具灌木的荩草	荩草、灌木
97			E08	具灌木的野古草、暖性禾草	野古草、荻、知风草（E. ferruginea）、西南委陵菜（P. fulgens）、胡枝子、栎
98			E09	具灌木的野青茅	野青茅（Deyeuxia arundinacea）、青冈栎（Cyclobalanopsis glauca）、西南委陵菜
99			E10	结缕草	结缕草（Zoysia japonica）、百里香
100			E11	具灌木的苔草、暖性禾草	苔草、披针叶苔草、羊胡子草（Eriophorum sp.）、胡枝子、柞栎
101			E12	具灌木的白莲蒿	白莲蒿、沙棘、委陵菜（P. chinensis）、蒿（A. ssp.）、酸枣、达乌里胡枝子
102	F	热性灌草丛类	F01	芒、热性禾草	芒（Miscanthus sinensis）、白茅、金茅（Eulalia speciosa）、野古草、野青茅
103			F02	具乔灌的芒	芒、芒萁（Dicranopteris dichotoma）、金茅、野古草、野青茅、竹类、胡枝子、檵木（Loropetalum chinense）、马尾松（Pinus massoniana）、青冈栎、栎、芒
104			F03	五节芒	五节芒（M. floridulus）、白茅、野古草、细毛鸭嘴草（Ischaemum indicum）
105			F04	具乔灌的五节芒	五节芒、细毛鸭嘴草、灌木、杜鹃（Rhododendron simsii）
106			F05	白茅	白茅、黄背草、金茅、芒、细柄草（Capillipedium parviflorum）、细毛鸭嘴草、野古草、光高粱（Sorghum nitidum）、类芦（Neyraudia reynaudiana）、矛叶荩草（A. lanceolatus）、臭根子草（B. bladhii）

续表

序号	类编号	草地类	型编号	草地型	优势植物及主要伴生植物
107			F06	具灌木的白茅	白茅、芒萁、野古草、扭黄茅、青香茅（Heteropogon contortus）、青香茅（Cymbopogon caesius）、细柄草、类芦、细毛鸭嘴草、火棘（Pyracantha fortuneana）、马桑（Coriaria nepalensis）、桃金娘（Rhodomyrtus tomentosa）、竹类
108			F07	具乔木的白茅、芒	白茅、芒、黄背草、矛叶荩草、青冈栎、檵木
109			F08	野古草	野古草、芒、紫茎泽兰、密序野古草（A. bengalensis）
110			F09	具乔灌的野古草、热性禾草	野古草、刺芒野古草（A. setosa）、芒萁、大叶胡枝子（L. davidii）、马尾松、三叶赤楠（Syzygium grijsii）、桃金娘
111			F10	白健秆	白健秆（Eulalia pallens）、金茅、云南松（P. yunnanensis）
112	F	热性灌草丛类	F11	具乔灌的金茅	金茅、四脉金茅（E. quadrinervis）、棕茅（E. phaeothrix）、白茅、矛叶荩草、云南松、火棘、胡枝子
113			F12	刚莠竹	刚莠竹（Microstegium ciliatum）
114			F13	旱茅	旱茅（Eramopogon delavayi）、檵
115			F14	红裂稃草	红裂稃草（Schizachyrium sanguineum）
116			F15	金茅	金茅、白茅、野古草、拟金茅（Eulaliopsis binata）、四脉金茅
117			F16	桔草	桔草、芭子草（Th. caudata）
118			F17	具灌木的青香茅	青香茅、白茅、湖北三毛草（Trisetum henryi）、马尾松
119			F18	具乔灌的黄背草、热性禾草	黄背草、芒萁、檵木、马尾松
120			F19	细毛鸭嘴草	细毛鸭嘴草、野古草、画眉草、鸱鸪草（Eriachne pallescens）、雀稗（Paspalum thunbergii）

续表

序号	类编号	草地类	型编号	草地型	优势植物及主要伴生植物
121	F	热性灌草丛类	F20	具乔灌的细毛鸭嘴草	细毛鸭嘴草、鸭嘴草(*I. aristatum*)、芒茅
122			F21	细柄草	细柄草、芒茎、硬杆子草(*C. assimile*)、云南松
123			F22	扭黄茅	黄背草、扭黄茅、白茅、金茅
124			F23	具乔灌的扭黄茅	扭黄茅、水蔗草(*Apluda mutica*)、双花草(*Dichanthium annulatum*)、仙人掌(*Opuntia stricta*)、小鞍叶羊蹄甲(*Bauhinia brachycarpa*)、栎、云南松、木棉(*Bombax malabaricum*)、余甘子(*Phyllanthus emblica*)、坡柳(*S. myrtillacea*)、木棉
125			F24	具乔木的华三芒草、扭黄茅	华三芒草(*A. chinensis*)、扭黄茅、厚皮树(*Lannea coromandelica*)、木棉
126			F25	䅟蚁草	䅟蚁草(*Eremochloa vittata*)、马陆草(*E. zeylanica*)
127			F26	地毯草	地毯草(*Axonopus compressus*)
128	G	低地草甸类	G01	芦苇	芦苇、荻、狗牙根、䅟毛(*Aeluropus sinensis*)
129			G02	芦苇、蔗草	芦苇、蔗草(*Scirpus triqueter*)、藕草(*Phalaris arundinacea*)、稗(*E. crusgalli*)、灰化苔草(*C. cinerascens*)、菰(*Zizania latifolia*)、香蒲(*Typha orientalis*)
130			G03	具乔灌的芦苇、大叶白麻	芦苇(*Phragmites australis*)、大叶白麻、胡杨、菊钓水柏枝(*Myricaria prostrata*)、多枝柽柳
131			G04	小叶章/大叶章	小叶章(*D. angustifolia*)、大叶章(*D. langsdorffii*)、芦苇、狭叶甜茅(*Glyceria spiculosa*)、灰脉苔草、苔草、沼柳(*S. rosmarinifolia var. brachypoda*)、紫桦、赖草(*L. secalinus*)
132			G05	麦芽草、盐柴类灌木	麦芽草、短芒大麦草(*Hordeum brevisubulatum*)、白刺、盐豆木(*Halimodendron halodendron*)
133			G06	羊草、芦苇	羊草、芦苇、散穗早熟禾(*P. subfastigiata*)
134			G07	拂子茅	拂子茅(*Calamagrostis epigeios*)

续表

序号	类编号	草地类	型编号	草地型	优势植物及主要伴生植物
135	G	低地草甸类	G08	赖草	赖草、多枝赖草(L. multicaulis)、马蔺(Iris lactea var. chinensis)、碱茅(Puccinellia distans)、金露梅(P. fruticosa)
136			G09	碱茅	碱茅、星星草(P. tenuiflora)、裸花碱茅(P. nudiflora)
137			G10	巨序剪股颖、拂子茅	巨序剪股颖(Agrostis gigantea)、布顿大麦(H. bogdanii)、拂子茅、假苇拂子茅(C. pseudophragmites)、牛鞭草(Hemarthria altissima)、垂枝桦(Betula pendula)
138			G11	狗牙根、假俭草	狗牙根(Cynodon dactylon)、假俭草(Eremochloa ophiuroides)、白茅、牛鞭草、扁穗牛鞭草(H. compressa)、铺地黍(Panicum repens)、盐地鼠尾粟(Sporobolus virginicus)、结缕草、竹节草(Chrysopogon aciculatus)
139			G12	具乔灌的甘草、苦豆子	胀果甘草(Gl. Inflata)、苦豆子、多枝柽柳(T. ramosissima)、胡杨(Populus euphratica)
140			G13	乌拉苔草	乌拉苔草(C. meyeriana)、木里苔草(C. muliensis)、瘤囊苔草(C. schmidtii)、笃斯越桔(Vaccinium uliginosum)、柴桦(B. fruticosa)、柳灌丛
141			G14	莎草、杂类草	苔草、藨草、木里苔草、毛果苔草(C. lasiocarpa)、漂筏苔草(C. pseudo-curaica)、灰脉苔草(C. appendiculata)、柘囊苔草(C. stipitinticulata)、芒尖苔草(C. doniana)、刺三棱(Scirpus fluviatilis)、阿穆尔莎草(Cyperus amuricus)、水麦冬(Triglochin palustris)、发草(Deschampsia caespitosa)、薄草(Leptocarpus disjunctus)、田间鸭嘴草(I. rugosum)、华扁穗草(Blysmus sinocompressus)、短芒大麦草
142			G15	寸草苔、鹅绒委陵菜	寸草苔(C. duriuscula)、鹅绒委陵菜(P. anserina)
143			G16	碱蓬、杂类草	碱蓬(S. glauca)、盐地碱蓬(S. salsa)、红砂、结缕草
144			G17	马蔺	马蔺
145			G18	具乔灌的疏叶骆驼刺、花花柴	疏叶骆驼刺(Alhagi sparsifolia)、花花柴(Karelinia caspia)、多枝柽柳、胡杨、灰杨(P. pruinosa)

续表

序号	类编号	草地类	型编号	草地型	优势植物及主要伴生植物
146	H	山地草甸类	H01	荻	荻、又分麦(Polygonum divaricatum)、苈
147			H02	掰子茅、杂类草	掰子茅、大掰子茅(C. macrolepis)、虎榛子(Ostryopsis davidiana)、秀丽水柏枝(Myricaria elegans)
148			H03	糙野青茅	野青茅、异针茅(S. aliena)、糙野青茅(D. scabrescens)
149			H04	具灌木的糙野青茅	糙野青茅、冷杉(Abies fabri)
150			H05	垂穗披碱草、垂穗鹅观草	垂穗披碱草(Elymus nutans)、垂穗鹅观草(R. nutans)
151			H06	穗序野古草、杂类草	穗序野古草(A. hookeri)、西南委陵菜、云南松
152			H07	野古草、大油芒	野古草、大油芒、掰子茅
153			H08	鸭茅、杂类草	鸭茅(Dactylis glomerata)
154			H09	短柄草	细棵短柄草(Brachypodium sylvaticum var. gracile)、短柄草(B. sylvaticum)
155			H10	无芒雀麦、杂类草	无芒雀麦(Bromus inermis)、草原糙苏(Phlomis pratensis)、紫花鸢尾
156			H11	羊茅、杂类草	羊茅、三界羊茅(F. kurtschumica)、紫羊茅(F. rubra)、高山黄花茅(Anthoxanthum odoratum var. alpinum)、山地糙苏(Ph. oreophila)、白克苔草、草血竭(P. paleaceum)、紫苞凤毛菊(Saussurea purpurascens)、藏异燕麦、丝颖针茅(Helictotrichon tibeticum)
157			H12	具灌木的羊茅、杂类草	羊茅、杜鹃、蔷薇(Rosa multiflora)、箭竹(Fargesia spathacea)
158			H13	早熟禾、杂类草	草地早熟禾、细叶早熟禾、疏花早熟禾(P. chalarantha)、早熟禾、披碱草(E. dahuricus)、大叶橐吾(Ligularia macrophylla)、草原老鹳草(Geranium pratense)、弯叶鸢尾(I. curvifolia)、多穗蓼(P. polystachyum)、二裂委陵菜(P. bifurca var. canesces)、毛秆偃麦草(Elytrigia alatavica)、箭竹

续表

序号	类编号	草地类	型编号	草地型	优势植物及主要伴生植物
159	H	山地草甸类	H14	三叶草、杂类草	白三叶（Trifolium repens）、红三叶（T. pratense）、山野豌豆（Vicia amoena）
160			H15	苔草、高草	红棕苔草（C. przewalski）、青藏苔草、黑褐苔草、细果苔草、毛囊苔草（C. inanis）、葱岭苔草、苔草、穗状寒生羊茅、西伯利亚羽衣草（Alchemilla sibirica）、高原委陵菜、圆叶桦（B. rotundifolia）、阿拉套柳（S. alatavica）
161			H16	苔草、杂类草	披针叶苔草、无脉苔草（C. enervis）、亚柄苔草（C. lanceolata var. subpediformis）、白克苔草（C. buekii）、林芝苔草、苔草、脚苔草、野青茅、蓝花棘豆（O. coerulea）、西藏早熟禾（P. tibetica）、黑穗画眉草（E. nigra）、裂叶高
162			H17	地榆、杂类草	地榆（Sanguisorba officinalis）、高山地榆（S. alpina）、白喉乌头（Aconitum leucostomum）、蒙古高、裂叶高（A. tanacetifolia）柳灌丛
163			H18	羽衣草	天山羽衣草（Al. tianshanica）、阿尔泰羽衣草（Al. pinguis）、西伯利亚羽衣草
164	I	高寒草甸类	I01	西藏高草、杂类草	粗壮嵩草（Kobresia robusta）、藏北嵩草（K. littledalei）、西藏嵩草（K. tibetica）、甘肃嵩草、糙喙苔草（C. scabriostris）
165			I02	矮生高草、杂类草	矮生嵩草（K. humilis）、圆穗蓼（P. macrophyllum）
166			I03	具金露梅的矮生高草	矮生嵩草、金露梅、珠芽蓼（P. viviparum ）、羊茅
167			I04	高山嵩草、禾草	高山嵩草（K. pygmaea）、早针茅
168			I05	高山嵩草、苔草	高山嵩草、矮生嵩草、苔草、青藏苔草、嵩草
169			I06	高山嵩草、杂类草	高山嵩草、圆穗蓼、高山风毛菊（S. alpina）、马蹄黄（Spenceria ramalana）、嵩草
170			I07	具灌木的高草、苔草	高山嵩草、线叶嵩草（K. capillifolia）、北方嵩草（K. bellardii）、黑褐穗苔草（C. atrofusca subsp. minor）、嵩、臭蚤草（Pulicaria insignis）、长梗蓼（P. calostachyum）、尼泊尔蓼（P. nepalense）、鬼箭锦鸡儿（C. jubata）、高山柳、金露梅、柱鹃、香柏（Sabina pingii var. wilsonii）

续表

序号	类编号	草地类	型编号	草地型	优势植物及主要伴生植物
171	I	高寒草甸类	I08	线叶嵩草、杂类草	线叶嵩草、珠芽蓼、糙喙苔草
172			I09	嵩草、杂类草	四川嵩草（K. setchwanensis）、大花嵩草（K. macrantha）、丝颖针茅、异穗苔草、针蔺（Heleocharis valleculosa）、木叶嵩草（K. graminifolia）、川滇剪股颖（A. limprichtii）、嵩草、细果苔草（C. stenocarpa）、珠芽蓼、管果嵩草（K. stenocarpar）
173			I10	莎草、鹅绒委陵菜	鹅绒委陵菜、芒尖苔草、甘肃嵩草（K. kansuensis）、裸果扁穗苔（Blysmocarex nudicarpa）、双柱头蔗草（S. distigmaticus）、华扁穗草、木里苔草、短柱苔草（C. turkestanica）、灯芯草（Juncus amplifolius）
174			I11	莎草、早熟禾	高山早熟禾（P. alpina）、黄花棘豆（O. ochrocephala）、线叶嵩草、黑褐苔草、黑花苔草（C. melanantha）、嵩草、黑穗苔草（C. atrofusca）、苔草、高山苔草、白尖苔草（C. atrata）、苔草
175			I12	珠芽蓼、圆穗蓼	珠芽蓼、圆穗蓼、苔草、嵩草、管果嵩草、猬草（Hystrix duthiei）、扁芒草、变叶青青（A. contorta）、疏花锦鸡儿、高山柳（Danthonia schneideri）

附录七

行业标准《草地分类(报批稿)》与全国第一次草地资源调查草地型对照表

序号	草原(草地)型		草原(草地)类	
	本标准	草地一调	本标准	草地一调
1	座花针茅	羽柱针茅	高寒草原类	高寒草原类
		座花针茅	高寒草原类	高寒草原类
		座花针茅、高山绢蒿	高寒草原类	高寒荒漠草原类
2	紫花针茅、青藏苔草	紫花针茅、青藏苔草	高寒草原类	高寒草原类
3	紫花针茅	紫花针茅	高寒草原类	高寒草原类
		紫花针茅、黄芪	高寒草原类	高寒草原类
		紫花针茅、杂类草	高寒草原类	高寒草原类
		昆仑针茅	高寒草原类	高寒草原类
		劲直黄芪、紫花针茅	高寒草原类	高寒草原类
4	猪毛菜、禾草	珍珠猪毛菜、禾草型	温性荒漠类	温性草原化荒漠类
		珍珠猪毛菜、杂类草	温性荒漠类	温性草原化荒漠类
		蒿叶猪毛菜、沙生针茅	温性荒漠类	温性草原化荒漠类
		天山猪毛菜、沙生针茅	温性荒漠类	温性草原化荒漠类
		松叶猪毛菜、禾草	温性荒漠类	温性草原化荒漠类
5	猪毛菜	天山猪毛菜	温性荒漠类	温性荒漠类
		蒿叶猪毛菜、红砂	温性荒漠类	温性荒漠类
		东方猪毛菜	温性荒漠类	温性荒漠类
		珍珠猪毛菜	温性荒漠类	温性荒漠类
		松叶猪毛菜	温性荒漠类	温性荒漠类
		木本猪毛菜、驼绒藜	温性荒漠类	温性荒漠类

续表

序号	草原(草地)型		草原(草地)类	
	本标准	草地一调	本标准	草地一调
6	珠芽蓼、圆穗蓼	猬草、圆穗蓼	高寒草甸类	山地草甸类
		具灌木的扁芒草、圆穗蓼	高寒草甸类	山地草甸类
		旋叶香青、圆穗蓼	山地草甸类	山地草甸类
		珠芽蓼	高寒草甸类	山地草甸类
		具鬼箭锦鸡儿的珠芽蓼	高寒草甸类	山地草甸类
		苔草、珠芽蓼	高寒草甸类	高寒草甸类
		圆穗蓼	高寒草甸类	高寒草甸类
		圆穗蓼、嵩草	高寒草甸类	高寒草甸类
		圆穗蓼、杂类草	高寒草甸类	高寒草甸类
		珠芽蓼、窄果嵩草	高寒草甸类	高寒草甸类
		珠芽蓼、圆穗蓼	高寒草甸类	高寒草甸类
		具高山柳的珠芽蓼	高寒草甸类	高寒草甸类
7	针茅、莎草	丝颖针茅	高寒草原类	高寒草甸草原类
		具有灌木的丝颖针茅	高寒草原类	高寒草甸草原类
		紫花针茅、嵩草	高寒草原类	高寒草甸草原类
		窄果苔草	高寒草原类	高寒草甸草原类
		草沙蚕	高寒草原类	高寒草原类
		三角草	高寒草原类	高寒草甸类
8	针茅、绢蒿	镰芒针茅、高山绢蒿	温性草原类	温性荒漠草原类
		镰芒针茅、博洛塔绢蒿	温性草原类	温性荒漠草原类
		昆仑针茅、高山绢蒿	温性草原类	温性荒漠草原类
		新疆针茅、纤细绢蒿	温性草原类	温性荒漠草原类
		东方针茅、博洛塔绢蒿	温性草原类	温性荒漠草原类
		草原苔草、高山绢蒿	温性草原类	温性荒漠草原类

续表

序号	草原(草地)型		草原(草地)类	
	本标准	草地一调	本标准	草地一调
9	针茅、固沙草	紫花针茅、固沙草	高寒草原类	高寒草原类
		沙生针茅、固沙草	高寒草原类	高寒荒漠草原类
10	针茅	白羊草、针茅	温性草原类	温性草甸草原类
		天山针茅	温性草原类	温性草原类
		针茅	温性草原类	温性草原类
		针茅、新疆亚菊	温性草原类	温性草原类
11	长芒草	长芒草、冰草	温性草原类	温性草原类
		长芒草、糙隐子草	温性草原类	温性草原类
		长芒草、杂类草	温性草原类	温性草原类
		星毛委陵菜、长芒草	温性草原类	温性草原类
		长芒草、杂类草	温性草原类	温性草原类
12	早熟禾、杂类草	披碱草	山地草甸类	山地草甸类
		草地早熟禾	山地草甸类	山地草甸类
		细叶早熟禾	山地草甸类	山地草甸类
		早熟禾、杂类草	山地草甸类	山地草甸类
		草原老鹳草、禾草	山地草甸类	山地草甸类
		多穗蓼、二裂委陵菜	山地草甸类	山地草甸类
		弯叶鸢尾	山地草甸类	山地草甸类
		大叶橐吾、细叶早熟禾	山地草甸类	山地草甸类
		草地早熟禾	山地草甸类	山地草甸类
		具灌木的疏花早熟禾	山地草甸类	山地草甸类
		具箭竹的早熟禾	山地草甸类	山地草甸类
		毛稃偃麦草	山地草甸类	高寒草甸类
13	早熟禾、垫状杂类草	昆仑早熟禾、粗糙点地梅	高寒草原类	高寒草原类

续表

序号	草原(草地)型		草原(草地)类	
	本标准	草地一调	本标准	草地一调
13	早熟禾、垫状杂类草	羊茅状早熟禾、棘豆	高寒草原类	高寒草原类
		羊茅状早熟禾、四裂红景天	高寒草原类	高寒草原类
14	早熟禾	细叶早熟禾、针茅	温性草原类	温性草甸草原类
		新疆早熟禾、新疆亚菊	温性草原类	温性草甸草原类
		硬质早熟禾、杂类草	温性草原类	温性草甸草原类
		草原苔草、杂类草	温性草原类	温性草甸草原类
		渐狭早熟禾	温性草原类	温性草原类
15	羽衣草	天山羽衣草	山地草甸类	山地草甸类
		阿尔泰羽衣草	山地草甸类	山地草甸类
		西伯利亚羽衣草	山地草甸类	山地草甸类
16	野古草、大油芒	大油芒、杂类草	山地草甸类	低地草甸类
		野古草、杂类草	山地草甸类	低地草甸类
		具乔木的大油芒	山地草甸类	山地草甸类
		具灌木的野古草、拂子茅	山地草甸类	山地草甸类
17	野古草	野古草	热性灌草丛类	热性草丛类
		野古草、芒	热性灌草丛类	热性草丛类
		密序野古草	热性灌草丛类	热性草丛类
		刺芒野古草	热性灌草丛类	热性草丛类
		紫茎泽兰、野古草	热性灌草丛类	热性草丛类
18	羊茅、杂类草	羊茅、杂类草	山地草甸类	山地草甸类
		紫苞风毛菊、杂类草	山地草甸类	山地草甸类
		山地糙苏	山地草甸类	山地草甸类
		藏异燕麦	山地草甸类	山地草甸类
		羊茅	山地草甸类	山地草甸类

续表

序号	草原(草地)型		草原(草地)类	
	本标准	草地一调	本标准	草地一调
18	羊茅、杂类草	三界羊茅、白克苔草	山地草甸类	山地草甸类
		紫羊茅、杂类草	山地草甸类	山地草甸类
		丝颖针茅、杂类草	山地草甸类	山地草甸类
		草血竭、羊茅	山地草甸类	山地草甸类
		高山黄花茅、杂类草	山地草甸类	高寒草甸类
19	羊茅、苔草	寡穗茅、杂类草	高寒草原类	高寒草甸草原类
		具变色锦鸡儿的穗状寒生羊茅	高寒草原类	高寒草甸草原类
		微药羊茅	高寒草原类	高寒草甸草原类
		寒生羊茅	高寒草原类	高寒草原类
		穗状寒生羊茅	高寒草原类	高寒草原类
		高原委陵菜	高寒草原类	高寒草原类
20	羊茅、绢蒿	羊茅、博洛塔绢蒿	温性草原类	温性荒漠草原类
21	羊茅	羊茅	温性草原类	温性草甸草原类
		沟羊茅、杂类草	温性草原类	温性草甸草原类
		阿拉套羊茅、草原苔草	温性草原类	温性草甸草原类
		天山鸢尾、杂类草	温性草原类	温性草甸草原类
22	羊草、芦苇	羊草、芦苇	低地草甸类	低地草甸类
		散穗早熟禾	低地草甸类	低地草甸类
23	羊草、旱生杂类草	羊草、针茅	温性草原类	温性草原类
		羊草、糙隐子草	温性草原类	温性草原类
		羊草、杂类草	温性草原类	温性草原类
		羊草、冷蒿	温性草原类	温性草原类
24	羊草	羊草	温性草原类	温性草甸草原类
		羊草、贝加尔针茅	温性草原类	温性草甸草原类

续表

| 序号 | 草原(草地)型 | | 草原(草地)类 | |
	本标准	草地一调	本标准	草地一调
24	羊草	羊草、杂类草	温性草原类	温性草甸草原类
		具家榆的羊草、杂类草	温性草原类	温性草甸草原类
25	盐爪爪	圆叶盐爪爪	温性荒漠类	温性荒漠类
		尖叶盐爪爪	温性荒漠类	温性荒漠类
		细枝盐爪爪	温性荒漠类	温性荒漠类
		黄毛头盐爪爪	温性荒漠类	温性荒漠类
		盐爪爪	温性荒漠类	温性荒漠类
26	盐柴类半灌木、禾草	合头藜、禾草	温性荒漠类	温性草原化荒漠类
		喀什菊	温性荒漠类	温性草原化荒漠类
		短叶假木贼、针茅	温性荒漠类	温性草原化荒漠类
		高枝假木贼、中亚细柄茅	温性荒漠类	温性草原化荒漠类
		盐爪爪、禾草	温性荒漠类	温性草原化荒漠类
		圆叶盐爪爪、沙生针茅	温性荒漠类	温性草原化荒漠类
27	亚菊、针茅	著状亚菊、短花针茅	温性草原类	温性荒漠草原类
		具垫状锦鸡儿的著状亚菊	温性草原类	温性荒漠草原类
		束伞亚菊、长芒草	温性草原类	温性荒漠草原类
		灌木亚菊、针茅	温性草原类	温性荒漠草原类
		具灌木的沙生针茅	温性草原类	温性荒漠草原类
28	鸭茅、杂类草	鸭茅、杂类草	山地草甸类	山地草甸类
29	新疆银穗草、针茅	新疆银穗草	高寒草原类	高寒草原类
		新疆银穗草、穗状寒生羊茅	高寒草原类	高寒草原类
		紫花针茅、新疆银穗草	高寒草原类	高寒草原类
30	小叶章/大叶章	大叶章	低地草甸类	低地草甸类
		小叶章	低地草甸类	低地草甸类

续表

序号	草原(草地)型		草原(草地)类	
	本标准	草地一调	本标准	草地一调
30	小叶章/大叶章	小叶章、芦苇	低地草甸类	低地草甸类
		小叶章、苔草	低地草甸类	低地草甸类
		具沼柳的小叶章	低地草甸类	低地草甸类
		具柴桦的小叶章	低地草甸类	低地草甸类
		大叶章、杂类草	低地草甸类	低地草甸类
		狭叶甜茅、小叶章	低地草甸类	低地草甸类
		灰脉苔草、杂类草	低地草甸类	低地草甸类
31	小蓬	小蓬、沙生针茅	温性荒漠类	温性草原化荒漠类
		小蓬	温性荒漠类	温性荒漠类
32	线叶嵩草、杂类草	线叶嵩草	高寒草甸类	高寒草甸类
		线叶嵩草、珠芽蓼	高寒草甸类	高寒草甸类
		线叶嵩草、杂类草	高寒草甸类	高寒草甸类
		糙喙苔草、线叶嵩草	高寒草甸类	高寒草甸类
33	线叶菊、禾草	线叶菊、羊草	温性草原类	温性草甸草原类
		线叶菊、贝加尔针茅	温性草原类	温性草甸草原类
		线叶菊、羊茅	温性草原类	温性草甸草原类
		线叶菊、脚苔草	温性草原类	温性草甸草原类
		线叶菊、杂类草	温性草原类	温性草甸草原类
		线叶菊、尖叶胡枝子	温性草原类	温性草甸草原类
34	细毛鸭嘴草	细毛鸭嘴草	热性灌草丛类	热性草丛类
		细毛鸭嘴草、野古草	热性灌草丛类	热性草丛类
		细毛鸭嘴草、画眉草	热性灌草丛类	热性草丛类
		细毛鸭嘴草、鹧鸪草	热性灌草丛类	热性草丛类
		画眉草	热性灌草丛类	热性草丛类

续表

序号	草原(草地)型		草原(草地)类	
	本标准	草地一调	本标准	草地一调
34	细毛鸭嘴草	雀稗	热性灌草丛类	热性草丛类
35	细裂叶莲蒿	细裂叶莲蒿、早熟禾	温性草原类	温性草甸草原类
		具灌木的细裂叶莲蒿	温性草原类	温性草甸草原类
		细裂叶莲蒿、桔草	温性草原类	暖性草丛类
		具灌木的蒿	温性草原类	暖性灌草丛类
36	细柄草	细柄草	热性灌草丛类	热性草丛类
		硬杆子草	热性灌草丛类	热性草丛类
		芒萁、细柄草	热性灌草丛类	热性草丛类
		具云南松的细柄草	热性灌草丛类	热性灌草丛类
37	西藏嵩草、杂类草	粗壮嵩草	高寒草甸类	高寒草甸类
		藏北嵩草	高寒草甸类	高寒草甸类
		西藏嵩草	高寒草甸类	高寒草甸类
		西藏嵩草、甘肃嵩草	高寒草甸类	高寒草甸类
		西藏嵩草、糙喙苔草	高寒草甸类	高寒草甸类
		西藏嵩草、杂类草	高寒草甸类	高寒草甸类
38	西北针茅	西北针茅、糙隐子草	温性草原类	温性草原类
		西北针茅、冷蒿	温性草原类	温性草原类
		西北针茅、羊茅	温性草原类	温性草原类
		西北针茅、早熟禾	温性草原类	温性草原类
		西北针茅、青海苔草	温性草原类	温性草原类
		西北针茅、甘青针茅	温性草原类	温性草原类
		大苞鸢尾、杂类草	温性草原类	温性荒漠草原类
39	五节芒	五节芒	热性灌草丛类	热性草丛类
		五节芒、白茅	热性灌草丛类	热性草丛类

续表

序号	草原(草地)型		草原(草地)类	
	本标准	草地—调	本标准	草地—调
39	五节芒	五节芒、野古草	热性灌草丛类	热性草丛类
		五节芒、细毛鸭嘴草	热性灌草丛类	热性草丛类
40	蜈蚣草	蜈蚣草	热性灌草丛类	热性草丛类
		马陆草	热性灌草丛类	热性草丛类
		具灌木的马陆草	热性灌草丛类	热性灌草丛类
		具乔木的蜈蚣草	热性灌草丛类	热性灌草丛类
41	无芒雀麦、杂类草	无芒雀麦	山地草甸类	山地草甸类
		草原糙苏	山地草甸类	山地草甸类
		紫花鸢尾	山地草甸类	山地草甸类
42	乌拉苔草	具柳灌丛的苔草、杂类草	低地草甸类	低地草甸类
		瘤囊苔草	低地草甸类	低地草甸类
		乌拉苔草	低地草甸类	低地草甸类
		具笃斯越桔的乌拉苔草	低地草甸类	低地草甸类
		具柴桦的乌拉苔草	低地草甸类	低地草甸类
		乌拉苔草、木里苔草	低地草甸类	沼泽类
43	驼绒藜、禾草	阿拉善鹅观草、驼绒藜	温性荒漠类	温性荒漠草原类
		驼绒藜、沙生针茅	温性荒漠类	温性草原化荒漠类
		驼绒藜、女蒿	温性荒漠类	温性草原化荒漠类
44	驼绒藜	驼绒藜	温性荒漠类	温性荒漠类
		驼绒藜	温性荒漠类	温性荒漠类
45	唐古特红景天	唐古特红景天、杂类草	高寒荒漠类	高寒荒漠类
46	苔草、杂类草	脚苔草、杂类草	山地草甸类	温性草甸草原类
		披针叶苔草、杂类草	山地草甸类	温性草甸草原类
		裂叶蒿、披针叶苔草	山地草甸类	温性草甸草原类

续表

序号	草原(草地)型		草原(草地)类	
	本标准	草地一调	本标准	草地一调
46	苔草、杂类草	披针叶苔草、杂类草	山地草甸类	暖性草丛类
		野青茅、蓝花棘豆	山地草甸类	山地草甸类
		黑穗画眉草、林芝苔草	山地草甸类	山地草甸类
		无脉苔草、西藏早熟禾	山地草甸类	山地草甸类
		亚柄苔草	山地草甸类	山地草甸类
		白克苔草、杂类草	山地草甸类	山地草甸类
		苔草、杂类草	山地草甸类	山地草甸类
47	苔草、蒿草	红棕苔草	山地草甸类	山地草甸类
		黑褐苔草、西伯利亚羽衣草	山地草甸类	山地草甸类
		苔草、杂类草	低地草甸类	山地草甸类
		具乔木的青藏苔草	山地草甸类	山地草甸类
		具圆叶桦的黑花苔草	山地草甸类	高寒草甸类
		细果苔草、穗状寒生羊茅	山地草甸类	高寒草甸类
		具阿拉套柳的细果苔草	山地草甸类	高寒草甸类
		毛囊苔草、青藏苔草	山地草甸类	高寒草甸类
		葱岭苔草、高原委陵菜	山地草甸类	高寒草甸类
48	梭梭	梭梭、半灌木	温性荒漠类	温性荒漠类
		白梭梭、沙拐枣	温性荒漠类	温性荒漠类
		梭梭	温性荒漠类	温性荒漠类
		梭梭、白刺	温性荒漠类	温性荒漠类
		梭梭、沙漠绢蒿	温性荒漠类	温性荒漠类
49	穗序野古草、杂类草	穗序野古草	山地草甸类	暖性草丛类
		具云南松的穗序野古草	山地草甸类	暖性灌草丛类
		穗序野古草、杂类草	山地草甸类	山地草甸类

续表

序号	草原(草地)型		草原(草地)类	
	本标准	草地一调	本标准	草地一调
49	穗序野古草、杂类草	西南委陵菜、杂类草	山地草甸类	山地草甸类
		委陵菜、杂类草	山地草甸类	山地草甸类
		西南委陵菜	山地草甸类	山地草甸类
50	嵩草、杂类草	四川嵩草	高寒草甸类	山地草甸类
		大花嵩草、丝颖针茅	高寒草甸类	山地草甸类
		川滇剪股颖	高寒草甸类	高寒草甸类
		嵩草、细果苔草	高寒草甸类	高寒草甸类
		嵩草、珠芽蓼	高寒草甸类	高寒草甸类
		窄果嵩草	高寒草甸类	高寒草甸类
		禾叶嵩草	高寒草甸类	高寒草甸类
		大花嵩草	高寒草甸类	高寒草甸类
		异穗苔草、针蔺	高寒草甸类	高寒草甸类
51	石生针茅	石生针茅、无芒隐子草	温性草原类	温性荒漠草原类
		石生针茅、冷蒿	温性草原类	温性荒漠草原类
		石生针茅、半灌木	温性草原类	温性荒漠草原类
		女蒿、石生针茅	温性草原类	温性荒漠草原类
		戈壁针茅、松叶猪毛菜	温性草原类	温性荒漠草原类
		戈壁针茅、蒙古扁桃	温性草原类	温性荒漠草原类
		戈壁针茅、灌木亚菊	温性草原类	温性荒漠草原类
		蒙古扁桃、戈壁针茅	温性草原类	温性草原化荒漠类
52	莎草、早熟禾	高山早熟禾、杂类草	高寒草甸类	高寒草甸类
		黄花棘豆、杂类草	高寒草甸类	高寒草甸类
		线叶嵩草、高山早熟禾	高寒草甸类	高寒草甸类
		黑褐苔草、杂类草	高寒草甸类	高寒草甸类

续表

序号	草原(草地)型		草原(草地)类	
	本标准	草地一调	本标准	草地一调
52	莎草、早熟禾	黑花苔草、嵩草	高寒草甸类	高寒草甸类
		黑穗苔草、高山嵩草	高寒草甸类	高寒草甸类
		白尖苔草、高山早熟禾	高寒草甸类	高寒草甸类
		苔草	高寒草甸类	高寒草甸类
53	莎草、杂类草	苔草、杂类草	低地草甸类	低地草甸类
		莎草、杂类草	低地草甸类	低地草甸类
		苔草、薹草	低地草甸类	低地草甸类
		阿穆尔莎草	低地草甸类	低地草甸类
		华扁穗草	低地草甸类	低地草甸类
		短芒大麦草	低地草甸类	高寒草甸类
		木里苔草	低地草甸类	沼泽类
		毛果苔草、杂类草	低地草甸类	沼泽类
		漂筏苔草	低地草甸类	沼泽类
		灰脉苔草	低地草甸类	沼泽类
		柄囊苔草	低地草甸类	沼泽类
		芒尖苔草	低地草甸类	沼泽类
		荆三棱	低地草甸类	沼泽类
		薹草	低地草甸类	沼泽类
		薄果草、田间鸭嘴草	低地草甸类	沼泽类
		水麦冬、发草	低地草甸类	沼泽类
54	莎草、鹅绒委陵菜	鹅绒委陵菜、杂类草	高寒草甸类	低地草甸类
		芒尖苔草、鹅绒委陵菜	高寒草甸类	低地草甸类
		甘肃嵩草	高寒草甸类	高寒草甸类
		裸果扁穗苔、甘肃嵩草	高寒草甸类	高寒草甸类

续表

序号	草原(草地)型		草原(草地)类	
	本标准	草地一调	本标准	草地一调
54	莎草、鹅绒委陵菜	双柱头薹草	高寒草甸类	高寒草甸类
		华扁穗草	高寒草甸类	高寒草甸类
		华扁穗草、木里苔草	高寒草甸类	高寒草甸类
		短柱苔草	高寒草甸类	高寒草甸类
		走茎灯心草	高寒草甸类	高寒草甸类
55	沙生针茅	沙生针茅、糙隐子草	温性草原类	温性荒漠草原类
		沙生针茅	温性草原类	温性荒漠草原类
		沙生针茅、高山绢蒿	温性草原类	温性荒漠草原类
		沙生针茅、短叶假木贼	温性草原类	温性荒漠草原类
		沙生针茅、合头藜	温性草原类	温性荒漠草原类
		沙生针茅、蒿叶猪毛菜	温性草原类	温性荒漠草原类
		沙生针茅、灌木短舌菊	温性草原类	温性荒漠草原类
		沙生针茅、红砂	温性草原类	温性荒漠草原类
56	沙蒿	蒿	温性荒漠类	温性荒漠类
		准噶尔沙蒿	温性荒漠类	温性荒漠类
		蒿、白茎绢蒿	温性荒漠类	温性荒漠类
		白沙蒿	温性荒漠类	温性荒漠类
		旱蒿、驼绒藜	温性荒漠类	温性荒漠类
57	沙拐枣	沙拐枣	温性荒漠类	温性荒漠类
58	沙鞭	沙鞭、杂类草	温性草原类	温性荒漠草原类
59	三叶草、杂类草	红三叶、杂类草	山地草甸类	山地草甸类
		白三叶、山野豌豆	山地草甸类	山地草甸类
		白三叶、杂类草	山地草甸类	山地草甸类
60	青藏苔草、杂类草	青藏苔草、杂类草	高寒草原类	高寒草原类

续表

序号	草原(草地)型		草原(草地)类	
	本标准	草地一调	本标准	草地一调
60	青藏苔草、杂类草	具灌木的青藏苔草	高寒草原类	高寒草原类
61	强旱生灌木、针茅	灌木紫菀木、沙生针茅	温性荒漠类	温性草原化荒漠类
		刺旋花、沙生针茅	温性荒漠类	温性草原化荒漠类
		锦鸡儿、石生针茅	温性荒漠类	温性草原化荒漠类
		半日花、戈壁针茅	温性荒漠类	温性草原化荒漠类
		沙冬青、短花针茅	温性荒漠类	温性草原化荒漠类
62	扭黄茅	扭黄茅	热性灌草丛类	热性草丛类
		扭黄茅、白茅	热性灌草丛类	热性草丛类
		扭黄茅、金茅	热性灌草丛类	热性草丛类
		黄背草、扭黄茅	热性灌草丛类	热性草丛类
63	木地肤、一年生藜	叉毛蓬	温性荒漠类	温性荒漠类
		木地肤、角果藜	温性荒漠类	温性荒漠类
64	绵刺	刺旋花、绵刺	温性荒漠类	温性荒漠类
		绵刺	温性荒漠类	温性荒漠类
65	芒、热性禾草	芒	热性灌草丛类	暖性草丛类
		芒、野青茅	热性灌草丛类	暖性草丛类
		芒	热性灌草丛类	热性草丛类
		芒、白茅	热性灌草丛类	热性草丛类
		芒、金茅	热性灌草丛类	热性草丛类
		芒、野古草	热性灌草丛类	热性草丛类
66	马蔺	马蔺	低地草甸类	低地草甸类
67	芦苇、蘸草	蘸草、稗	低地草甸类	低地草甸类
		芦苇	低地草甸类	低地草甸类
		灰化苔草、芦苇	低地草甸类	低地草甸类

续表

序号	草原(草地)型		草原(草地)类	
	本标准	草地一调	本标准	草地一调
67	芦苇、薹草	芦苇	低地草甸类	高寒草甸类
		芦苇	低地草甸类	沼泽类
		菰	低地草甸类	沼泽类
		香蒲、杂类草	低地草甸类	沼泽类
68	芦苇	芦苇	低地草甸类	低地草甸类
		荻、芦苇	低地草甸类	低地草甸类
		狗牙根	低地草甸类	低地草甸类
		獐毛	低地草甸类	低地草甸类
		芦苇	低地草甸类	低地草甸类
		獐毛、杂类草	低地草甸类	低地草甸类
		芦苇	低地草甸类	低地草甸类
69	冷蒿、禾草	冷蒿、西北针茅	温性草原类	温性草原类
		冷蒿、长芒草	温性草原类	温性草原类
		冷蒿、冰草	温性草原类	温性草原类
		冷蒿、杂类草	温性草原类	温性草原类
		阿拉善鹅观草、冷蒿	温性草原类	温性草原类
		中亚白草、冷蒿	温性草原类	温性草原类
70	赖草	赖草、杂类草	低地草甸类	低地草甸类
		赖草	低地草甸类	低地草甸类
		多枝赖草	低地草甸类	低地草甸类
		赖草、马蔺	低地草甸类	低地草甸类
		赖草、碱茅	低地草甸类	低地草甸类
		赖草	低地草甸类	高寒草甸类
		具金露梅的赖草	低地草甸类	高寒草甸类

续表

序号	草原(草地)型		草原(草地)类	
	本标准	草地一调	本标准	草地一调
71	绢蒿、针茅	白茎绢蒿、沙生针茅	温性荒漠类	温性草原化荒漠类
		博洛塔绢蒿、针茅	温性荒漠类	温性草原化荒漠类
		新疆绢蒿、沙生针茅	温性荒漠类	温性草原化荒漠类
		纤细绢蒿、沙生针茅	温性荒漠类	温性草原化荒漠类
		博洛塔绢蒿	温性荒漠类	温性荒漠类
		新疆绢蒿	温性荒漠类	温性荒漠类
		伊犁绢蒿	温性荒漠类	温性荒漠类
72	具小叶锦鸡儿的旱生禾草	具小叶锦鸡儿的羊草、杂类草	温性草原类	温性草原类
		具小叶锦鸡儿的大针茅、冰草	温性草原类	温性草原类
		具小叶锦鸡儿的西北针茅	温性草原类	温性草原类
		具锦鸡儿的糙隐子草	温性草原类	温性草原类
		具小叶锦鸡儿的冷蒿、西北针茅	温性草原类	温性草原类
73	具乔木的华三芒草、扭黄茅	具木棉的扭黄茅、华三芒	热性灌草丛类	干热稀树灌草丛类
		具厚皮树的华三芒、扭黄茅	热性灌草丛类	干热稀树灌草丛类
74	具乔木的白茅、芒	具青冈栎的白茅、芒	热性灌草丛类	热性灌草丛类
		具乔木的白茅、芒	热性灌草丛类	热性灌草丛类
		具槲木的白茅、黄背草	热性灌草丛类	热性灌草丛类
		具乔木的矛叶荩草	热性灌草丛类	热性灌草丛类
75	具乔灌的野古草、热性禾草	具大叶胡枝子的野古草	热性灌草丛类	热性灌草丛类
		具桃金娘的野古草	热性灌草丛类	热性灌草丛类
		具灌木的野古草	热性灌草丛类	热性灌草丛类
		具乔木的野古草	热性灌草丛类	热性灌草丛类
		具三叶赤楠的刺芒野古草	热性灌草丛类	热性灌草丛类
		具马尾松的芒萁、野古草	热性灌草丛类	热性灌草丛类

续表

序号	草原(草地)型		草原(草地)类	
	本标准	草地一调	本标准	草地一调
76	具乔灌的细毛鸭嘴草	芒萁、鸭嘴草	热性灌草丛类	热性草丛类
		具灌木的细毛鸭嘴草	热性灌草丛类	热性灌草丛类
		具乔木的细毛鸭嘴草	热性灌草丛类	热性灌草丛类
77	具乔灌的五节芒	具櫟木的五节芒	热性灌草丛类	热性灌草丛类
		具灌木的五节芒	热性灌草丛类	热性灌草丛类
		具杜鹃的五节芒、细毛鸭嘴草	热性灌草丛类	热性灌草丛类
		具乔木的五节芒	热性灌草丛类	热性灌草丛类
78	具乔灌的疏叶骆驼刺、花花柴	花花柴	低地草甸类	低地草甸类
		具多枝柽柳的花花柴	低地草甸类	低地草甸类
		具灰杨的花花柴	低地草甸类	低地草甸类
		疏叶骆驼刺	低地草甸类	低地草甸类
		具多枝柽柳的疏叶骆驼刺	低地草甸类	低地草甸类
		具胡杨的疏叶骆驼刺	低地草甸类	低地草甸类
79	具乔灌的扭黄茅	具仙人掌的扭黄茅	热性灌草丛类	热性灌草丛类
		具小鞍叶羊蹄甲的扭黄茅	热性灌草丛类	热性灌草丛类
		具栎的扭黄茅、杂类草	热性灌草丛类	热性灌草丛类
		具灌木的扭黄茅	热性灌草丛类	热性灌草丛类
		具乔木的扭黄茅	热性灌草丛类	热性灌草丛类
		具云南松的扭黄茅	热性灌草丛类	干热稀树灌草丛类
		具木棉的水蔗草、扭黄茅	热性灌草丛类	干热稀树灌草丛类
		具余甘子的扭黄茅	热性灌草丛类	干热稀树灌草丛类
		具坡柳的扭黄茅、双花草	热性灌草丛类	干热稀树灌草丛类
80	具乔灌的芒	具栎的芒	热性灌草丛类	暖性灌草丛类
		具灌木的芒	热性灌草丛类	暖性灌草丛类

续表

序号	草原(草地)型		草原(草地)类	
	本标准	草地一调	本标准	草地一调
80	具乔灌的芒	具乔木的芒、野青茅	热性灌草丛类	暖性灌草丛类
		芒萁、芒	热性灌草丛类	热性灌草丛类
		具竹类的芒	热性灌草丛类	热性灌草丛类
		具胡枝子的芒	热性灌草丛类	热性灌草丛类
		具檵木的芒	热性灌草丛类	热性灌草丛类
		具檵木的芒、野古草	热性灌草丛类	热性灌草丛类
		具灌木的芒	热性灌草丛类	热性灌草丛类
		具马尾松的芒	热性灌草丛类	热性灌草丛类
		具青冈栎的芒、金茅	热性灌草丛类	热性灌草丛类
81	具乔灌的芦苇、大叶白麻	具多枝柽柳的芦苇	低地草甸类	低地草甸类
		具胡杨的芦苇	低地草甸类	低地草甸类
		大叶白麻、芦苇	低地草甸类	低地草甸类
		具多枝柽柳的大叶白麻	低地草甸类	低地草甸类
		具匍匐水柏枝的芦苇、赖草	低地草甸类	高寒草甸类
82	具乔灌的金茅	具火棘的金茅、白茅	热性灌草丛类	热性灌草丛类
		具灌木的金茅	热性灌草丛类	热性灌草丛类
		具乔木的金茅	热性灌草丛类	热性灌草丛类
		具乔木的四脉金茅	热性灌草丛类	热性灌草丛类
		具胡枝子的矛叶荩草	热性灌草丛类	热性灌草丛类
		具云南松的棕茅	热性灌草丛类	热性灌草丛类
83	具乔灌的黄背草、热性禾草	具檵木的黄背草	热性灌草丛类	热性灌草丛类
		具灌木的黄背草	热性灌草丛类	热性灌草丛类
		具马尾松的黄背草	热性灌草丛类	热性灌草丛类
		具灌木的芒萁、黄背草	热性灌草丛类	热性灌草丛类

续表

序号	草原(草地)型		草原(草地)类	
	本标准	草地一调	本标准	草地一调
84	具乔灌的甘草、苦豆子	胀果甘草	低地草甸类	低地草甸类
		具多枝柽柳的胀果甘草	低地草甸类	低地草甸类
		具胡杨的苦豆子	低地草甸类	低地草甸类
85	具乔灌的差巴嘎蒿、禾草	具灌木的差巴嘎蒿、禾草	温性草原类	温性草甸草原类
		具灌木的差巴嘎蒿	温性草原类	温性草原类
		具家榆的差巴嘎蒿	温性草原类	温性草原类
86	具乔灌的冰草、冷蒿	具小叶锦鸡儿的冰草、糙隐子草	温性草原类	温性草原类
		具锦鸡儿的冰草	温性草原类	温性草原类
		具柠条锦鸡儿的冰草	温性草原类	温性草原类
		具家榆的冰草	温性草原类	温性草原类
		具灌木的冷蒿	温性草原类	温性草原类
		具家榆的冷蒿	温性草原类	温性草原类
		具灌木的达乌里胡枝子、沙生冰草	温性草原类	温性草原类
		具家榆的达乌里胡枝子	温性草原类	温性草原类
87	具锦鸡儿的针茅	具锦鸡儿的石生针茅	温性草原类	温性荒漠草原类
		具锦鸡儿的短花针茅	温性草原类	温性荒漠草原类
		无芒隐子草	温性草原类	温性荒漠草原类
		具锦鸡儿的无芒隐子草	温性草原类	温性荒漠草原类
		具锦鸡儿的镰芒针茅	温性草原类	温性荒漠草原类
		具锦鸡儿的沙生针茅	温性草原类	温性荒漠草原类
		具锦鸡儿的短花针茅、杂类草	温性草原类	温性荒漠草原类
		柠条锦鸡儿、沙生针茅	温性草原类	温性草原化荒漠类
88	具锦鸡儿的牛枝子	具柠条锦鸡儿的牛枝子	温性草原类	温性草原类

续表

| 序号 | 草原(草地)型 | | 草原(草地)类 | |
	本标准	草地一调	本标准	草地一调
88	具锦鸡儿的牛枝子	牛枝子、杂类草	温性草原类	温性荒漠草原类
		具锦鸡儿的牛枝子	温性草原类	温性荒漠草原类
		具锦鸡儿的杂类草	温性草原类	温性荒漠草原类
89	具锦鸡儿的蒿	具锦鸡儿的冷蒿	温性草原类	温性荒漠草原类
		具锦鸡儿的黑沙蒿	温性草原类	温性荒漠草原类
		柠条锦鸡儿、黑沙蒿	温性草原类	温性草原化荒漠类
90	具金露梅的矮生蒿草	具乔木的矮生蒿草	高寒草甸类	山地草甸类
		具灌木的羊茅	高寒草甸类	高寒草甸类
		具金露梅的矮生蒿草	高寒草甸类	高寒草甸类
		具灌木的矮生蒿草	高寒草甸类	高寒草甸类
		具金露梅的珠芽蓼	高寒草甸类	高寒草甸类
91	具灌木的紫花针茅	具锦鸡儿的紫花针茅	高寒草原类	高寒草原类
		紫花针茅、垫状驼绒藜	高寒草原类	高寒荒漠草原类
		具变色锦鸡儿的紫花针茅	高寒草原类	高寒荒漠草原类
92	具灌木的隐子草	多叶隐子草、杂类草	温性草原类	温性草甸草原类
		多叶隐子草、冷蒿	温性草原类	温性草甸草原类
		多叶隐子草、尖叶胡枝子	温性草原类	温性草甸草原类
		具西伯利亚杏的多叶隐子草	温性草原类	温性草甸草原类
		尖叶胡枝子、中华隐子草	温性草原类	温性草甸草原类
		中华隐子草、杂类草	温性草原类	温性草原类
		中华隐子草、百里香	温性草原类	温性草原类
		具荆条的隐子草	温性草原类	暖性灌草丛类
		具乔木的隐子草	温性草原类	暖性灌草丛类
93	具灌木的野青茅	野青茅	暖性灌草丛类	暖性草丛类

续表

序号	草原(草地)型		草原(草地)类	
	本标准	草地一调	本标准	草地一调
93	具灌木的野青茅	具灌木的野青茅	暖性灌草丛类	暖性灌草丛类
		具乔木的野青茅	暖性灌草丛类	暖性灌草丛类
		具青冈栎的西南委陵菜	暖性灌草丛类	暖性灌草丛类
94	具灌木的野古草、暖性禾草	野古草	暖性灌草丛类	暖性草丛类
		知风草、西南委陵菜	暖性灌草丛类	暖性草丛类
		具胡枝子的野古草	暖性灌草丛类	暖性灌草丛类
		具灌木的野古草	暖性灌草丛类	暖性灌草丛类
		具乔木的野古草	暖性灌草丛类	暖性灌草丛类
		具乔木的知风草	暖性灌草丛类	暖性灌草丛类
		具栎的荻	暖性灌草丛类	暖性灌草丛类
95	具灌木的野古草	具栎的荻	暖性灌草丛类	暖性灌草丛类
96	具灌木的羊茅、杂类草	具蔷薇的羊茅、杂类草	山地草甸类	温性草甸草原类
		具箭竹的羊茅	山地草甸类	山地草甸类
		具杜鹃的羊茅	山地草甸类	山地草甸类
87	具灌木的苔草、温性禾草	具灌木的脚苔草、杂类草	温性草原类	温性草甸草原类
		具灌木的披针叶苔草、杂类草	温性草原类	温性草甸草原类
		具灌木的苔草	温性草原类	山地草甸类
98	具灌木的苔草、暖性禾草	苔草、杂类草	暖性灌草丛类	暖性草丛类
		具灌木的苔草	暖性灌草丛类	暖性灌草丛类
		具灌木的羊胡子草	暖性灌草丛类	暖性灌草丛类
		具胡枝子的披针叶苔草	暖性灌草丛类	暖性灌草丛类
		具柞栎的披针叶苔草	暖性灌草丛类	暖性灌草丛类
		具乔木的披针叶苔草	暖性灌草丛类	暖性灌草丛类

续表

序号	草原(草地)型		草原(草地)类	
	本标准	草地一调	本标准	草地一调
99	具灌木的嵩草、苔草	具香柏的臭蚤草	高寒草甸类	高寒草甸草原类
		具灌木的长梗蓼、尼泊尔蓼	高寒草甸类	山地草甸类
		具灌木的高山嵩草	高寒草甸类	山地草甸类
		具灌木的线叶嵩草	高寒草甸类	山地草甸类
		具乔木的北方嵩草	高寒草甸类	山地草甸类
		具灌木的高山嵩草	高寒草甸类	高寒草甸类
		具鬼箭锦鸡儿的嵩草	高寒草甸类	高寒草甸类
		具高山柳的嵩草	高寒草甸类	高寒草甸类
		具金露梅的黑褐苔草	高寒草甸类	高寒草甸类
		具杜鹃的黑褐苔草	高寒草甸类	高寒草甸类
100	具灌木的青香茅	具灌木的湖北三毛草	热性灌草丛类	暖性灌草丛类
		青香茅、白茅	热性灌草丛类	热性草丛类
		具灌木的青香茅	热性灌草丛类	热性灌草丛类
		具马尾松的青香茅	热性灌草丛类	热性灌草丛类
101	具灌木的苔草	具灌木的苔草	暖性灌草丛类	暖性灌草丛类
		具乔木的苔草	暖性灌草丛类	暖性灌草丛类
102	具灌木的黄背草	具酸枣的黄背草	暖性灌草丛类	暖性灌草丛类
		具荆条的黄背草	暖性灌草丛类	暖性灌草丛类
		具灌木的黄背草	暖性灌草丛类	暖性灌草丛类
		具柞栎的黄背草	暖性灌草丛类	暖性灌草丛类
		具乔木的黄背草	暖性灌草丛类	暖性灌草丛类
		具灌木的须芒草	暖性灌草丛类	暖性灌草丛类
		具灌木的白茅、杂类草	暖性灌草丛类	暖性灌草丛类
		具灌木的委陵菜、杂类草	暖性灌草丛类	暖性灌草丛类

续表

序号	草原(草地)型		草原(草地)类	
	本标准	草地一调	本标准	草地一调
103	具灌木的旱生针茅	具金丝桃叶绣线菊的新疆亚菊	温性草原类	温性草甸草原类
		具西伯利亚杏的大针茅、糙隐子草	温性草原类	温性草原类
		具锦鸡儿的长芒草	温性草原类	温性草原类
		具灌木的西北针茅、杂类草	温性草原类	温性草原类
		具砂生槐的长芒草	温性草原类	温性草原类
		具灌木的长芒草	温性草原类	温性草原类
		具锦鸡儿的针茅、杂类草	温性草原类	温性草原类
		具金丝桃叶绣线菊的针茅、杂类草	温性草原类	温性草原类
		灰枝紫菀、杂类草	温性草原类	温性草原类
		具北沙柳的长芒草、杂类草	温性草原类	温性草原类
		具白刺花的小菅草	温性草原类	暖性灌草丛类
104	具灌木的大油芒	大油芒	暖性灌草丛类	暖性灌草丛类
		具灌木的大油芒	暖性灌草丛类	暖性灌草丛类
		具栎的芒	暖性灌草丛类	暖性灌草丛类
105	具灌木的糙野青茅	具灌木的糙野青茅	山地草甸类	山地草甸类
		具冷杉的糙野青茅	山地草甸类	山地草甸类
106	具灌木的贝加尔针茅	具西伯利亚杏的羊草、贝加尔针茅	温性草原类	温性草甸草原类
		具西伯利亚杏的贝加尔针茅	温性草原类	温性草甸草原类
		具灌木的贝加尔针茅、隐子草	温性草原类	温性草甸草原类
		具灌木的线叶菊、贝加尔针茅	温性草原类	温性草甸草原类
107	具灌木的白羊草	具灌木的荻	暖性灌草丛类	暖性灌草丛类
		具胡枝子的白羊草	暖性灌草丛类	暖性灌草丛类
		具酸枣的白羊草	暖性灌草丛类	暖性灌草丛类
		具沙棘的白羊草	暖性灌草丛类	暖性灌草丛类

续表

序号	草原(草地)型		草原(草地)类	
	本标准	草地一调	本标准	草地一调
107	具灌木的白羊草	具荆条的白羊草	暖性灌草丛类	暖性灌草丛类
		具灌木的白羊草	暖性灌草丛类	暖性灌草丛类
		具乔木的白羊草	暖性灌草丛类	暖性灌草丛类
		具胡枝子的杂类草	暖性灌草丛类	暖性灌草丛类
		具灌木的百里香	暖性灌草丛类	暖性灌草丛类
108	具灌木的白茅	具灌木的白茅、杂类草	热性灌草丛类	暖性灌草丛类
		芒萁、白茅	热性灌草丛类	热性草丛类
		具灌木的类芦	热性灌草丛类	热性灌草丛类
		具竹类的白茅	热性灌草丛类	热性灌草丛类
		具胡枝子的白茅、野古草	热性灌草丛类	热性灌草丛类
		具马桑的白茅	热性灌草丛类	热性灌草丛类
		具火棘的白茅、扭黄茅	热性灌草丛类	热性灌草丛类
		具桃金娘的白茅、细毛鸭嘴草	热性灌草丛类	热性灌草丛类
		具灌木的白茅	热性灌草丛类	热性灌草丛类
		具灌木的白茅、细柄草	热性灌草丛类	热性灌草丛类
		具灌木的白茅、青香茅	热性灌草丛类	热性灌草丛类
		具灌木的白茅、细毛鸭嘴草	热性灌草丛类	热性灌草丛类
		具灌木的臭根子草	热性灌草丛类	热性灌草丛类
		具灌木的飞机草、白茅	热性灌草丛类	热性灌草丛类
109	具灌木的白莲蒿、禾草	具灌木的白莲蒿、杂类草	温性草原类	温性草甸草原类
		具灌木的白莲蒿	温性草原类	温性草原类
110	具灌木的白莲蒿	具沙棘的杂类草	暖性灌草丛类	暖性灌草丛类
		具灌木的委陵菜、杂类草	暖性灌草丛类	暖性灌草丛类
		具灌木的蒿	暖性灌草丛类	暖性灌草丛类

续表

序号	草原(草地)型		草原(草地)类	
	本标准	草地一调	本标准	草地一调
110	具灌木的白莲蒿	具灌木的白莲蒿	暖性灌草丛类	暖性灌草丛类
		具酸枣的达乌里胡枝子	暖性灌草丛类	暖性灌草丛类
111	具灌木的白草	具砂生槐的白草	温性草原类	温性草原类
		具灌木的中亚白草、杂类草	温性草原类	温性草原类
112	具垫状驼绒藜的青藏苔草	青藏苔草、垫状驼绒藜	高寒草原类	高寒荒漠草原类
113	巨序剪股颖、拂子茅	巨序剪股颖、杂类草	低地草甸类	低地草甸类
		拂子茅	低地草甸类	低地草甸类
		假苇拂子茅	低地草甸类	低地草甸类
		牛鞭草	低地草甸类	低地草甸类
		布顿大麦、巨序剪股颖	低地草甸类	低地草甸类
		具垂枝桦的禾草	低地草甸类	低地草甸类
114	桔草	苞子草	热性灌草丛类	热性草丛类
		桔草	热性灌草丛类	热性草丛类
		具灌木的桔草	热性灌草丛类	热性灌草丛类
115	金茅	金茅	热性灌草丛类	热性草丛类
		金茅、白茅	热性灌草丛类	热性草丛类
		金茅、野古草	热性灌草丛类	热性草丛类
		四脉金茅	热性灌草丛类	热性草丛类
		拟金茅	热性灌草丛类	热性草丛类
116	结缕草	结缕草	暖性灌草丛类	暖性草丛类
		具乔木的结缕草	暖性灌草丛类	暖性灌草丛类
		具乔木的百里香	暖性灌草丛类	暖性灌草丛类
117	碱蓬、杂类草	结缕草	低地草甸类	低地草甸类
		碱蓬、杂类草	低地草甸类	低地草甸类

续表

序号	草原(草地)型		草原(草地)类	
	本标准	草地一调	本标准	草地一调
117	碱蓬、杂类草	具红砂的碱蓬	低地草甸类	低地草甸类
		盐地碱蓬、结缕草	低地草甸类	低地草甸类
118	碱茅	碱茅、杂类草	低地草甸类	低地草甸类
		星星草、杂类草	低地草甸类	低地草甸类
		裸花碱茅	低地草甸类	高寒草甸类
119	碱韭、旱生禾草	碱韭	温性草原类	温性草原类
		碱韭、针茅	温性草原类	温性荒漠草原类
120	假木贼	盐生假木贼	温性荒漠类	温性荒漠类
		短叶假木贼	温性荒漠类	温性荒漠类
		粗糙假木贼	温性荒漠类	温性荒漠类
		无叶假木贼、圆叶盐爪爪	温性荒漠类	温性荒漠类
		裸果木、短叶假木贼	温性荒漠类	温性荒漠类
121	裸果麻黄、半灌木	戈壁藜	温性荒漠类	温性荒漠类
		裸果麻黄、半灌木	温性荒漠类	温性荒漠类
122	芨芨草、盐柴类灌木	芨芨草	低地草甸类	低地草甸类
		具盐豆木的芨芨草	低地草甸类	低地草甸类
		具白刺的芨芨草	低地草甸类	低地草甸类
		短芒大麦草	低地草甸类	低地草甸类
123	芨芨草、旱生禾草	芨芨草	温性草原类	温性草原类
124	黄背草、白茅	白茅、黄背草	暖性灌草丛类	暖性草丛类
125	黄背草	黄背草	暖性灌草丛类	暖性草丛类
		黄背草、白羊草	暖性灌草丛类	暖性草丛类
		黄背草、野古草	暖性灌草丛类	暖性草丛类
		黄背草、荩草	暖性灌草丛类	暖性草丛类

续表

序号	草原(草地)型		草原(草地)类	
	本标准	草地一调	本标准	草地一调
125	黄背草	黄背草	暖性灌草丛类	热性草丛类
		黄背草、禾草	暖性灌草丛类	热性草丛类
126	红砂、禾草	红砂、禾草	温性荒漠类	温性草原化荒漠类
		红砂、碱韭	温性荒漠类	温性草原化荒漠类
		四合木	温性荒漠类	温性荒漠类
127	红砂	木碱蓬	温性荒漠类	温性荒漠类
		五柱红砂	温性荒漠类	温性荒漠类
		红砂	温性荒漠类	温性荒漠类
		垫状锦鸡儿、红砂	温性荒漠类	温性荒漠类
		沙冬青、红砂	温性荒漠类	温性荒漠类
		囊果碱蓬	温性荒漠类	温性荒漠类
128	红裂稃草	红裂稃草	热性灌草丛类	热性草丛类
129	黑沙蒿、禾草	黑沙蒿、杂类草	温性草原类	温性草原类
		苦豆子、中亚白草	温性草原类	温性荒漠草原类
		黑沙蒿、沙鞭	温性草原类	温性荒漠草原类
		黑沙蒿、甘草	温性草原类	温性荒漠草原类
		黑沙蒿、中亚白草	温性草原类	温性荒漠草原类
130	褐沙蒿、禾草	褐沙蒿	温性草原类	温性草原类
		具锦鸡儿的褐沙蒿	温性草原类	温性草原类
		具家榆的褐沙蒿	温性草原类	温性草原类
131	合头藜	合头藜	温性荒漠类	温性荒漠类
132	蒿、针茅	木根香青、杂类草	高寒草原类	高寒草原类
		冻原白蒿	高寒草原类	高寒草原类
		川藏蒿	高寒草原类	高寒草原类

续表

序号	草原(草地)型		草原(草地)类	
	本标准	草地一调	本标准	草地一调
132	蒿、针茅	藏沙蒿	高寒草原类	高寒草原类
		藏沙蒿、紫花针茅	高寒草原类	高寒草原类
		藏白蒿	高寒草原类	高寒草原类
		日喀则蒿	高寒草原类	高寒草原类
		灰苞蒿	高寒草原类	高寒草原类
		藏龙蒿	高寒草原类	高寒草原类
		镰芒针茅	高寒草原类	高寒荒漠草原类
		沙生针茅、藏沙蒿型	高寒草原类	高寒荒漠草原类
133	蒿、旱生禾草	猪毛蒿、杂类草	温性草原类	温性草原类
		沙蒿、长芒草	温性草原类	温性草原类
		蒿、杂类草	温性草原类	温性草原类
		华北米蒿、禾草	温性草原类	温性草原类
		蒙古蒿、甘青针茅	温性草原类	温性草原类
		栉叶蒿	温性草原类	温性草原类
		华北米蒿、杂类草	温性草原类	温性草原类
		华北米蒿、冷蒿	温性草原类	温性草原类
		毛莲蒿	温性草原类	温性草原类
		山蒿、杂类草	温性草原类	温性草原类
		藏白蒿、白草	温性草原类	温性草原类
134	旱茅	具栎的旱茅	热性灌草丛类	暖性灌草丛类
		旱茅	热性灌草丛类	热性草丛类
135	固沙草	青海固沙草、西北针茅	温性草原类	温性草原类
		青海固沙草、杂类草	温性草原类	温性草原类
		具锦鸡儿的青海固沙草	温性草原类	温性草原类

续表

序号	草原(草地)型		草原(草地)类	
	本标准	草地一调	本标准	草地一调
135	固沙草	固沙草、白草	温性草原类	温性草原类
		固沙草	温性草原类	高寒草原类
136	狗牙根、假俭草	竹节草	低地草甸类	热性草丛类
		假俭草	低地草甸类	热性草丛类
		牛鞭草	低地草甸类	低地草甸类
		扁穗牛鞭草、狗牙根	低地草甸类	低地草甸类
		白茅、狗牙根	低地草甸类	低地草甸类
		狗牙根、假俭草	低地草甸类	低地草甸类
		狗牙根	低地草甸类	低地草甸类
		铺地黍、狗牙根	低地草甸类	低地草甸类
		结缕草、白茅	低地草甸类	低地草甸类
		盐地鼠尾粟	低地草甸类	低地草甸类
137	戈壁藜、膜果麻黄	戈壁藜	温性荒漠类	温性荒漠类
		膜果麻黄、半灌木	温性荒漠类	温性荒漠类
138	高山嵩草、杂类草	高山嵩草、圆穗蓼	高寒草甸类	高寒草甸类
		高山嵩草、杂类草	高寒草甸类	高寒草甸类
		高山风毛菊、高山嵩草	高寒草甸类	高寒草甸类
		马蹄黄、嵩草、杂类草	高寒草甸类	高寒草甸类
139	高山嵩草、苔草	青藏苔草、嵩草	高寒草甸类	高寒草甸草原类
		高山嵩草、矮生嵩草	高寒草甸类	高寒草甸类
		高山嵩草、苔草	高寒草甸类	高寒草甸类
140	高山嵩草、禾草	高山嵩草	高寒草甸类	高寒草甸类
		高山嵩草、异针茅	高寒草甸类	高寒草甸类
141	刚莠竹	刚莠竹	热性灌草丛类	热性草丛类

续表

序号	草原(草地)型		草原(草地)类	
	本标准	草地一调	本标准	草地一调
142	甘草	甘草、杂类草	温性草原类	温性草原类
		甘草	温性草原类	温性荒漠草原类
143	拂子茅、杂类草	具虎榛子的拂子茅	山地草甸类	暖性灌草丛类
		拂子茅、杂类草	山地草甸类	山地草甸类
		具秀丽水柏枝的大拂子茅	山地草甸类	高寒草甸类
144	短舌菊	蒙古短舌菊	温性荒漠类	温性荒漠类
		星毛短舌菊	温性荒漠类	温性荒漠类
		鹰爪柴	温性荒漠类	温性荒漠类
145	短花针茅	短花针茅、无芒隐子草	温性草原类	温性荒漠草原类
		短花针茅、冷蒿	温性草原类	温性荒漠草原类
		短花针茅、牛枝子	温性草原类	温性荒漠草原类
		短花针茅、箸状亚菊	温性草原类	温性荒漠草原类
		短花针茅、刺叶柄棘豆	温性草原类	温性荒漠草原类
		短花针茅、刺旋花	温性草原类	温性荒漠草原类
		大苞鸢尾、杂类草	温性草原类	温性荒漠草原类
		米蒿、短花针茅	温性草原类	温性荒漠草原类
		短花针茅	温性草原类	温性荒漠草原类
		短花针茅、博洛塔绢蒿	温性草原类	温性荒漠草原类
		短花针茅、半灌木	温性草原类	温性荒漠草原类
146	短柄草	细株短柄草、杂类草	山地草甸类	山地草甸类
		短柄草	山地草甸类	山地草甸类
		具灌木的短柄草	山地草甸类	山地草甸类
147	垫状驼绒藜、亚菊	高原芥	高寒荒漠类	高寒荒漠类
		高山绢蒿、垫状驼绒藜	高寒荒漠类	高寒荒漠类

续表

序号	草原(草地)型		草原(草地)类	
	本标准	草地一调	本标准	草地一调
147	垫状驼绒藜、亚菊	高山绢蒿、驼绒藜	高寒荒漠类	高寒荒漠类
		亚菊	高寒荒漠类	高寒荒漠类
		垫状驼绒藜	高寒荒漠类	高寒荒漠类
148	地榆、杂类草	裂叶蒿、地榆	山地草甸类	温性草甸草原类
		具柳灌丛的地榆	山地草甸类	低地草甸类
		蒙古蒿、杂类草	山地草甸类	山地草甸类
		地榆、杂类草	山地草甸类	山地草甸类
		白喉乌头、高山地榆	山地草甸类	山地草甸类
149	地毯草	地毯草	热性灌草丛类	热性草丛类
150	荻	具柮的荻	山地草甸类	暖性灌草丛类
		荻	山地草甸类	山地草甸类
		叉分蓼、荻	山地草甸类	山地草甸类
151	大针茅	大针茅	温性草原类	温性草原类
		大针茅、糙隐子草	温性草原类	温性草原类
		大针茅、杂类草	温性草原类	温性草原类
		大针茅、达乌里胡枝子	温性草原类	温性草原类
		大针茅	温性草原类	温性草原类
152	大赖草、沙漠绢蒿	大赖草、沙漠绢蒿	温性荒漠类	温性荒漠类
153	达乌里胡枝子、禾草	达乌里胡枝子、杂类草	温性草原类	温性草原类
		达乌里胡枝子、长芒草	温性草原类	温性草原类
		达乌里胡枝子、禾草	温性草原类	温性草原类
154	寸草苔、鹅绒委陵菜	寸草苔、杂类草	低地草甸类	低地草甸类
		鹅绒委陵菜、杂类草	低地草甸类	低地草甸类
155	刺叶柄棘豆、旱生禾草	刺叶柄棘豆、杂类草	温性草原类	温性荒漠草原类

续表

序号	草原(草地)型		草原(草地)类	
	本标准	草地一调	本标准	草地一调
155	刺叶柄棘豆、旱生禾草	老鸹头	温性草原类	温性荒漠草原类
156	垂穗披碱草、垂穗鹅观草	垂穗鹅观草	山地草甸类	山地草甸类
		垂穗披碱草	山地草甸类	山地草甸类
		具灌木的垂穗披碱草	山地草甸类	山地草甸类
157	柽柳、盐柴类半灌木	柽柳	温性荒漠类	温性荒漠类
		盐节木	温性荒漠类	温性荒漠类
		盐穗木	温性荒漠类	温性荒漠类
		多枝柽柳、盐穗木	温性荒漠类	温性荒漠类
158	差巴嘎蒿、禾草	差巴嘎蒿	温性草原类	温性草原类
		差巴嘎蒿、冷蒿	温性草原类	温性草原类
159	草原苔草	草原苔草、杂类草	温性草原类	温性草原类
		草原苔草、冷蒿	温性草原类	温性草原类
		具灌木的草原苔草	温性草原类	温性草原类
		天山鸢尾、禾草	温性草原类	温性草原类
160	草麻黄、禾草	草麻黄、差巴嘎蒿	温性草原类	温性草原类
		草麻黄、糙隐子草	温性草原类	温性草原类
		草麻黄、小叶锦鸡儿	温性草原类	温性草原类
161	糙隐子草	糙隐子草	温性草原类	温性草原类
		糙隐子草、杂类草	温性草原类	温性草原类
		糙隐子草、冷蒿	温性草原类	温性草原类
		糙隐子草、达乌里胡枝子	温性草原类	温性草原类
		涝草、糙隐子草	温性草原类	温性草原类
		山竹岩黄芪、杂类草	温性草原类	温性草原类
162	糙野青茅	野青茅、异针茅	山地草甸类	山地草甸类

续表

序号	草原(草地)型		草原(草地)类	
	本标准	草地一调	本标准	草地一调
162	糙野青茅	糙野青茅	山地草甸类	山地草甸类
163	藏锦鸡儿、禾草	垫状锦鸡儿、针茅	温性荒漠类	温性草原化荒漠类
		垫状锦鸡儿、冷蒿	温性荒漠类	温性草原化荒漠类
164	藏布三芒草	藏布三芒草	温性草原类	温性草原类
165	冰草	冰草、糙隐子草	温性草原类	温性草原类
		冰草、杂类草	温性草原类	温性草原类
		冰草、冷蒿	温性草原类	温性草原类
		疏花针茅、冰草	温性草原类	温性草原类
		冰草、杂类草	温性草原类	温性草原类
		冰草、冷蒿	温性草原类	温性草原类
		沙生冰草、糙隐子草	温性草原类	温性草原类
		冰草、纤细绢蒿	温性草原类	温性荒漠草原类
		冰草、高山绢蒿	温性草原类	温性荒漠草原类
		蒙古冰草	温性草原类	温性荒漠草原类
166	贝加尔针茅	贝加尔针茅、羊草	温性草原类	温性草甸草原类
		贝加尔针茅、杂类草	温性草原类	温性草甸草原类
		贝加尔针茅	温性草原类	温性草甸草原类
		贝加尔针茅、线叶菊	温性草原类	温性草甸草原类
		白莲蒿、贝加尔针茅	温性草原类	温性草甸草原类
		菊叶委陵菜、杂类草	温性草原类	温性草甸草原类
167	百里香、禾草	百里香、长芒草	温性草原类	温性草原类
		百里香、糙隐子草	温性草原类	温性草原类
		百里香、杂类草	温性草原类	温性草原类
		百里香、达乌里胡枝子	温性草原类	温性草原类

续表

序号	草原(草地)型		草原(草地)类	
	本标准	草地一调	本标准	草地一调
168	白羊草	白羊草、针茅	暖性灌草丛类	温性草甸草原类
		白羊草	暖性灌草丛类	暖性草丛类
		白羊草、黄背草	暖性灌草丛类	暖性草丛类
		白羊草、荩草	暖性灌草丛类	暖性草丛类
		白羊草、隐子草	暖性灌草丛类	暖性草丛类
		中亚白草、杂类草	暖性灌草丛类	暖性草丛类
		白茅、白羊草	暖性灌草丛类	暖性草丛类
		白莲蒿、白羊草	暖性灌草丛类	暖性草丛类
169	白茅	类芦	热性灌草丛类	热性草丛类
		白茅	热性灌草丛类	热性草丛类
		白茅、芒	热性灌草丛类	热性草丛类
		白茅、金茅	热性灌草丛类	热性草丛类
		白茅、细柄草	热性灌草丛类	热性草丛类
		白茅、野古草	热性灌草丛类	热性草丛类
		白茅、细毛鸭嘴草	热性灌草丛类	热性草丛类
		白茅、黄背草	热性灌草丛类	热性草丛类
		黄背草、白茅	热性灌草丛类	热性草丛类
		矛叶荩草	热性灌草丛类	热性草丛类
		臭根子草	热性灌草丛类	热性草丛类
		光高粱、白茅	热性灌草丛类	热性草丛类
170	白莲蒿、禾草	异穗苔草、白莲蒿	温性草原类	温性草甸草原类
		紫花鸢尾、白莲蒿	温性草原类	温性草甸草原类
		牛尾蒿、白莲蒿	温性草原类	温性草甸草原类
		白莲蒿、草地早熟禾	温性草原类	温性草甸草原类

续表

序号	草原(草地)型		草原(草地)类	
	本标准	草地一调	本标准	草地一调
170	白莲蒿、禾草	白莲蒿、杂类草	温性草原类	温性草甸草原类
		白莲蒿、长芒草	温性草原类	温性草原类
		白莲蒿、冰草	温性草原类	温性草原类
		白莲蒿、杂类草	温性草原类	温性草原类
		白莲蒿、冷蒿	温性草原类	温性草原类
		白莲蒿、百里香	温性草原类	温性草原类
		白莲蒿、达乌里胡枝子	温性草原类	温性草原类
171	白茎绢蒿	白茎绢蒿	温性荒漠类	温性荒漠类
172	白健秆	白健秆	热性灌草丛类	暖性草丛类
		具灌木的白健秆、金茅	热性灌草丛类	暖性灌草丛类
		具云南松的白健秆	热性灌草丛类	暖性灌草丛类
173	白刺	泡泡刺	温性荒漠类	温性荒漠类
		白刺	温性荒漠类	温性荒漠类
		小果白刺	温性荒漠类	温性荒漠类
		小果白刺、黑果枸杞	温性荒漠类	温性荒漠类
174	白草	银蒿、白草	温性草原类	温性草甸草原类
		中亚白草	温性草原类	温性草原类
		白草	温性草原类	温性草原类
		中亚白草、杂类草	温性草原类	温性草原类
		画眉草、白草	温性草原类	暖性草丛类
175	霸王	霸王	温性荒漠类	温性荒漠类
176	矮生嵩草、杂类草	矮生嵩草	高寒草甸类	高寒草甸类
		矮生嵩草、圆穗蓼	高寒草甸类	高寒草甸类
		矮生嵩草、杂类草	高寒草甸类	高寒草甸类
177	(就近合并)	具灌木的桔草		暖性灌草丛类

附录八

ICS B 65.020.01

B 40

NY

中华人民共和国农业行业标准

NY/T 2998—2016

草地资源调查技术规程

Code of practice for grassland resource survey

2016-11-01 发布

2017-04-01 实施

中华人民共和国农业部 发布

前　言

本标准按 GB/T 1.1－2009 给出的规则起草。

本标准由农业部畜牧业司提出。

本标准由全国畜牧业标准化技术委员会(SAC/TC 274)归口。

本标准起草单位:全国畜牧总站、黑龙江省草原工作站、内蒙古草原勘查设计研究院。

本标准主要起草人:贠旭江、董永平、尹晓飞、刘昭明、王加亭、赵恩泽、刘杰、郑淑华。

草地资源调查技术规程

1 范围

本标准规定了草地资源调查的任务、内容、指标、流程、方法等。

本标准适用于县级以上范围草地资源调查。

2 规范性引用文件

下列文件对于本文件的应用是必不可少的。凡是注日期的引用文件,仅注日期的版本适用于本文件。凡是不注日期的引用文件,其最新版本(包括所有的修改单)适用于本文件。

GB 19377 天然草地退化、沙化、盐渍化的分级指标

GB/T 22601 全国行政区划编码标准

GB/T 28419 风沙源区草原沙化遥感监测技术导则

GB/T 29391 岩溶地区草地石漠化遥感监测技术规程

CH/T 1015 基础地理信息数字产品 1:10000、1:50000 生产技术规程

NY/T 1233 草原资源与生态监测技术规程

NY/T 1579 天然草原等级评定技术规范

NY/T 2997 草地分类

3 术语和定义

下列术语和定义适用于本文件。

3.1 **样地** sampling site

草地类型、生境、利用方式及利用状况具有代表性的观测地段。

3.2 **样方** sampling plot

样地内具有一定面积的用于定性和定量描述植物群落特征的取样点。

3.3 **数字正射影像** digital orthophoto map，DOM

利用数字高程模型对遥感影像，经正射纠正、接边、色彩调整、镶嵌，按一定范围剪裁生成的数字正射影像数据集。

3.4 **像素** Pixel

数字影像的基本单元。

3.5 **地面分辨率** ground sample distance

指航空航天数字影像像素对应地面的几何大小。

4 **总则**

4.1 **调查任务**

4.1.1 调查草地的面积、类型、生产力及其分布。

4.1.2 评价草地资源质量和草地退化、沙化、石漠化状况。

4.1.3 建设草地资源空间数据库及管理系统建设。

4.2 **地类与草地类型划分**

地类分为草地和非草地。草地地类包括天然草地与人工草地，草地类型划分按照 NY/T 2997《草地分类》的规定执行。

4.3 **调查尺度及空间坐标系**

4.3.1 **基本调查单元**

牧区、半牧区以县级辖区为基本调查单元，其他地区以地级辖区为基本调查单元。

4.3.2 **调查比例尺**

以 1:50000 比例尺为主，人口稀少区域可采用 1:100000 比例尺。

4.3.3 空间数据和制图基本参数

4.3.3.1 采用"1980 西安坐标系""1985 国家高程基准"高程系统。

4.3.3.2 标准分幅图采用高斯-克吕格投影,按 6°分带;拼接图采用 Albers 等面积割圆锥投影。

4.3.3.3 地面定位的误差≤10 m,经纬度以"°"为单位,保留 5 个小数位。

5 准备工作

5.1 制订调查方案

确定调查的技术方法与工作流程、时间与经费安排、组织实施与质量控制措施、预期成果等。

5.2 收集资料

5.2.1 收集草地资源及其自然条件资料,重点是草地类型及其分布、植物种类及其鉴识要点等资料。

5.2.2 社会经济概况与畜牧业生产状况。

5.2.3 国界和省、地、县各级陆地分界线,以及县级政府勘定的乡镇界线;草地资源、地形、土壤、水系等图件。纸质图件应进行扫描处理,并建立准确空间坐标系统。

5.2.4 已有遥感影像及相关成果。

5.3 培训调查人员

对参加调查人员进行集中培训,内容包括遥感影像解译判读、草地类型判别、植物鉴定、样地选择与观测、样方测定等。

6 预判图制作

6.1 遥感 DOM

6.1.1 遥感 DOM 要求

6.1.1.1 统一获取或购置用于草地资源调查的遥感 DOM,最大程度地保证遥感 DOM 的技术一致性。

6.1.1.2　影像波段数应≥3 个，至少有 1 个近红外植被反射峰波段和 1 个可见光波段。

6.1.1.3　人口稀少区域原始影像空间分辨率应≤15 m;其他区域空间分辨率单色波段应≤5 m,多光谱波段应≤10 m。融合影像的空间分辨率不能小于单色波段空间分辨率。

6.1.1.4　原始影像的获取时间应在近 5 年内，宜选择草地植物生长盛期获取的影像。

6.1.1.5　影像相邻景之间应有 4%以上的重叠，特殊情况下不少于 2%;无明显噪声、斑点和坏线;云、非常年积雪覆盖量应小于 10%;侧视角在平原地区不超过 25°,山区不超过 20°。

6.1.1.6　遥感 DOM 的几何纠正(配准)和正射纠正后地物平面位置误差、影像拼接误差应满足表1要求。正射纠正中使用的 DEM(Digital Elevation Model,数字高程模型) 比例尺不能小于调查比例尺的 0.5 倍，空间分辨率不能大于遥感 DOM 空间分辨率的 5 倍。

表 1　遥感DOM 地物平面位置误差和影像拼接误差

遥感 DOM 空间分辨率/m	平地、丘陵地/m	山地、高山地/m
≤5	5	10
≤10	10	20
≤15	15	30

6.1.2　遥感 DOM 彩色合成

　　基于遥感 DOM 进行目视解译时,宜采用彩红外彩色合成模式,即近红外、红、绿三个波段分别输出到红、绿、蓝三个波段合成彩色;影像有短红外波段时,可采用近红外、短红外、红三个波段的彩色合成方式,与彩红外合成方式共同使用。

6.2 建立地物解译标志

对照遥感 DOM 特征和实地踏勘情况,按照传感器类型、生长季与非生长季,分别建立基本调查单元范围内非草地和各草地类型的遥感 DOM 解译标志。非草地地类应基于地物在影像上的颜色、亮度、形状、大小、图案、纹理等特征,建立解译标志。草地地类中图斑的解译标志在颜色、亮度、形状、大小、图案、纹理等影像特征外,还应增加由 DEM 计算的坡度、坡向、平均海拔高度 3 个要素。如遥感 DOM 拼接相邻景存在明显色彩、亮度差异,应对不同景的解译标志进行调整。

6.3 图斑勾绘

6.3.1 基本要求

6.3.1.1 在遥感 DOM 上勾绘全覆盖的地物图斑。

6.3.1.2 地类界线与 DOM 上同名地物的位置偏差图上≤0.3 mm,草地类型间界线图上≤1 mm。

6.3.1.3 图斑最小上图面积为图上 15 mm²。

6.3.1.4 河流、道路等线状地物图上宽度≥1 mm 的,勾绘为图斑;<1 mm 的按中心线勾绘单线图形,并测量记录其平均宽度。

6.3.1.5 每个图斑在全国范围内使用唯一的编号,编号 12 位,格式为"N99999900001"或"G99999900001";其中第一位"N"或"G"分别表示非草地和草地,"999999"为图斑所在县级行政编码,"00001"为图斑在该县域的顺序编号,从 00001 开始。行政编码按照 GB/T 22601 执行。

6.3.2 图斑勾绘分割

6.3.2.1 所有陆地县级行政界线均应为图斑界线。

6.3.2.2 在遥感 DOM 上可明显识别的河流、山脊线、山麓、道路、围栏等,均应勾绘图斑界线。

6.3.2.3 相邻地物之间分界明显的,直接采用目视判别的界线勾绘图斑;地物界线不明显的,根据解译标志区分地物,勾绘图斑边界。

6.3.2.4 乡镇及乡镇以上所在地的城镇,应参考行政区域图,以目视解译方法逐个勾绘。

6.3.2.5 可统一采用遥感影像自动分割的方法,将遥感 DOM 初步分割成斑块图像,然后以目视解译方式勾绘道路、水系等线状地物和城镇与居民点等。

6.4 图幅接边

分幅遥感 DOM 间和相邻行政区域间的图斑应按以下要求进行接边处理:地类界线应连接处偏差图上 <0.3 mm、草地类型界线应连接处偏差图上 <1.0 mm 时,两侧各调整一半相接,否则应实地核实后接边。

6.5 图斑初步归类

综合图斑的影像特征,参考地形图、草地资源历史已有成果图件等,初步划定每个图斑的地类与草地类型,形成初步判读图。连片面积大于最小上图面积的人工草地图斑,应按照草原确权资料逐块校核图斑边界。

6.6 补充

无法获取遥感 DOM 的区域和遥感 DOM 云覆盖的区域,可使用与调查比例尺一致的地形图为基础,勾绘地物图斑。

7 地面调查

7.1 调查用具

准备调查所需的手持定位设备、数码相机和计算器等电子设备,样方框、剪刀、枝剪等取样工具,50 m 钢卷尺、3~5 m 钢卷尺、便携式天平或杆秤等量测工具,样品袋、标本夹等样品包装用品,野外记录本、调查表格、标签以及书写用笔等记录用具,遥感 DOM、地形图、调查底图等图件,越野车等交通工具。

7.2 布设样地

7.2.1 天然草地

7.2.1.1 样地布设原则

7.2.1.1.1 设置样地的图斑既要覆盖生态与生产上有重要价值、面积较大、分布广泛的区域,反映主要草地类型随水热条件变化的趋势与规律,也要兼顾具有特殊经济价值的草地类型,空间分布上尽可能均匀。

7.2.1.1.2 样地应设置在图斑(整片草地)的中心地带,避免杂有其他地物。选定的观测区域应有较好代表性、一致性,面积不应小于图斑面积的20%。

7.2.1.1.3 不同程度退化、沙化和石漠化的草地上可分别设置样地。

7.2.1.1.4 利用方式及利用强度有明显差异的同类型草地,可分别设置样地。

7.2.1.1.5 调查中出现疑难问题的图斑,需要补充布设样地。

7.2.1.2 样地数量

7.2.1.2.1 预判的不同草地类型,每个类型至少设置1个样地。

7.2.1.2.2 预判相同草地类型图斑的影像特征如有明显差异,应分别布设样地。预判草地类型相同、影像特征相似的图斑,按照这些图斑的平均面积大小布设样地,数量根据表2确定。

表2 预判相同草地类型、影像相似图斑布设样地数量要求

预判草地类型相同、影像特征相似图斑的平均面积/hm²	布设样地数量要求
>10 000	每10 000 hm²设置1个样地
2 000~10 000	每2个图斑至少设置1个样地
400~2 000	每4个图斑至少设置1个样地
100~400	每8个图斑至少设置1个样地
15~100	每15个图斑至少设置1个样地
3.75~15	每20个图斑至少设置1个样地

7.2.2 人工草地

预判人工草地地类图斑应逐个进行样地调查。

7.2.3 非草地地类

预判非草地地类中,易与草地发生类别混淆的耕地与园地、林地、裸地应布设样地,数量根据表3的要求确定,其他地类不设样地。

表3　非草地地类图斑布设样地数量要求

图斑预判地类		样地布设数量要求
耕地与园地		区域内同地类图斑数量的10%
林地	灌木林地、疏林地	区域内同地类图斑数量的20%
	有林地	区域内同地类图斑数量的10%
裸地		区域内同地类图斑数量的20%

7.3　地面调查时间

应选择草地地上生物量最高峰时进行地面调查,多在7~8月。

7.4　样地观测记载

7.4.1　天然草地

7.4.1.1　样地基本特征

观测记载地理位置、调查时间、调查人、地形特征、土壤特征、地表特征、草地类型、植被外貌、利用方式和利用状况等,见表4。

7.4.1.2　样方测定

7.4.1.2.1　样方设置

应在样地的中间区域设置样方。按照样方内植物的高度和株丛幅度分为2类:一类是植物以高度<80 cm草本或<50 cm灌木半灌木为主的中小草本及小半灌木样方;另一类是植物以高度≥80 cm草本或≥50 cm灌木为主的灌木及高大草本植物样方。

7.4.1.2.2　测定方法

在草地上采用样方框圈定一个方形,测定植物构成、高度、盖度、产量等,采集景观和样方照片;采用成组的圆形频度样方测定植物频度。

7.4.1.2.3　样方数量

中小草本及小半灌木为主的样地,每个样地测产样方应不少于3个。灌木及高大草本植物为主的样地,每个样地测定1个灌木及高大草本植物样方和3

表4 天然草地(改良草地)样地调查表

样地编号:		调查日期: 年 月 日 调查人:			
样地所在行政区:		省 地市 县(旗) 乡(镇)			
经度: 纬度: 海拔: m 景观照片编号:					
草地类: 草地型:					
坡 向	阳坡( ) 半阳坡( ) 半阴坡( ) 阴坡( )				
坡 位	坡顶( ) 坡上部( ) 坡中部( ) 坡下部( ) 坡脚( )				
土壤质地	砾石质( ) 沙质( ) 沙壤质( ) 壤质( ) 黏质( )				
地表特征	枯落物量＿＿＿＿g/m²;砾石覆盖面积比例＿＿＿＿%;覆沙厚度＿＿＿＿cm; 风蚀:无/少/多;水蚀:无/少/多;盐碱斑面积比例＿＿＿%;裸地面积比例＿＿＿%; 鼠害种类: 鼠洞密度:＿＿＿＿个/hm²;鼠丘密度:＿＿＿＿个/hm²; 虫害种类: 单位: 密度:				
水分条件	季节性积水:有/无;地表水种类:河/湖/水库/泉;距水源:(km)				
利用方式	全年放牧/冷季放牧/暖季放牧/春秋放牧/打草场/禁牧/其他( )				
利用强度	未利用/轻度利用/中度利用/强度利用/极度利用				
评 价	草地资源等( )级( ) 退化程度( ) 沙化程度( ) 石漠化程度( )				

注:样地编号。每个样地采用全国唯一的编号,编号15位,格式为"N99999988880001";其中第一位"N"天然草地,"999999"为图斑所在县级行政编码,"8888"为调查年度,"0001"为样地在该县域的顺序编号,从0001开始。

个中小草本及小半灌木样方。预判相同草地类型的样地,温性荒漠类和高寒荒漠类草地每6个样地至少测定1组频度样方,其他草地地类每3个样地测定1组频度样方;每组频度样方应不少于20个。

7.4.1.2.4 样方面积

中小草本及小半灌木样方,用1 m²的样方,如样方植物中含丛幅较大的小半灌木用4 m²的样方。灌木及高大草本植物样方,用100 m²的样方,灌木及高大草本分布较为均匀或株丛相对较小的可用50 m²和25 m²的样方。频度样方采用0.1 m²的圆形样方。

7.4.1.2.5 样方测定方法

中小草本及小(半)灌木样方具体测定内容见表5。灌木及高大草本植物样

方具体测定内容见表 6。频度样方测定记录每个样方中出现的植物种。部分指标
的测定方法见附录A。

表 5　中小草本及小半灌木样方调查表

样地编号：		样方号：		样方面积：		m²
样方俯视照片编号：		调查日期：　　年　　月　　日　调查人：				
经度：　　纬度：		海拔：　　　m　坡度：　　　°　总盖度：　　　%				

种类		平均高度/cm		盖度/%	产草量/(g·m⁻²)	
		生殖枝	叶层		鲜重	干重
优势植物 1						
优势植物 2						
优势植物 3						
优势植物 4（草甸）						
优势植物 5（草甸）						
其他						
合计						
类群	优良牧草	—	—			
	可食牧草	—	—			
	毒害草	—	—			
	一年生植物	—	—			

7.4.1.2.6　标本采集

样地观测应完成植物标本采集，每个省级辖区内每种植物采集 2~5 份。植
物标本采集鉴定后做好信息记载，包括中文名、学名、采集日期、采集地点、采集
人等，详见表 7。

7.4.1.3　样地状况评价

根据样地基本特征、样方测定数据，综合同类型其他样地情况，进行样地状
况评价。

表6　灌木及高大草本样方调查表

样地号：　　　　　样方号：　　　　　日期：　年　月　日　样地面积：　　　m²　调查人：

经度：　　　　纬度：　　　　　海拔：　　　m　坡度：　　　°　样方照片编号：

植物名称	株丛径/cm		株高/cm	株丛投影盖度/%	株丛数	单株重量/g		总产量/(g·m⁻²)	
	长	宽				鲜重	干重	鲜重	干重
合计									

草本及小半灌木样方平均产量	样地总产量	样地总盖度：　　　%
鲜重：　　（g·m⁻²） 干重：　　（g·m⁻²）	鲜重：　　（g·m⁻²） 干重：　　（g·m⁻²）	其中草本样方平均：　　% 灌木样方：　　%

表7　植物标本采集记录表

样地编号：	
草地类型：	
经度：　　　　　纬度：　　　　　海拔：　　　　m	
地形：　　　　　坡向：　　　　　坡度：	
植物中名：　　　　学名：	
植物标本编号：	
采集地点：	
照片编号：	
采集人：	
采集日期：	

a)草地资源等级:按照 NY/T 1579 的规定进行评定;

b)草地退化等级:按照 GB 19377 的规定进行评定;

c)草地石漠化等级:按照 GB/T 28419 的规定进行评定;

d)评定草地沙化等级:按照 GB/T 29391 的规定进行评定。

7.4.2 人工草地

改良草地的调查采用天然草地的调查方法。栽培草地观测记载地理位置、牧草种类等信息,具体内容见表8。

表8 栽培草地样地调查表

样地编号		调查日期	年 月 日
省　　　地(市)　　　县　　　乡(镇)　　　村			
调 查 人			
经　　　度		纬　　　度	
海　　　拔		照片编号	
牧草种类			
灌溉条件	喷灌(　　　)/滴灌(　　　)/漫灌(　　　)/无(　　　)		
鲜草产量	(kg·hm^{-2})		
干草产量	(kg·hm^{-2})		
种植年份			

7.4.3 非草地地类

观测记载地理位置、地类等信息,灌木林地应测定灌木覆盖度,疏林地应测定树木郁闭度,具体内容见表9。

7.5 访问调查

以座谈的方式进行,邀请当地有经验的干部、技术人员和群众参加。访问内容包括草地利用现状,草地畜牧业生产状况、存在的问题和典型经验,草地保护与建设情况,以及社会经济状况等,见表10。

表 9　非草地地类样地调查表

样 地 编 号				调 查 日 期		年　　月　　日	
	省	地(市)		县	乡(镇)		村
调 查 人							
经　　度				纬　　度			
海　　拔				照 片 编 号			
地　　类							
灌 木 覆 盖 度				树 木 郁 闭 度			

注:灌木覆盖度/树木郁闭度指标在调查灌木林地、疏林地时填写。

表 10　访问调查表

访问单位(户):　　　　　　调查人:　　　　　　调查日期:

行政区域:

	家畜饲养	上年末存栏	上年死亡	上年出栏	出栏周期/月	出栏平均体重/kg
家畜饲养情况	牛/头					
	羊/只					
	山羊/只					
	马/匹					
	骆驼/匹					
	其他					
	面积		类型		1 kg 干草价格/元	经济效益/万元
天然草地改良情况						
人工草地建设情况						
人口及收入	人口		劳动力	人均牧业收入	人均纯收入	转移就业人数

8　属性上图

8.1　地类

在图斑的预判地类属性基础上，按照样地调查结果，逐个确定图斑的地类属性。

8.2　草地类型

对草地地类图斑，在预判草地类型基础上，按照样地调查结果和影像特征相似性，逐个确定图斑的草地类型属性。

8.3　草地资源等级

对草地地类图斑，以样地调查的资源等级为基础，结合生产力监测数据，利用图斑影像特征相似性，逐个确定图斑的草地资源等级属性。

8.4　草地退化、沙化、石漠化程度

对草地地类图斑，以样地调查的退化、沙化、石漠化程度为基础，按照样地调查结果和影像特征相似性，逐个确定图斑的退化、沙化、石漠化程度属性。

9　数据库与信息系统

9.1　数据入库汇总

9.1.1　样地样方数据

将样地、样方数据输入统一的数据库中，按地类、草地类型分行政区域进行汇总。同时将标本采集与存档信息、地面调查照片统一汇总。

9.1.2　访问调查数据

按照统一格式将入户访问数据录入数据库，分行政区域进行汇总。

9.1.3　计算图斑面积

按照 CH/T 1015.2 的规定统一进行图斑面积的精确计算、平差，将图斑面积、周长等几何属性录入空间数据库。

9.1.4 面积统计汇总

分行政区域统计汇总不同地类、草地类型、草地资源等级,以及草地不同退化、沙化、石漠化程度的面积,形成统计汇总数据库。

9.1.5 解译标志

按照统一格式将不同地类、不同草地类型的遥感 DOM 解译标志进行汇总,形成图斑更新所需解译标志的基础数据库。

9.2 信息系统

以地理信息系统平台为基础,建设具有数据输入、编辑处理、查询、统计、汇总、制图、输出等功能的草地资源信息管理系统,管理矢量、栅格和关联属性数据等多源信息,实现各级行政区域的数据库互联互通和同步更新。

10 检查验收

10.1 遥感 DOM

使用现有基础地理测绘成果,按照 6.1.1 的要求,以县级行政区域为单位对遥感 DOM 数量质量全部进行检查验收,不符合要求为不合格。

10.2 预判图

抽查图斑比例应不小于 10%。图斑勾绘界线偏差造成面积误差超过 1% 的,为不合格;漏绘草地地类图斑面积超过区域草地地类面积的 0.5%,或漏绘草地地类图斑数量超过区域草地地类图斑数量的 0.5%,为不合格;图斑未完全覆盖调查区域的,为不合格。

10.3 地面调查

抽查比例应不小于 10%。检查样地在草地类型、生境条件、利用状况等方面的是否具有代表性,样地空间布局是否合理,同一样地各样方数据的差异是否在合理范围。不符合要求的样地或样方数量占比超过 5%,为不合格;样地样方数量少于要求数量,为不合格;有漏测漏填指标的样地、样方和访问调查记录数量占比超过 2%,为不合格;录入的地面调查数据差错率超过 0.5%,为不合格。

10.4 图斑属性

抽查图斑比例应不小于 5%。地类属性有错误图斑数量占比超过 1%,为不合格;草地类型属性有错误的草地地类图斑占比超过 5%,视为不合格;图斑面积偏差超过 0.5%,为不合格。

11 编制调查报告

11.1 文字报告

内容包括调查工作情况,任务完成情况,调查成果,本区域草地资源现状分析,草地保护建设和畜牧业发展存在的问题和建议等。

11.2 图件

编制草地类型图,草地资源等级图,草地退化、沙化、石漠化分布图等。

11.3 数据汇总表

对数据库中各项数据进行统计汇总,形成数据汇总表。

附录 A

(资料性附录)

部分指标测定方法

A.1 样方号

指样方在样地中的顺序号。

A.2 植物高度

每种植物测量 5~10 株个体的平均高度。叶层高度指叶片集中分布的最高点距地面高度;生殖枝高度指从地面至生殖枝顶部的高度。

A.3 盖度

指植物垂直投影面积覆盖地表面积的百分数。中小草本及小半灌木植物样方一般用针刺法测定,样方内投针 100 次,刺中植物次数除以 100 即为盖度;灌木及高大草本样方采用样线法测定,用 30 m 或 50 m 的刻度样线,每隔 30 cm 或 50 cm 记录垂直地面方向植物出现的次数,次数除以 100 即为盖度;应 3 次重复测定取平均值,每两次样线之间的夹角为 120°。

A.4 鲜重与干重

从地面剪割后称量鲜重,干燥至含水量 14% 时后再称干重。

A.5 频度

指某种植物个体在取样面积中出现的次数百分数。测定方法:随机设置样方 10~20 个,植物出现的样方数与全部样方数的百分数为频度。

A.6 灌木及高大草本为主的草地总盖度计算方法

A.6.1 各种灌木或高大草本合计盖度:$\sum$(单株株丛长×单株株丛宽×π×单株投影盖度/4)/样方面积

A.6.2 各种灌木或高大草本合计盖度:中小草本及小半灌木样方盖度×(1−各种灌木或高大草本合计盖度)

A.7 灌木与高大草本为主的草地总鲜重和总干重计算方法

各种灌木或高大草本合计重量/灌木及高大草本样方面积+中小草本及小半灌木样方平均重量×(1−各种灌木或高大草本合计盖度)

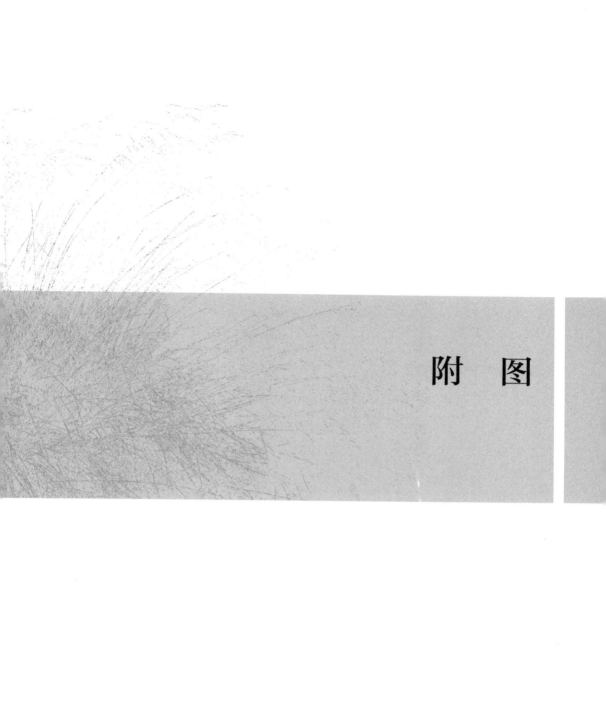

附　图

常见定型植物

刺针枝蓼 *Atraphaxis pungens*（M. B.）Jaub.

刺叶柄棘豆　猫头刺 *Oxytropis aciphylla* Ledeb.

蕨 *Pteridium aquilinum* var. *latiusculum*

鬼箭锦鸡儿 *Caragana jubata*（Pall.）Poir.

干生苔草 *Carex aridula* Krecz.

珠芽蓼 *Polygonum viviparum* L.

西北栒子 *Cotoneaster zabelii* Schneid.

嵩草 *Kobresia bellardil*（All.）Degl.

无毛牛尾蒿 *Artemisia dubia* Wall. ex Bess. var. *subdigitata*（Mattf.）Y. R. Ling

风毛菊 *Saussurea japonica*（Thunb.）DC.

紫苞风毛菊 *Saussurea iodostegia* Hance

大针茅 *Stipa grandis* P.

紫羊茅 *Festuca rubra* L.

金露梅 *Potentilla fruticosa* L.

异穗苔草 *Carex heterostachya* Bge.

白莲蒿 *Artemisia sacrorum* Ledeb.

阿拉善鹅观草 *Roegneria kanashiror*（Ohwi）Chang Comb.

蒙古蒿 *Artemisia mongolica*（Fisch. ex Bess.）Nakai

无芒隐子草 *Cleistogenes songorica*（Roshev.）Ohwi

红砂 *Reaumuria soongarica*（Pall.）Maxim.

宽叶多序岩黄芪 *Hedysarum polybotrys* Hand.－Mazz. var. *alaschanicum*（B. Fedtsch.）H. C. Fu et Z. Y. Chu

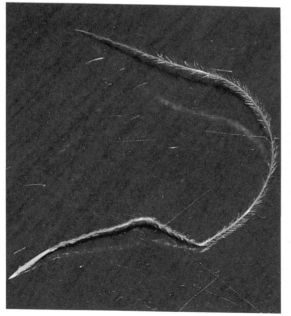

短花针茅 *Stipa breviflora* Griseb.

沙冬青 *Ammopiptanthus mongolicus*（Maxim.）Cheng

珍珠猪毛菜 *Salsola passerina* Bge.

长芒草 *Stipa bungeana* Trin ex Bge.

菁状亚菊 *Ajania achilloides*（Turcz.）Poljak.

斑子麻黄 *Ephedra rhytidosperma* Pachom.

多根葱（碱韭）*Allium polyrhizum* Turcz.

合头草 *Sympegma regelii* Bge.

早熟禾 *Poa annua* L.

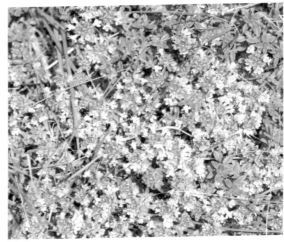

百里香 *Thymus mongolicus* Ronn.

牛枝子 *Lespedeza potaninii* Vass.

星毛委陵菜 *Potentilla acaulis* L.

甘青针茅 *Stipa przewalskyi* Roshev.

达乌里胡枝子 *Lespedeza davurica*（Laxim.）Schindl.

华北米蒿(菱蒿)*Artemisia giraldii* Pamp.

藏青锦鸡儿 *Caragana tibetica* Kom.

冷蒿 *Artemisia frigida* Willd.

荒漠锦鸡儿 *Caragana roborovskii* Kom.

松叶猪毛菜 *Salsola laricifolia* Turcz.

大苞鸢尾 *Iris bungei* Maxim.

刺旋花 *Convolvulus tragacanthoides* Turcz.

黑沙蒿 *Artemisia ordosica* Krasch.

白草 *Pennisetum flaccidum* Griseb.

老瓜头 *Cynanchum komarovii* Al.

甘草 *Glycyrrhiza uralensis* Fisch.

柠条锦鸡儿 *Caragana korshinskii* Kom.

苦豆子 *Sophora alopecuroides* L.

薄皮木 *Leptodermis oblonga* Bunge

狭叶锦鸡儿 *Caragana stenophylla* Pojark.

蒙古扁桃 *Amygdalus mongolica*（Maxim.）Ricker

酸枣 *zizyphus jujuba* Mill. var. *spinosa*（Bge.）Hu ex H.

星毛短舌菊 *Brachanthemum pulvinatum*（Hand.-Mzt.）Shih

芦苇 *Phragmites australis*（Cav.）Trin.

尖叶盐爪爪 *Kalidium cuspidatum*（Ung.-Sternb.）Grub.

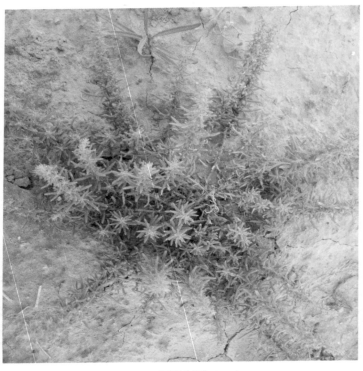

平卧碱蓬 *Suaeda prostrata*

骆驼蒿 *Peganum nigellastrum* Bunge

圆头蒿(白沙蒿)*Artemisia sphaerocephala* Krasch.

芨芨草 *Achnatherum splendens*（Trin.）Nevski.

常见草原类型

山地草甸类

温性草甸草原类

温性草原类

温性荒漠草原类

温性草原化荒漠类

温性荒漠类

人工草地

温性荒漠草原　藏青锦鸡儿

国家级草原自然保护区——云雾山

温性荒漠草原　刺旋花

温性草甸草原　风毛菊

温性荒漠草原　甘草

山地草原　金露梅

温性荒漠草原　毒害草老瓜头

温性荒漠草原　补播改良冰草

温性草甸草原　地榆